黄北刚 编著

# 怎样看懂电气图

化学工业出版社
·北京·

**图书在版编目（CIP）数据**

怎样看懂电气图/黄北刚编著. —北京：化学工业出版社，2015.6（2025.1重印）
ISBN 978-7-122-23556-5

Ⅰ.①怎… Ⅱ.①黄… Ⅲ.①电气制图-识别 Ⅳ.①TM02

中国版本图书馆CIP数据核字（2015）第068972号

责任编辑：高墨荣
责任校对：边 涛　　装帧设计：刘丽华

出版发行：化学工业出版社（北京市东城区青年湖南街13号 邮政编码100011）
印 装：北京科印技术咨询服务有限公司数码印刷分部
787mm×1092mm 1/16 印张12½ 字数306千字 2025年1月北京第1版第16次印刷

购书咨询：010-64518888　　售后服务：010-64518899
网 址：http://www.cip.com.cn
凡购买本书，如有缺损质量问题，本社销售中心负责调换。

定 价：39.00元

# FOREWORD 前言

学习电工技术要从各方面同时开始，除必须学习与工作岗位相关的理论知识、电气规程等外，更要学习实际的操作技术。要学好实际的操作技术，则必须从识读电气图开始。要想看懂电气图，首先要认识开关设备的外形（外貌），了解它的作用、操作方法，然后逐步地了解电气设备结构、动作原理，因为这是理解控制电路工作原理的基础，这就是“看”；电气设备在各种电气施工图中是怎样表示的，表示的方法就是采用统一的文字符号、图形符号、线条符号和文字说明共同表达，能够认识这些符号所代表的是什么开关设备，这就是“学”；把控制电路表达的目的和电气设备结合起来，并且能够按电路图进行安装接线、查找处理故障，这就是“实践”。希望本书能陪伴大家“边看边学边实践”，打好基础，学好技能。

本书用以图辅文的方式介绍识读电气图的知识，书中说到的基本接线，是指能够使电气设备动作的最简单的接线。这些设备主要是带有电磁线圈的电气开关设备，如交流接触器、各种电磁式继电器等。在这些设备的线圈两端施加工作电压，线圈激磁动作，开关闭合；断开工作电压，线圈断电释放。能够满足电气设备动作的基本接线，就是电气设备基本接线。只有读懂这些简单的控制电路，才能为阅读复杂的控制电路打下良好的基础。

本书采用大量的设备实物图片，另外单独分出一章介绍常用电动机控制电路，并且根据控制电路中的电气设备，用线条进行连接，构成了“实物连接图”，这样的图对于初学者来说是直观的，容易看明白的。初学者在看懂实物连接图的基础上，再结合控制电路图就能很快掌握识图技巧。

本书共分7章，内容包括：电气识图基础、认识电气设备、电气照明系统图识读与配线、电气动力系统图和动力配置图识读、电气设备接线图与配线连接、变配电系统图识读、典型电动机控制电路识读。

衷心希望本书的出版能够帮助大家提高能力，更快、更好地掌握识图技巧。

本书在编写过程中，得到同行的热情支持与帮助，谨此表示衷心的感谢。刘涛、刘洁、李辉、李忠仁、刘世红、李庆海、黄义峰、祝传海、杜敏、姚琴、黄义曼、姚珍、姚绪等进行了部分文字的录入。

由于本人水平有限，书中难免出现许多不足，诚恳希望读者给予批评指正。

编著者

# CONTENTS 目录

# 第1章 电气识图基础

当我们进入变、配电所内会看到排列整齐的开关柜、配电盘（屏），柜、盘、屏内装有许多形状不一、大小不同的继电器、接触器、母线、断电器，如电动机回路的开关设备，如图 1-1 所示。每个开关设备之间都有许多线（各种绝缘导线）连接着，这种连接不是任意随便进行的，是安装电工按照电气图纸上的电路图和技术要求完成的。

图 1-1　配电屏内的电动机回路的开关设备

1—隔离器；2—母线；3—断路器；4—接触器；5—电缆；6—继电器；7—控制回路的线（二次线）

电气图纸是各种电工用图的统称，图纸的种类繁多。电气图纸是电工对电气设备安装、配线、分析判断电路故障等各方面工作的主要依据，同时又是设计人员与电工之间进行技术交流的共同语言。

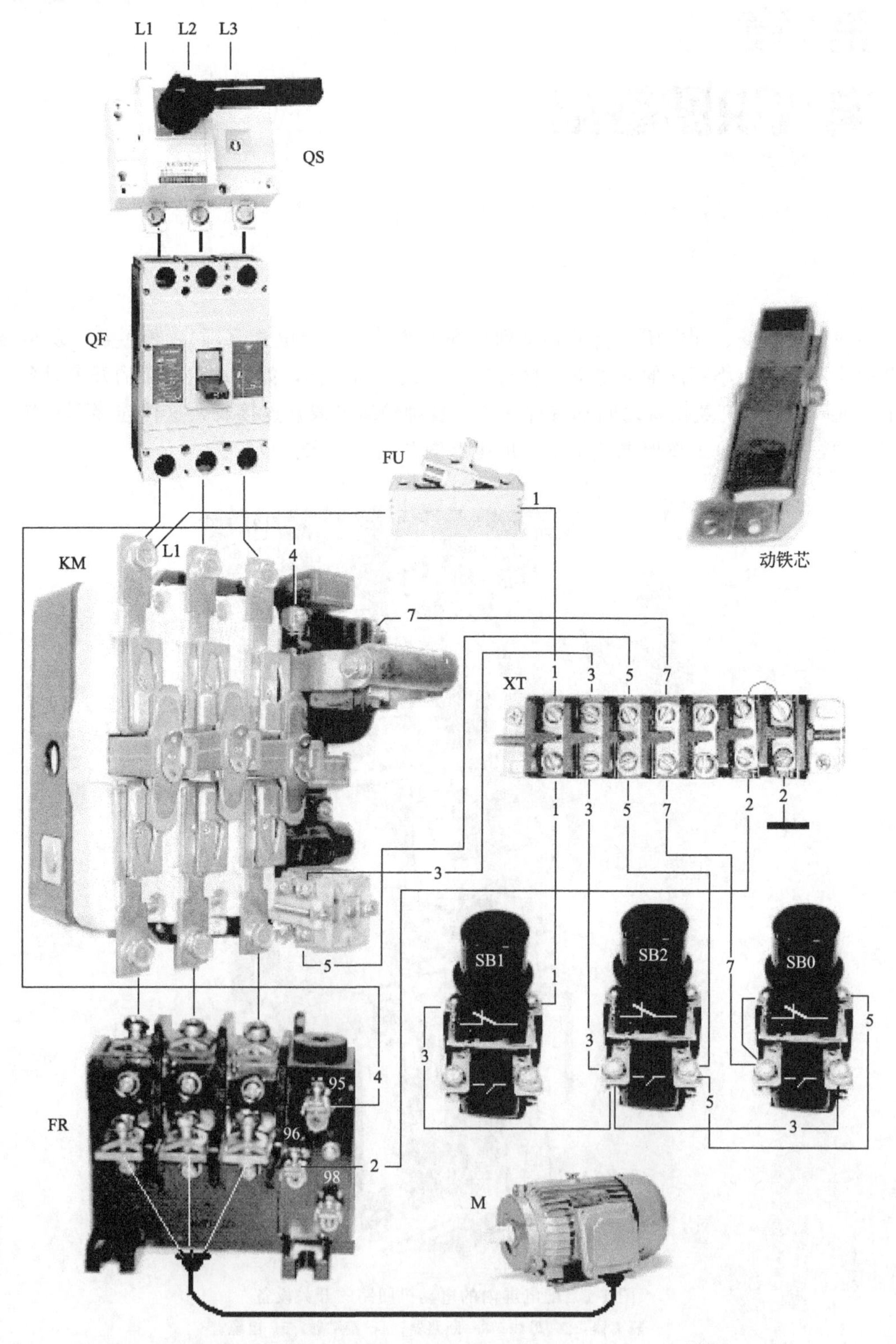


图 1-2　既能长期连续运行又能点动运转的电动机 220V 控制电路实物接线图

如果把一台既能长期连续运行又能点动运转的电动机 220V 控制电路的开关设备连接关系，如图 1-2 所示像画画那样画出来，表示电气设备的连接关系及其特征是很难表达清楚的。

如果把图 1-2 的实物接线图，按照统一规定的图形符号、线形符号、文字符号可绘制成控制电路原理图，如图 1-3 所示。

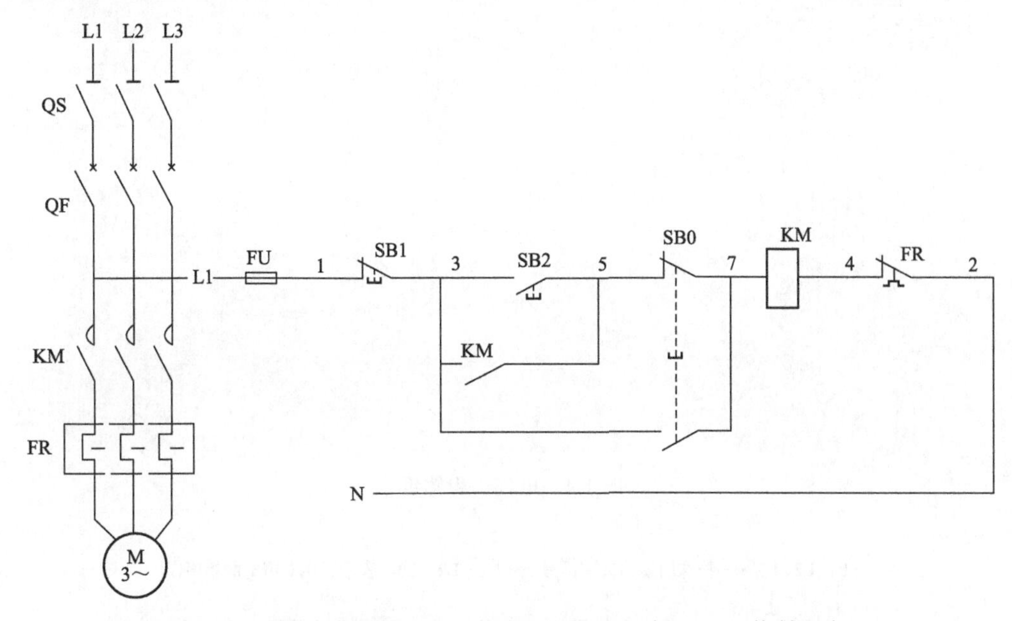


图 1-3 既能长期连续运行又能点动运转的电动机 220V 控制电路

实物接线图表示开关设备的连接关系，即使没有专业知识，只要看到图也大致明白是什么设备，而面对电气原理图纸则没有那么简单，对刚刚走向电工工作岗位的人来说是难以看懂的。能够看懂与之本岗位有关的各种电气图纸，是提高电工技术的基础，在本章中将简要地叙述电气图纸的内容及识图方面的基本知识。

## 1.1 电气图的构成

学习识图要从认识电气设备开始，不仅要了解电气设备动作原理，在电路图中的表示符号，同时还要了解机械设备与电路有关的部分，从简单到复杂逐渐提高。把电气设备用简单的符号来表示，并用线条按需要连接起来就构成了电路图，把电路图画在纸上，这种带有电路图的纸就称之为电气图纸，经过晒图机晒出的蓝色的图称之为电气工程图纸，如图 1-4 所示。

图 1-3 控制电路中的图形符号、文字符号代表的开关设备如图 1-5 所示。

图 1-5 中的①箭头方向所指的 QS、QF、KM、FR、SB1、SB2 是文字符号；

图 1-5 中的②、⑤、⑦箭头指向的不同形状的图形，是图形符号；

图 1-5 中的③箭头方向所指线条，表示的是导线，是线形符号；

图 1-5 中的④箭头方向所指的 SB1、SB2 是控制按钮；

图 1-5 中的⑥指向的标注在线上数字 1、3、5、2、4 是控制回路的回路标号（线号）；

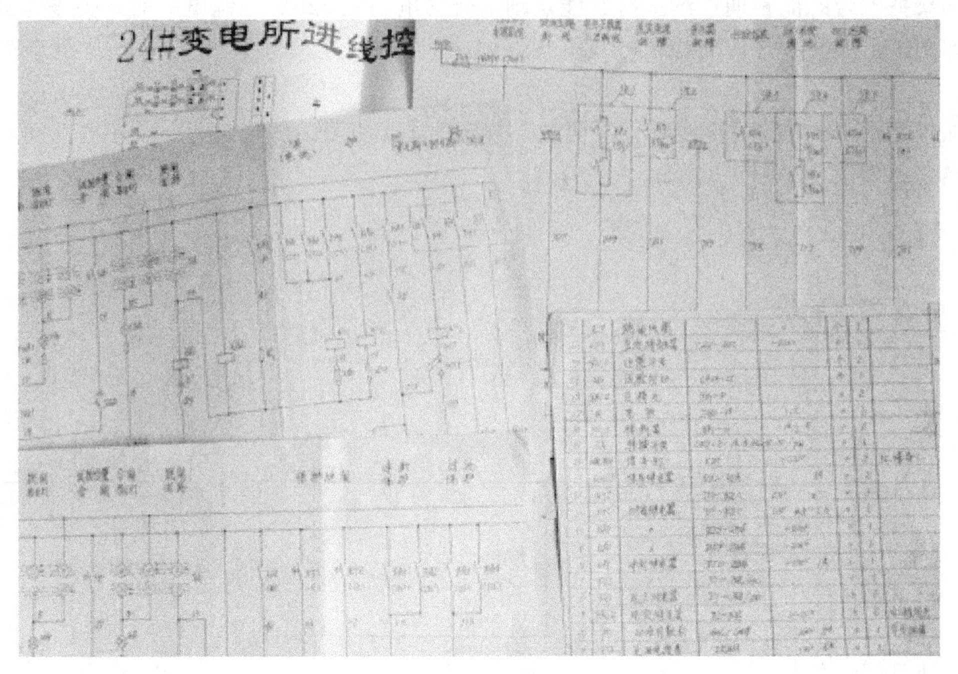


图 1-4 电气工程图纸

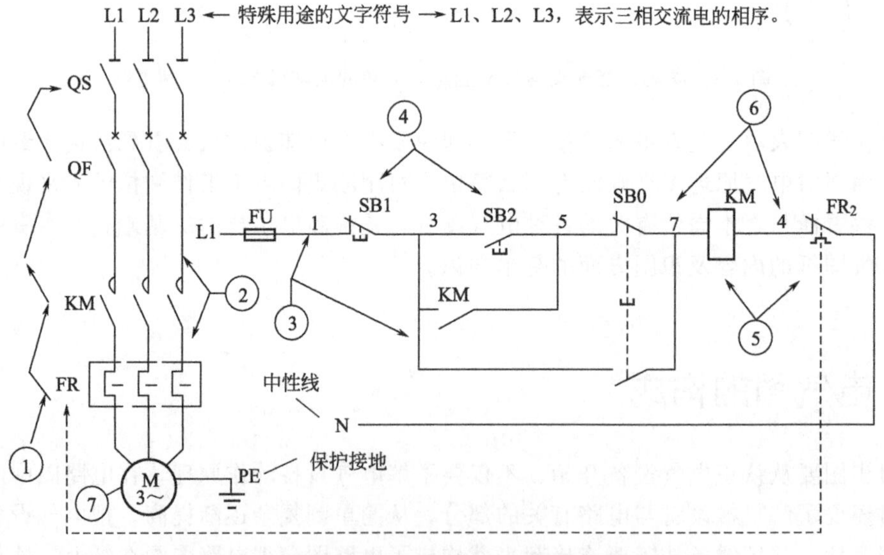


图 1-5 控制电路的文字符号、图形符号说明

图 1-5 中的⑦指向的图形中的字母“M”表示的是电动机。“3～”表示电动机是三相交流电动机。

图 1-5 的主电路与控制电路是分开画出的，而图 1-6 采用控制电路与主电路连接画法的电动机 380V 控制电路实际接线图。

如果把图 1-6 电动机控制电路实物接线图中的刀闸开关、断路器、接触器、端子板、热继电器、控制按钮，按照统一规定的图形符号、线形符号、文字符号绘制出的电路原理图，如图 1-7 所示，用这样的图表示电气器件之间的连接关系及其特征就容易表达了，电工一看就明白。

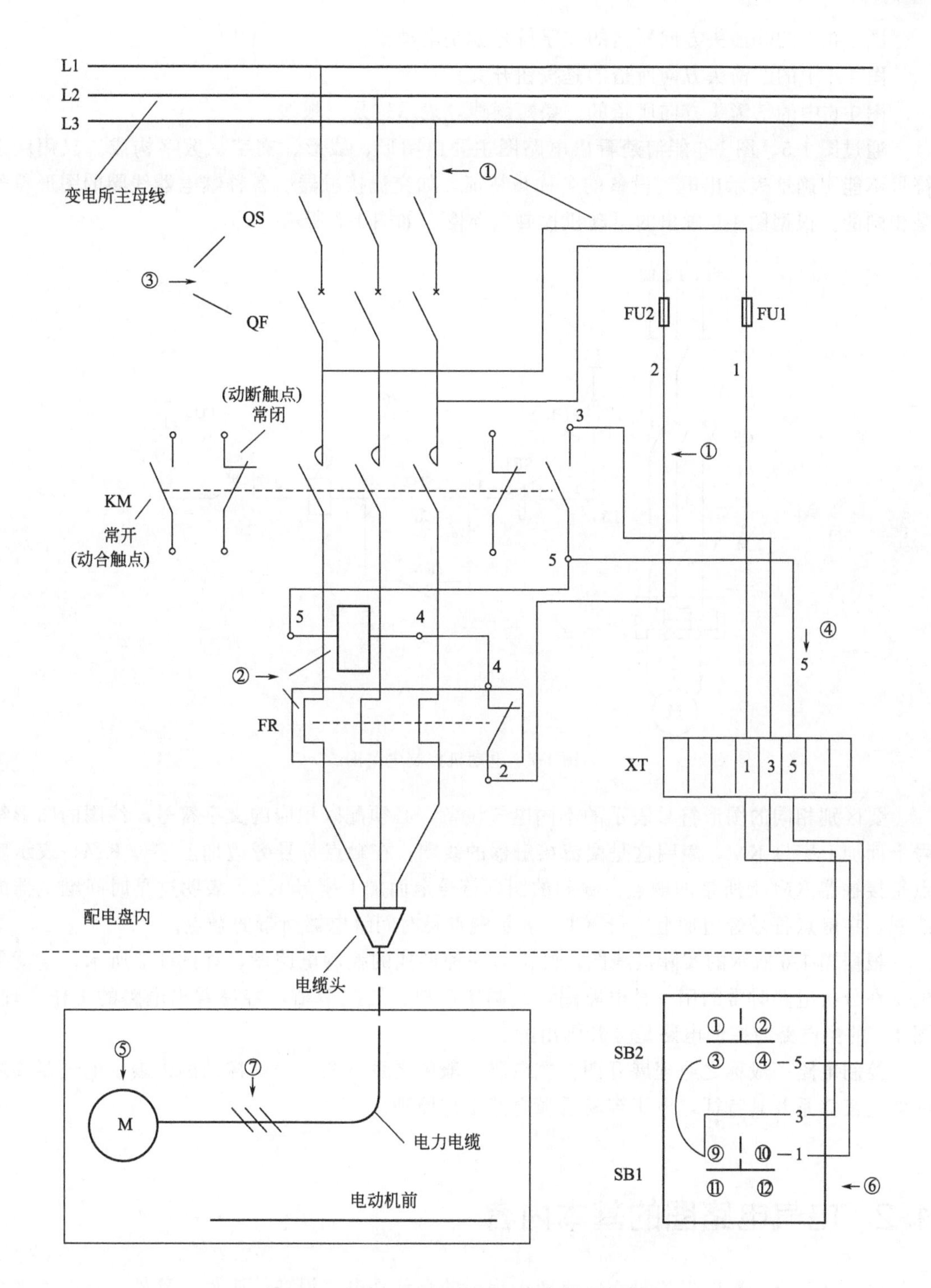


图 1-6　电动机 380V 控制电路的实际接线图

图 1-6 中的①箭头方向所指的线条就是线形符号；

图 1-6 中的②箭头方向所指不同形状的图是图形符号；

图 1-6 中的③箭头方向所指不同的字母是文字符号；

图 1-6 中的④箭头方向所指不同的数字是回路标号；

图 1-6 中的⑤箭头方向所指的文字符号就是电动机；

图 1-6 中的⑥箭头方向所指的是按钮开关；

图 1-6 中的⑦箭头方向所指的三条短斜线，表示这是三根线。

通过图 1-5、图 1-6 能清楚看出电路图主要由图形、线形、文字、数字构成。只用图形符号不能明确地表示出电气设备的名称与特征，如交流接触器、各种继电器线圈的图形符号是相同的。根据图 1-6 画出的电动机控制电路图，如图 1-7 所示。

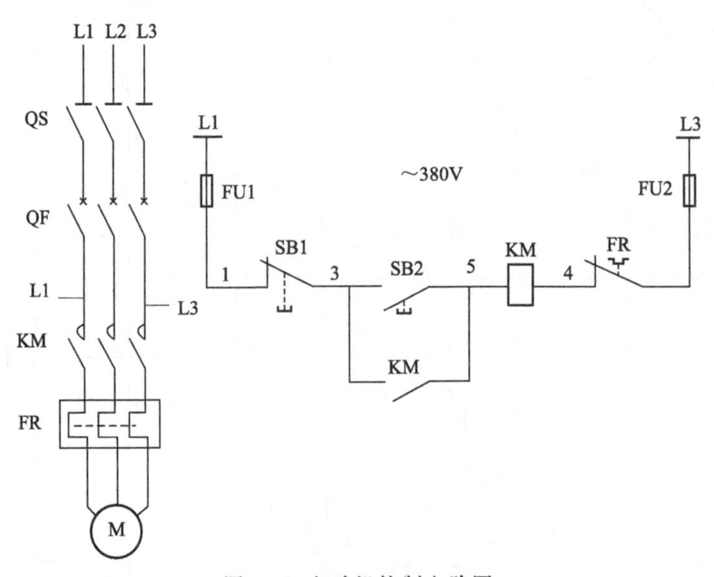


图 1-7 电动机控制电路图

要区别相同的图形符号表示的不同电气设备，必须配以相应的文字符号。线圈的图形符号上面加上字母 KM，表明这是交流接触器的线圈；在触点符号旁边加上字母 KM，表示触点是接触器 KM 上所带的触点。线圈的图形符号上面加上字母 KT，表明这是时间继电器的线圈，在触点符号旁边加上字母 KT，表示触点是时间继电器所带的触点。

根据图 1-6 所示的实际接线图，画出另一种形式的控制电路图，如图 1-7 所示，这就是电工在分析电路时常的用一种电路图，其画法简单、层次清晰，容易看出电路的工作原理，图 1-7 的主电路与控制电路是分开画出的。

控制电路一般称之原理展开图，主电路一般称之系统图。用这样的图来表示电气器件之间的连接关系及其特征，电工容易看懂电路工作原理。

## 1.2 电气电路图的基本内容

电气文字符号和图形符号在电路图中表示的是什么电气设备、附件、器件，是电工必须熟悉和掌握的基本知识。

### 1.2.1 电路图中的文字符号

电路图中的文字符号是用来表示电气设备装置和元器件的名称、功能状态和特征的拉丁字母，分为基本文字符号和辅助文字符号。现简要介绍文字符号及其组合方式。

（1）基本文字符号

电气设备种类繁多，每个类别规定1或2个字母表示，用来表示电气设备的基本名称，如“M”表示电动机、“G”表示发电机、“R”表示电阻、“K”表示接触器或继电器、“C”表示电容器、“T”表示变压器。进一步分类时，用双字母符号组合形式，应以单字母在前的次序列出，如“TM”表示电力变压器、“KT”表示时间继电器、“KM”表示交流接触器、“KA”表示交流继电器。

（2）辅助文字符号

用以表示电气设备装置元件以及线路功能状态和特征的文字符号称之辅助文字符号，辅助文字符号可放在表示种类的单字母符号后组成双字母符号，如“L”表示限制、“RD”红色、“SP”表示压力传感器。辅助符号也可单独使用，如“ON”表示接通、“M”表示中间、“PE”表示保护接地等。

（3）数字符号

数字符号是用数字来表示回路中相同设备的排列顺序编号，可以写在设备名称符号的前面或后面，如下所示：

3　K　T　或　K　T　3

其中“3”就是数字符号，KT表示时间继电器，数字3表示的是第3个时间继电器。

（4）补充文字符号的原则

基本文字符号和补助文字符号如不够使用，可按文字符号组成规律和下述原则予以补充。

① 在不违背GB/T 5094、GB/T 20939标准编制原则的条件下，可采用国际标准中规定的电气技术文字符号。

② 在优先采用GB/T 5094、GB/T 20939标准中规定的单字母符号、双字母符号和补助文字符号的前提下，可补充双字母符号和辅助字母符号。

③ 文字符号应按有关电器名词术语国家标准或专业标准中规定的英文术语缩写而成。同一设备若有几种名称时，应选用其中一个名称。当设备名称、功能、状态或特征为一个英文单词时，一般采用该单词的第一位字母构成文字符号，需要时也可以用前两位字母，或前两个音节的首位字母，或采用常用缩略语或约定俗成的习惯用法构成。当设备名称、功能、状态或特征为两个或三个英文单词时，一般采用该两个或三个单词的第一个字母，或采用常用缩略语或约定俗成的习惯用法构成文字符号。对基本文字符号不得超过两位字母，对辅助文字符号一般不能超过三位字母。

## 1.2.2　表示电气设备的文字符号

常用表示电气设备的文字符号见表1-1～表1-6。

## 1.2.3　表示电气设备的图形符号

### 1.2.3.1　关于图形符号定义

图形符号《电气图用图形符号中总则》中规定的各种图形符号的名词定义如下。

（1）图形符号

通常用于图样或其他文件以表示一个设备或概念的图形、标记或字符。

**表 1-1 电气设备的常用基本文字符号**

| 设备、装置和元器件中文名称 | 基本文字符号 | | 设备、装置和元器件中文名称 | 基本文字符号 | | 设备、装置和元器件中文名称 | 基本文字符号 | |
|---|---|---|---|---|---|---|---|---|
| | 单字母 | 双字母 | | 单字母 | 双字母 | | 单字母 | 双字母 |
| 电动机 | | | 自耦变压器 | | TA | 差动继电器 | | KD |
| 同步电动机 | | MS | 整流变压器 | | TR | 时间继电器 | | KT |
| 笼型电动机 | | MS | 电力变压器 | | TM | 极化继电器 | | KP |
| 异步电动机 | | MA | 降压变压器 | T | TD | 接地继电器 | | KE |
| 力矩电动机 | M | MT | 电压互感器 | | TV | 逆流继电器 | | KR |
| 定子绕组 | | WS | 电流互感器 | | TA | 簧片继电器 | | KR |
| 转子绕组 | | WR | 控制电源变压器 | | TC | 交流继电器 | | KA |
| 励磁线圈 | | LF | 晶体管 | V | | 信号继电器 | K | KS |
| 发电机 | | | 电磁制动器 | | YB | 热继电器 | | KH,FR |
| 异步发电机 | | GA | 电磁离合器 | | YC | 气体继电器 | | KB |
| 同步发电机 | G | GS | 电磁铁 | | YA | 电压继电器 | | KV |
| 测速发电机 | | BR | 电动阀 | Y | YM | 电流继电器 | | |
| 逆变器 | U | | 电磁阀 | | YV | 差动继电器 | | KD |
| 控制开关 | | SA | 电磁吸盘 | | YH | 温度继电器 | | |
| 选择开关 | S | SA | 气阀 | | Y | 压力继电器 | | KPF |
| 按钮开关 | | SB | 电容器 | C | | 指示灯 | | HL |
| 刀闸开关 | | QS QA | 电力电容器 | | CE | 光指示器 | H | HL |
| 行程开关 | | LS | 电抗器,电感器 | L | | 声响指示器 | | HA |
| 限位开关 | | SQ | 熔断器 | | FU | | | |
| 接近开关 | | SP | 快速熔断器 | F | RP | 真空断路器 | | QY |
| 脚踏开关 | | SF | 跌落式熔断器 | | FF | 温度传感器 | | ST |
| 自动开关 | | QA | 热敏电阻器 | | RT | 转速传感器 | | SR |
| 转换开关 | | | 电位器 | | RP | 接地传感器 | S | SE |
| 负荷开关 | | QL | 电阻器 | | | 位置传感器 | | SQ |
| 终点开关 | | | 变阻器 | R | | 压力传感器 | | SP |
| 蓄电池 | | GB | 压敏电阻器 | | RV | 蓄电池 | | GB |
| 避雷器 | F | | 测量分路表 | | RS | 端子板 | | XT |
| 限流保护器件 | | FA | 液位标高传感器 | S | SL | 插头 | | XP |
| 限压保护器件 | | FV | 低电压保护 | | | 插座 | X | XS |
| 电流表 | | PA | 隔离开关 | | QS | 连接片 | | XB |
| 电能表 | | PJ | 电动机保护开关 | Q | QM | 测试插孔 | | XJ |
| 电压表 | P | PV | 断路器 | | QF | 激光器 | A | |
| (脉冲)计数器 | | PC | 接触器 | | KM | 电桥 | | AB |
| 操作时间表(时钟) | | PT | 压力变换器 | | BP | 晶体管放大器 | | AD |
| 发热器件 | | EH | 位置变换器 | | BQ | 磁放大器 | | AM |
| 照明灯 | E | EL | 旋转变换器 | | BR | 电子管放大器 | | AV |
| 空气调节器 | | EV | 温度变换器 | B | BT | 印刷电路板 | | AP |
| 电子管 | | VE | 速度变换器 | | BV | 抽屉柜 | | AT |
| 变频器 | U | | 旋转变压器 | | B | 支架盘 | | AR |

表 1-2 电路图中常用的辅助文字符号

| 序 号 | 文字符号 | 名 称 | 序 号 | 文字符号 | 名 称 |
|---|---|---|---|---|---|
| 1 | A | 电流 | 37 | M | 中间线 |
| 2 | A | 模拟 | 38 | M,MAN | 手动 |
| 3 | AC | 交流 | 39 | N | 中性线 |
| 4 | A,AUT | 自动 | 40 | OFF | 断开 |
| 5 | ACC | 加速 | 41 | ON | 闭合 |
| 6 | ADD | 附加 | 42 | OUT | 输出 |
| 7 | ADJ | 可调 | 43 | P | 压力 |
| 8 | AUX | 辅助 | 44 | P | 保护 |
| 9 | ASY | 异步 | 45 | PE | 保护接地 |
| 10 | B,BRK | 制动 | 46 | PEN | 温度 |
| 11 | BK | 黑 | 47 | PU | 不接地保护 |
| 12 | BL | 蓝 | 48 | R | 记录 |
| 13 | BW | 向后 | 49 | R | 右 |
| 14 | C | 控制 | 50 | R | 反 |
| 15 | CW | 顺时针 | 51 | RD | 红 |
| 16 | CCW | 逆时针 | 52 | R,RST | 复位 |
| 17 | D | 延时 | 53 | RES | 备用 |
| 18 | D | 差动 | 54 | RUN | 运转 |
| 19 | D | 数字 | 55 | S | 信号 |
| 20 | D | 降 | 56 | ST | 启动 |
| 21 | DC | 直流 | 57 | S,SET | 置位,定位 |
| 22 | DEC | 减 | 58 | SAT | 饱和 |
| 23 | E | 接地 | 59 | STE | 步进 |
| 24 | EM | 紧急 | 60 | STP | 停止 |
| 25 | F | 快速 | 61 | SYN | 同步 |
| 26 | FB | 反馈 | 62 | T | 温度 |
| 27 | FW | 正,向前 | 63 | T | 时间 |
| 28 | GN | 绿 | 64 | TE | 无噪声(防干扰)接地 |
| 29 | H | 高 | 65 | V | 真空 |
| 30 | IN | 输入 | 66 | V | 速度 |
| 31 | INC | 增 | 67 | V | 电压 |
| 32 | IND | 感应 | 68 | WH | 白 |
| 33 | L | 左 | 69 | YE | 黄 |
| 34 | L | 限制 | 70 | M | 主 |
| 35 | L | 低 | 71 | M | 中 |
| 36 | LA | 闭锁 | 72 | | |

**表 1-3 外文电路图中电气设备的文字符号（一）**

| 设备名称 | 文字符号 | 设备名称 | 文字符号 | 设备名称 | 文字符号 |
|---|---|---|---|---|---|
| 液压开关 | FLS | 接触器 | MCtt | 电动阀 | MY |
| 发电机 | G | 变阻器 | RHEO | 电磁阀 | SV |
| 电压表 | V | 电容器 | C | 调节阀 | CV |
| 压力开关 | PRS | 移相电容器 | SC | 低压电源 | LVPS |
| 速度开关 | SPS | 硅三极管 | SRS | 信号监视灯 | PL |
| 按钮开关 | PBS PB | 辅助继电器 | AXR | 逆流继电器 | RR |
| 选择开关 | COS | 电流继电器 | OCR | 电压表转换开关 | VS |
| 控制开关 | CS | 电源开关 | PS | 电压继电器 | VR |
| 刀闸开关 | KS | 气动开关 | POS | 热继电器 | OL |
| 负荷开关 | ACB | 励磁开关 | FS | 极化继电器 | PR |
| 转换开关 | RS | 光敏开关 | LAS | 信号继电器 | KS |
| 自动开关 | NFB MCB | 隔离开关 | DS | 辅助继电器 | AXR |
| 行程开关 | LS | 倒顺开关 | TS | 接地继电器 | ER |
| 温度开关 | TS | 熔断器 | F | 蓄电池 | EPS |

**表 1-4 外文电路图中电气设备的文字符号（二）**

| 设备名称 | 文字符号 | 设备名称 | 文字符号 | 设备名称 | 文字符号 |
|---|---|---|---|---|---|
| 事故停机 | ESD | 压敏电阻器 | VDR | 电力电容器 | SC |
| 交流继电器 | KA | 电压电流互感器 | MOF | 零序电流互感器 | ZCT |
| 电压互感器 | PT | 电流互感器 | CT | 星-三角启动器 | YDS |
| 限时继电器 | TLR | 信号灯 | PL | 励磁线圈 | FC |
| 电流表转换开关 | AS | 消弧线圈 | PC | 脱扣线圈 | TC |
| 差动继电器 | DR | 保持线圈 | HC | 磁吹断路器 | MBB |
| 接地限速开关 | SLS | 避雷器 | LA | 真空断路器 | VS |
| 脚踏开关 | FTS | 油断路器 | OCB | 限位开关 | SL |
| 电动机 | M | 变压器 | Tr | 柱上油开关 | POS |

**表 1-5 外文电路图中电气设备的文字符号（三）**

| 设备名称 | 文字符号 | 设备名称 | 文字符号 | 设备名称 | 文字符号 |
|---|---|---|---|---|---|
| 高压开关柜 | AH | 高压电源 | HTS | 接线盒 | JB |
| 低压配电柜 | AA | 安装作业 | IX | 引线盒 | PB |
| 动力配电柜 | AP | 检修与维修 | RM | 控制板 | BC |
| 控制箱 | AS | 试验、测试 | TST | 照明回路 | LDB |
| 照明配电箱 | AS | 安装图 | ID | 瞬时接触 | MC |
| 直流电源 | DCM | 控制装置 | CF | 常开触点 | NO |
| 交流电源 | ACM | 动力设备 | PE | 常闭触点 | NC |
| 控制用电源 | CVCF | 双接点 | DC | 延时闭合 | TC |

表 1-6 外文电路图中电气设备的文字符号（四）

| 设备名称 | 文字符号 | 设备名称 | 文字符号 | 设备名称 | 文字符号 |
|---|---|---|---|---|---|
| 润滑油泵 | LOP | 给油泵 | FP | 操纵台 | C |
| 油泵 | OP | 循环水泵 | CWP | 保险箱 | SL |
| 主油泵 | MOP | 抽油泵 | OSP | 程序自动控制 | ASC |
| 辅助油泵 | AOP | 控制箱 | CC | 电流试验端子 | CT. T |
| 盘车油泵 | TGOP | | | | |

（2）符号要素

一种具有确定意义的简单图形，必须同其他图形组合以构成一个设备或概念的完整符号。例如灯丝、栅极、阳极、管壳等符号组成电子管的符号。符号要素组合使用时，其布置可以同符号表示的设备实际结构不一致。

（3）一般符号

用以表示一类产品和此类产品特征的一种通常很简单的符号。

（4）限定符号

用以表示提供附加信息的一种加在其他符号上的符号。

注：限定符号通常不能单独使用，而一般符号有时可用作限定符号。如电容器的一般符号加到传声器符号上即构成电容式传声器的符号。

（5）方框符号

用以表示元件、设备等组合及其功能，既不给出元件、设备的细节也不考虑所有连接的一种简单的图形符号。

注：方框符号可用在使用单线表示法的图中，也可用在示出全部输入和输出接线的图中。

《电气制图及图形符号国家标准汇编》标准中，导线符号可以用不同宽度的线条表示。有些符号具有几种图形形式，“优选形”是供优先采用的。在同一张电气图样中只能选用一种图形形式，图形符号的大小和线条的粗细亦应基本一致。

### 1.2.3.2 表示导线连接敷设的图形符号

将电气设备图形符号用粗或细的线条进行连接后，就构成了一个完整的电路图。我们看到的粗或细的线条称之线形符号。线形符号是用来表示各种导线。如不同的绝缘导线、电缆，不同形状的母线。图 1-8 所示为常见的塑料绝缘导线。它在电路上使用非常普遍的，适

图 1-8 常见的塑料绝缘导线

用于各种线路。除绝缘导线外还有各种电缆、母线。在电路图上都是用线形符号与文字符号（汉语拼音字母、数字）共同来表示，包括导线名称、型号、规格、数量、敷设方式、连接方法等信息。线形符号见表 1-7～表 1-11。

**表 1-7 表示导线母线线路敷设方式的图形符号**

| 图形符号 | 说明 | 图形符号 | 说明 |
|---|---|---|---|
| | 电缆穿金属管保护 | | 挂在钢索上的线路 |
| | 电缆穿非金属管保护 | | 水下（海底）线路 |
| | 柔软导线 | | 地下线路 |
| | 星形接线 | | 架空线路 |
| | 三角形连接 | | 电缆穿管保护 |
| | 母线伸缩接头 | | 电缆铺砖保护 |
| | 事故照明 | | 装在吊钩上的封闭母线 |
| | 屏蔽导线 | | |
| | 中途穿线盒或分线盒 | | 装在支柱上的封闭母线 |
| M | 封闭式母线 | | |

**表 1-8 表示导线母线线路的图形符号**

| 图形符号 | 说明 | 图形符号 | 说明 |
|---|---|---|---|
| | 电缆、导线、母线、线路一般符号 | | 母线一般符号 |
| | 斜线表示三根导线 | | 直流母线 |
| | | | 交流母线 |
| 3 | 斜线上数字表示导线根数 | | 滑触线 |
| | 中性线 | | 保护和中性共用线 |
| | 保护线 | | 具有保护线和中性线的三相配线 |

**表 1-9 表示设备内部连接与绕组连接用的图形符号**

| 图形符号 | 说明 | 图形符号 | 说明 |
|---|---|---|---|
| | 两相绕组 | | 两个绕组 V 形（60°）连接的三相绕组 |
| 1.　2. | 1. 星形连接的三相绕组<br>2. 中性点引出的星形连接的三相绕组 | | 连接的六相绕组 |

续表

| 图形符号 | 说 明 | 图形符号 | 说 明 |
|---|---|---|---|
| | T形连接的三相绕组 | | 三角形连接的三相绕组 |
| | 中性点引出的四相绕组 | | 开口三角形连接的三相绕组 |

**表 1-10 表示导线敷设方向的图形符号**

| 图形符号 | 说 明 | 图形符号 | 说 明 |
|---|---|---|---|
| | 引上 | | 引下 |
| | 由下引来 | | 由上引来 |
| | 引上并引下 | | 由上引来再引下 |
| | 由下引来再引上 | | |

**表 1-11 表示端子和导线连接的图形符号**

| 图形符号 | 说 明 | 图形符号 | 说 明 |
|---|---|---|---|
| | 示例：<br>导线的交叉连接 | | 示例：<br>导线的交叉连接<br>单线表示法 |
| | 导线的不连接(跨越) | | 导线直接连接 |
| | 导线的连接 | n | 导线的交换<br>相序的变更或极性的反向<br>(示出用单线表示 $n$ 根导线) |
| 1. 3 3 3<br>2. | 电缆连接盒，电缆分线盒<br>1. 单线表示<br>2. 多线表示 | | 端子<br>可拆卸的端子<br>导线或电缆的分支和合并 |
| | 导线的多线连接 | | 导线的不连接<br>(跨越)<br>多线表示法 |
| L1 L3 | 导线的交换(换位)<br>示例：<br>示出相序的变更<br>导线的不连接<br>(跨越)<br>单线表示法 | | 电缆密封终端头<br>不需要示出电缆<br>芯线的终端头<br>多线表示<br>(示出带<br>一根三芯电缆)<br>单线表示 |

#### 1.2.3.3 执行器件的图形符号

表1-12～表1-26所示出的图形符号，用于系统图、原理接线图、控制电路图中。不同图形符号，分别代表不同的电气设备元件名称、性能、特征，与图形边上标注的文字符号共同表达。

表 1-12 交流接触器触点图形符号

| 图形符号 | 说明 | 图形符号 | 说明 |
|---|---|---|---|
| 1. | 1. 接触器主触点 | 2. 3. | 接触器辅助触点<br>2. 常开触点<br>3. 常闭触点 |

表 1-13 电机的图形符号

| 图形符号 | 说明 | 图形符号 | 说明 |
|---|---|---|---|
| | 电机一般图形符号 | M ～ | 交流电动机 |
| M | 直流电动机 | G | 直流发电机 |
| G ～ | 交流发电机 | TG ～ | 交流测速发电机 |
| TG | 直流测速发电机 | M 3～ | 三相绕线转子异步电动机 |
| M 1～ | 单相笼型,有分相<br>端子的异步电动机 | M 3～ | 三相笼型异步电动机 |

表 1-14 表示熔断器、热继电器的图形符号

| 图形符号 | 说明 | 图形符号 | 说明 |
|---|---|---|---|
| 1. 2. | 1. 熔断器一般符号<br>2. 供电端由粗线表示的熔断器 | | 热继电器的驱动器件 |
| | 具有报警触点的<br>三端熔断器 | | 热继电器<br>常闭触点 |
| | 带机械连杆<br>的熔断器<br>撞击器式熔断器 | | 热继电器<br>常开触点 |

表 1-15 表示各种控制开关操作器件的图形符号

| 图形符号 | 说明 | 图形符号 | 说明 |
|---|---|---|---|
| 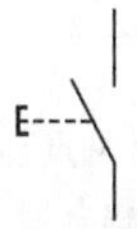 E | 启动按钮<br>（常开触点）<br>按钮开关（不闭锁） | 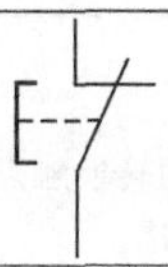 | 停止按钮<br>（常闭触点） |
|  | 旋转开关<br>旋钮开关<br>（闭锁） |  | 拉拔开关<br>（不闭锁） |
|  | 紧急开关<br>蘑菇头安全按钮 |  | 手动开关的一般符号 |

表 1-16 表示开关触点状态的图形符号

| 图形符号 | 说明 | 图形符号 | 说明 |
|---|---|---|---|
|  | 刀闸开关 | 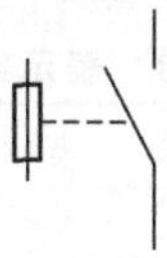 | 具有独立报警电路的熔断器 |
|  | 具有自动释放<br>的负荷开关 |  | 隔离开关 |
|  | 负荷隔离开关 | 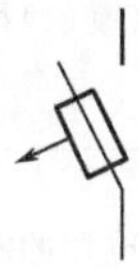 | 跌开式熔断器 |
|  | 熔断器式<br>负荷开关 |  | 熔断器式<br>隔离开关 |
|  | 断路器 |  | 熔断器式开关 |

表 1-17 表示主电路中开关设备的图形符号

| 图形符号 | 说明 | 图形符号 | 说明 |
|---|---|---|---|
| 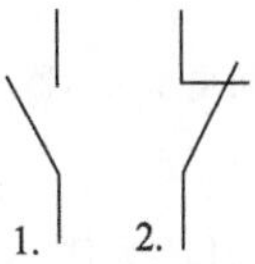 1. 2. | 1. 动合（常开）触点<br>2. 动断（常闭）触点 | 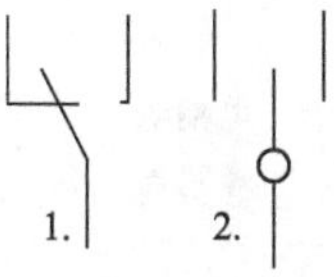 1. 2. | 1. 先断后合的转换触点<br>2. 中间断开的双向触点 |

续表

| 图形符号 | 说　明 | 图形符号 | 说　明 |
| --- | --- | --- | --- |
| 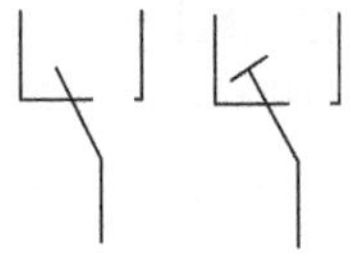  | 先合后断的转换触点（桥接） | 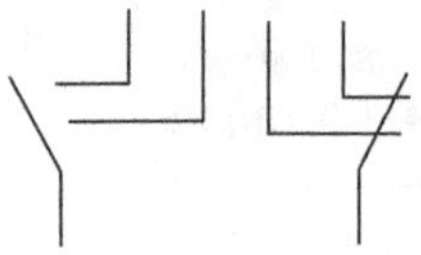  | 双动合触点<br>动合触点 |
|   | 有弹性返回的动合触点 |   | 无弹性返回的动合触点 |
|   | 有弹性返回的动断触点 | 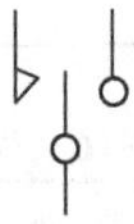  | 左边弹性返回动合触点，右边无弹性返回的中间断开的双向触点 |

**表 1-18　表示继电器、接触器线圈的图形符号**

| 图形符号 | 说　明 | 图形符号 | 说　明 |
| --- | --- | --- | --- |
| 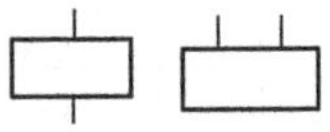  | 操作器件一般符号 | 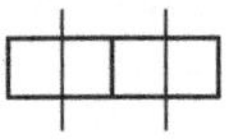  | 具有两个绕组的操作器件组合表示法 |
| 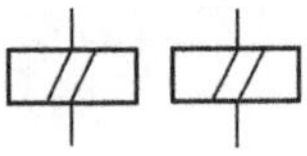  | 具有两个绕组的操作器件的分离表示法 | 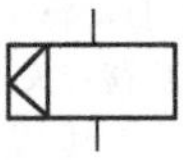  | 机械保持继电器的线圈 |
| 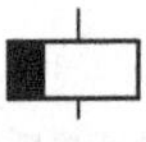  | 缓慢释放（缓放）继电器的线圈 | 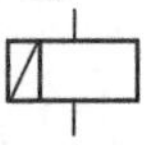  | 剩磁继电器的线圈 |
| 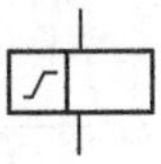  | 剩磁继电器的线圈 | 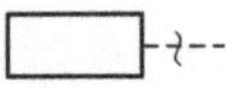  | 机械谐振继电器的线圈 |
| 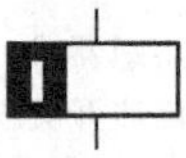  | 极化继电器的线圈 | 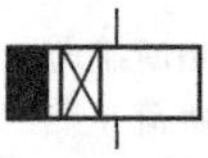  | 缓吸和缓放继电器的线圈 |
| 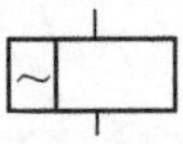  | 交流继电器的线圈 | 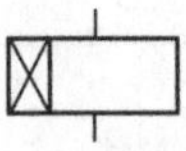  | 缓慢吸合（缓吸）继电器的线圈 |
|   | 对交流不敏感继电器的线圈 | 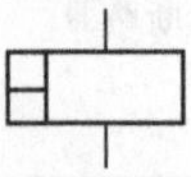  | 快速继电器（快吸和快放）的线圈 |

**表 1-19　表示各种信号设备的图形符号**

| 图形符号 | 说　明 | 图形符号 | 说　明 |
| --- | --- | --- | --- |
| 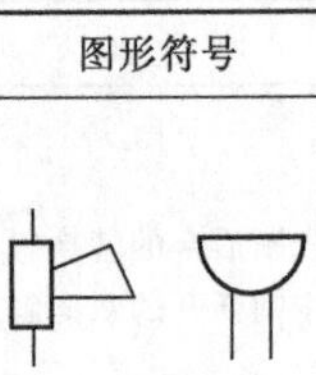  | 电喇叭<br>蜂鸣器 |    | 机电型指示器<br>信号元件 |

续表

| 图形符号 | 说　明 | 图形符号 | 说　明 |
| --- | --- | --- | --- |
|   | 电动汽笛<br>单打电铃 |   | 电铃一般符号 |
|   | 闪光型信号灯 |   | 电警笛<br>报警笛 |

**表 1-20　表示各种操作方式的图形符号**

| 图形符号 | 说　明 | 图形符号 | 说　明 |
| --- | --- | --- | --- |
| 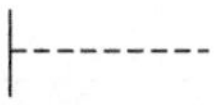  | 一般情况下<br>手动控制 | 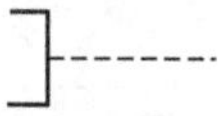  | 拉拔操作 |
| 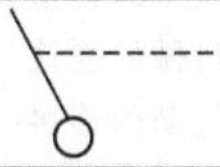  | 杠杆操作 |   | 手轮操作 |
| 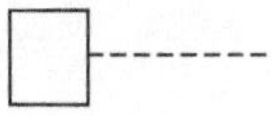  | 贮存机械能操作 | 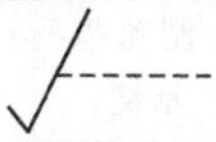  | 脚踏操作 |
| 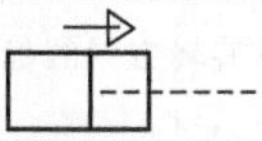  | 单向作用的气动<br>或液压控制操作 | 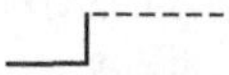  | 曲柄操作 |
| 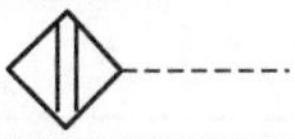  | 接近效应操作 | 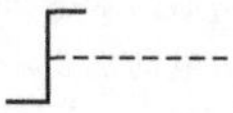  | 旋转操作 |
| 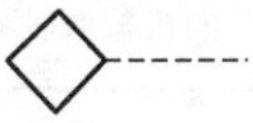  | 可拆卸的手柄操作 | 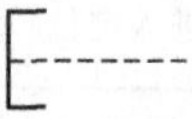  | 推动操作 |
| 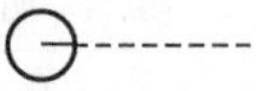  | 滚动(滚柱)操作 | 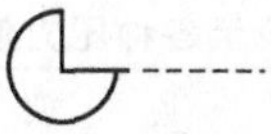   | 凸轮操作<br>示例：<br>仿形凸轮 |
| 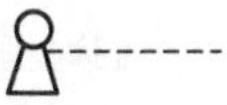  | 钥匙操作 | 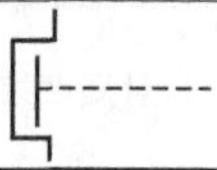  | 受限制的手动控制 |

**表 1-21　表示半导体管变流、逆变、整流器图形符号**

| 图形符号 | 说　明 | 图形符号 | 说　明 |
| --- | --- | --- | --- |
| 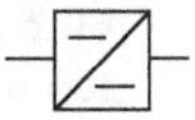  | 直流变流器 | 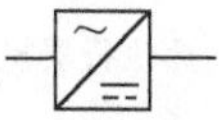  | 整流器 |
| 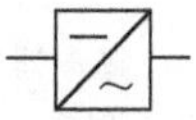  | 逆变器 | 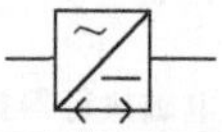  | 整流器/逆变器 |
| 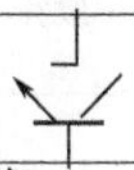  | NPN 雪崩半导体管 |   | 具有 P 型双基极的单结半导体管 |
| 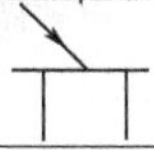  | 具有 N 型双基极的单结型半导体管 | 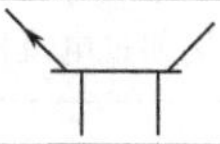  | 具有横向偏压基极的 NPN 半导体管 |
| 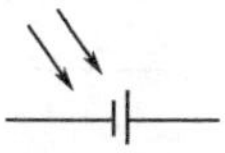  | 光电池 | 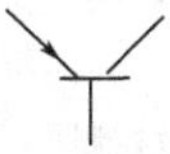   | PNP 型半导体管<br>NPN 型半导体管，集电极接管壳 |

表 1-22 表示操作器件受机械控制的图形符号

| 图形符号 | 说　明 | 图形符号 | 说　明 |
| --- | --- | --- | --- |
| | 脱离定位<br>两器件间的机械联锁 | | 自动复位机械联轴器、离合器 |
| | 连接的机械<br>联轴器 | | 手工操作带有阻塞器件的隔离开关<br>齿轮啮合<br>液压的连接 |
| | 定位<br>非自动复位<br>维持给定位置的器件 | | 液压的连接<br>机械的连接<br>气动的连接 |
| M M | 制动器<br>示例：<br>带制动器并已制动的电动机<br>带制动器并未制动的电动机 | | 具有指示旋转方向的机械连接 |
| | 进入定位 | | 脱开的机械联轴器 |

表 1-23 表示各种压力温度计数等控制操作器件的图形符号

| 图形符号 | 说　明 | 图形符号 | 说　明 |
| --- | --- | --- | --- |
| | 液位控制 | M | 电动机操作 |
| $\%H_2O$ | 相对湿度控制 | | 流体控制 |
| | 双向作用的气动或液压控制操作 | $\theta$ | 温度控制 |
| | 热执行器操作 | | 操作器件<br>一般符号(1) |
| | 电磁执行器操作 | | 操作器件<br>一般符号(2) |
| | 电磁器件操作，例如过电流保护 | | 电钟操作 |
| $p$ | 压力控制 | $\theta$ | 温度控制 |
| O | 计数控制 | | |

表 1-24　表示电容、电阻、蓄电池、自耦变压器的图形符号

| 图形符号 | 说　明 | 图形符号 | 说　明 |
|---|---|---|---|
|  | 带抽头的原电池组或蓄电池组 |  | 电池或蓄电池 |
| 1.<br>2. | 蓄电池组或原电池组 |  | 极性电容器 |
|  | 电阻器一般符号 |  | 滑动触点电位器 |
|  | 可变电阻器<br>可调电阻器 |  | 电抗器<br>扼流圈 |
|  | 微调电容器 |  | 压敏极性电容器 |
| U | 压敏电阻器<br>变阻器 |  | 可变电容器<br>可调电容器 |
|  | 桥式全波整流器 |  |  |

表 1-25　表示绕组接线的图形符号

(1)变压器

| 图形符号 | 说　明 | 图形符号 | 说　明 |
|---|---|---|---|
|  | 铁芯<br><br>带间隙铁芯 | 形式1<br><br>形式2 | 双绕组变压器<br>注:瞬时电压的极性可以在形式 2 中表示<br>示例:示出瞬时电压极性标记的双绕组<br>变压器流入绕组标记端的瞬时电流产生辅助磁通 |
|  | 三相绕组变压器 |  | 单相自耦变压器 |
|  | 电抗器、扼流圈 |  | 电流互感器脉冲变压器 |
|  | 耦合可变的变压器 |  | 在一个绕组上有中心点抽头的变压器 |

续表

| 图形符号 | 说　明 | 图形符号 | 说　明 |
|---|---|---|---|
|  | 三相变压器<br>星形-星形-三角连接 |  | 绕组间有屏蔽的双绕组单相变压器 |
|  | 单相变压器组成的三相变压器星形-三角连接 |  | 三相变压器星形-三角形连接 |

(2)电流互感器绕组接线用图形符号

| 图形符号 | 说　明 | 图形符号 | 说　明 |
|---|---|---|---|
| 形式1　形式2 | 具有两个铁芯和两个次级绕组和电流互感器<br>注:1. 在形式 2 中铁芯符号可以略去<br>2. 在初级电路每端示出的接线端子符号表示只画出一个器件 | 形式1　形式2 | 在一个铁芯上具有两个次级绕组的电流互感器。<br>注:形式 2 的铁芯符号必须示出 |
|  | 次级绕组有三个抽头(包括主抽头)的电流互感器 | N=5　N=5 | 次级绕组为五匝的电流互感器 |
| 3 | 具有一个固定绕组和三个穿通绕组的电流互感器或脉冲变压器 | 9　9 | 在同一个铁芯上有两个固定绕组并有九个穿通绕组的电流互感器或脉冲变压器 |

**表 1-26　表示各种半导体管、晶闸管等图的形符号表**

| 图形符号 | 说　明 | 图形符号 | 说　明 |
|---|---|---|---|
|  | 半导体二极管一般符号 |  | 光敏电阻具有对称导电性的光电器件 |
|  | 反向阻断三极晶体闸流管P 型控制极(阴极侧受控 |  | 双向三极晶体闸流管三端双向晶体闸流管 |

续表

| 图形符号 | 说　明 | 图形符号 | 说　明 |
|---|---|---|---|
| 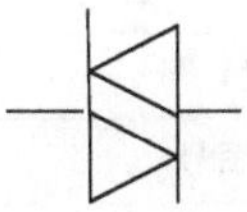  | 双向二极管交流开关二极管 | 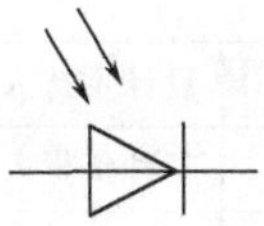  | 光电二极管具有非对称导电性的光电器件 |
| 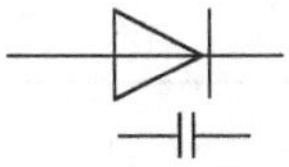  | 用作电容性器件的二极管 | 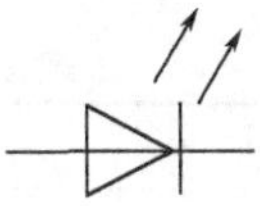  | 发光二极管一般符号 |
| 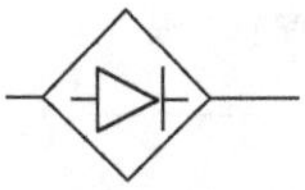  | 全波桥式整流器 | 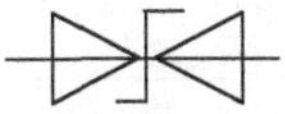  | 双向击穿二极管 |
| 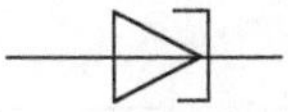  | 隧道二极管 | 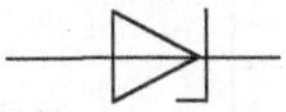  | 单向击穿二极管电压调整二极管 |
| 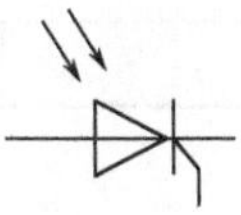  | 光控晶体闸流管 |  |  |

# 1.3 电气图的其他知识

## 1.3.1 图面

(1) 图幅

A类图纸的图幅的尺寸规格有0号、1号、2号、3号、4号，其具体尺寸如表1-27所示。

**表1-27 图纸的图幅的尺寸规格** 单位：mm

| 幅面代号<br>尺寸代号 | A0 | A1 | A2 | A3 | A4 |
|---|---|---|---|---|---|
| $B \times L$ | 841×1189 | 549×841 | 420×594 | 297×420 | 210×297 |
| $C$ | 10 | 10 | 10 | 5 | 5 |
| $A$ | 25 | 25 | 25 | 25 | 25 |

(2) 图标

图标又称标题栏，它一般放在图的右下方，其主要内容是图纸的名称（或工程名称、项目名称）、图号、比例、设计单位、设计人员、制图、专业负责人、工程负责人、审定人及完成日期等。标题栏示例见表1-28、表1-29。

表 1-28 标题栏样 1

| | | | | | | 工程名称 | | |
|---|---|---|---|---|---|---|---|---|
| | | | | | | 项　目 | | |
| 审定 | | | 设计主持人 | | | | 设计号 | |
| 审核 | | | 工种负责人 | | | | 图号 | |
| 校对 | | | 设计人 | | | | 日期 | |

表 1-29 标题栏样 2

| | | | | | |
|---|---|---|---|---|---|
| 修改 | 修改内容 | 日期 | 设计 | 核对 | 审核 |

| | | | | | |
|---|---|---|---|---|---|
| ××××设计院 | | | | ××××装置及配套工程 | |
| 职别 | 签字 | 日期 | ××××装置<br>××变电所 6kV 部分 | 设计阶段 | |
| 设计 | | | | 设计日期 | |
| 校对 | | | 进线柜<br>控制保护电路图 | 图纸比例 | |
| 审核 | | | | | |
| 批准 | | | | 第 1 页 | 共 1 页 |
| | | | | S1780-DQ00-01 | 0 |

## 1.3.2 比例和方位标志

(1) 比例

电气工程图常用的比例是 1∶200、1∶100、1∶60、1∶50。而大样图的比例可用 1∶20、1∶10 或 1∶5。外线工程图常用小比例。

(2) 方位标志

图中的方位按国际惯例通常是上北下南，左西右东，但有时可能采用其他方位，这时必须标明指南针。最简单的方位标志如图 1-9 所示。

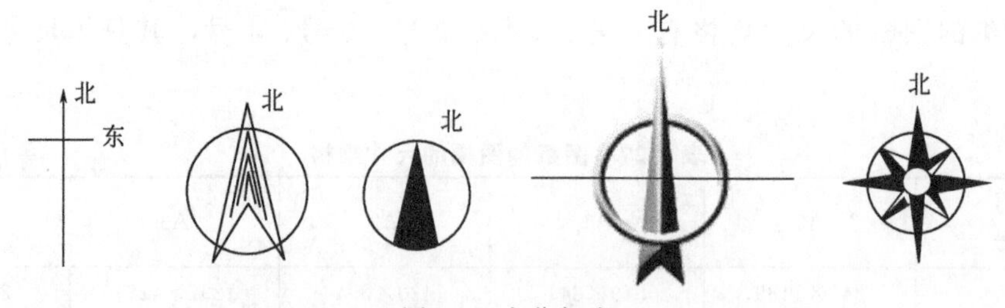


图 1-9 方位标志

(3) 标高

标高指的是在图纸上标出电气设备的安装高度或线路的敷设高度。在建筑图中用相对高度，如以建筑物室内的地平面为标高的零点。

(4) 图例

以电气工程相关的建筑平立面图、剖面图为条件图画出的电气工程图中是采用统一的图形符号，表示线路和各种电气设备、敷设方式以及安装方式等。

某些电气工程平面图中，为明确图形符号所表示的电器名称，图形符号与说明标注在图纸的某一位置上，如图 1-10 所示，这就是图例。

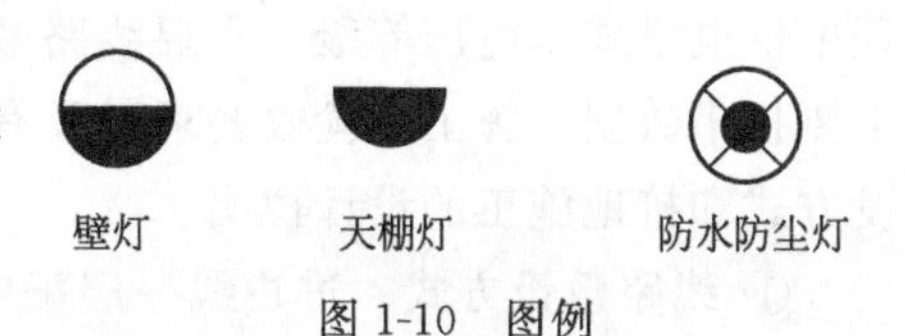


图 1-10 图例

(5) 尺寸标注

在工程图中尺寸标注常用毫米（mm）为单位，在总平面图中或特大设备时采用米（m）为单位。

(6) 平面图定位轴线

凡是有建筑物承重墙、柱子、主梁及房架都应该设置轴线。其定位轴线分为纵轴编号和横轴编号，如图 1-11 所示。

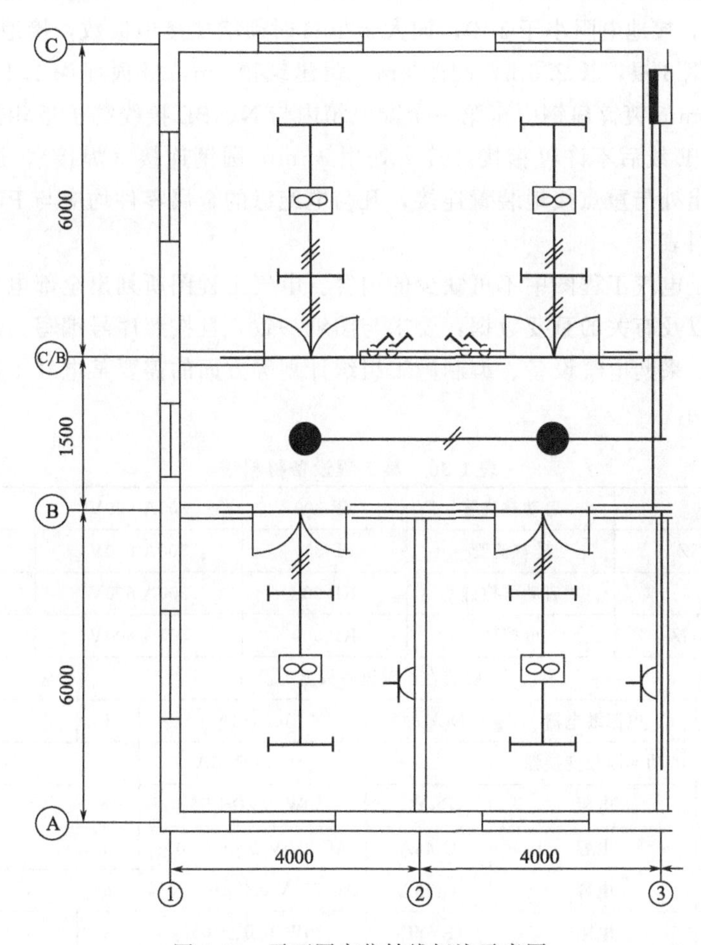


图 1-11 平面图定位轴线标注示意图

它的表示方法是：纵轴编号用阿拉伯数字从左起往右来表示；横轴编号用大写英文自下而上的标注。而轴线间距是由建筑结构尺寸来确定的。在电气平面图，通常以外墙外侧画出横竖轴线，目的是为了突出电气线路。

## 1.3.3 设计说明与设备材料表

(1) 设计说明

电气图纸说明也是电气工程图中不可缺少的内容。它用文字叙述的方式说明一个电气工程中供电方式、电压等级、主要线路敷设形式及在图中表达的各种电气设备安装高度、工程主要技术数据、施工和验收要求以及有关事项。例如下面是一个照明工程图纸中关于线路敷设方式和接地施工的设计说明。

① 线路敷设方式　进户线一层配电干线、层间配电干线采用钢管沿地、墙暗配（SC），各楼层分回路线采用阻燃塑料管暗配线，阻燃塑料管氧指数应大于 27。

钢管按规定规程要求做防腐处理，平面图中未标线数者为 2 根 2.5mm$^2$ 铜芯导线。所有导线均采用 2.5mm$^2$ 铜芯线，穿 2 根线用 FPC15 管，穿 3 根线用 FPC20 管，穿 4～6 根线用 FPC25 管（钢管与塑料管均为内径）。

② 接地　接地方式采用 TN-C-S 系统，在电缆进户处做零线重复接地装置一组（与防雷共用接地装置），接地电阻小于 10Ω，如大于 10Ω 时须增加接地极数，接地极采用 50mm×50mm×5mm 角钢 3 根，长 2.5m，间距 5m，距建筑物 3m，极顶埋深 1.1m，从重复接地装置用 25mm×4mm 镀锌扁钢引至第一个配电箱内与 N、PE 接线端子板相接，从总配电箱分别配出的 N、PE 线后不许再相接。接头处用 $\phi$6mm 圆钢连接（焊接），进出建筑物各种金属管道，在进出处与重点接地装置连接，凡与电绝缘的金属零件均应与 PE 线相接。

(2) 设备材料表

设备材料表是电气工程图中不可缺少的内容。电气工程图所列出全部电气设备材料的规格、型号、数量以及有关的重要数据，要求与图纸一致，且按照序号编写，这是为了便于施工单位计算材料、采购电气设备、编制施工组织计划等方面的需要某电气工程图的设备材料表，如表 1-30 所示。

**表 1-30　某工程设备材料表**

| 4 | ZQ | 启动整流管 | ZP-300 | 300A 600V | 1 | 注 2 |
|---|---|---|---|---|---|---|
| 3 | 2,4,6GZ | 硅整流管 | ZP-300 | 300A 600V | 3 | 注 2 |
| 2 | KQ | 启动可控硅 | KP-200 | 200A 600V | 1 | 注 2 |
| 1 | 1,3,5KGZ | 可控硅 | KP-500 | 500A 600V | 3 | 注 2 |
| 安装在主整流桥板上的设备 | | | | | | |
| 8 | SBJ | 电流继电器 | DL-13/2 | 0.5～2A | 1 | |
| 7 | cos | 功率因数变换器 | | AC 100V 5A | 1 | 与 cos$\phi$ 对号配套 |
| 6 | R2,13R,2R | 电阻 | RxYC | 30W 22kΩ±5% | 3 | 注 4 |
| 5 | Ca,Cb,Cc | 电容 | CJ48A | AC 250V 10μF±10% | 3 | |
| 4 | 1～6Cb | 电容 | CJ48A | AC 750V 0.47μF±10% | 6 | |
| 3 | Ra,Rb,Rc | 电阻 | RxYC | 30W 10Ω±10% | 3 | |
| 2 | 1～6Rb | 电阻 | RxYC | 10W 30Ω±10% | 6 | |
| 1 | 1～6Ra | 电阻 | RxYC | 15W 5.1kΩ±10% | 6 | |
| 安装在阻容保护板上的设备 | | | | | | |
| 10 | XA | 按钮 | LA18-44XZ | | 1 | 黑 |
| 9 | 3HD | 信号灯 | NXD4 | 220V 红色 | 1 | 电压值见注 1 |
| 8 | LD,XD,SD,1.2HD | 信号灯 | NXD4 | 220V | 5 | 红 2 绿 1 白 2 |
| 7 | 5W | 电位器 | WX3-12 | 680Ω 3W | 1 | 配旋钮 |
| 6 | JA,2LA,2MA | 按钮 | LA19-11 | | 3 | 红 2 绿 1 |

续表

| 5 | WHK | 控制开关 | LW5 | LW5-15 | 1 | 自提线路 |
|---|---|---|---|---|---|---|
| 4 | cos$\phi$ | 三相功率因数表 | 44L1-cos$\phi$ |  | 1 | 与变换器对号配套 |
| 3 | V− | 直流电压表 | 44C1-V | 50V | 1 |  |
| 2 | A~ | 交流电流表 | 44L1-A | 600A/5A | 1 |  |
| 1 | A− | 直流电流表 | 44C1-A | 200A | 1 |  |
| 序号 | 符号 | 名称 | 型号 | 技术特性 | 数量 | 备注 |
| 安装在仪表板 V 单元上的设备 |  |  |  |  |  |  |

## 1.3.4 电气接线图的种类

电气接线图有很多种，可按其使用目的来分类。有的是几种接线图配合起来用于一个目的，也有的是一种接线图用于多种目的。

电气接线图大致可分为表示电力设备接线的主回路接线图和表示控制设备接线的控制回路接线图。主回路接线图有单线图与复线图两种，以后将详细说明。

关于接线图的分类方法尚未定出标准，相应的名称叫法也还没有统一。现按连接的表示方法、表示内容等将接线图分类如下。

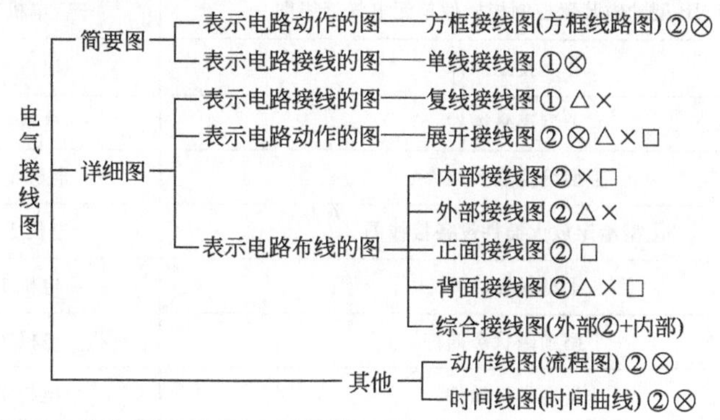


说明：①—主回路接线图；②—控制回路接线图；⊗—规划、设计阶段的接线图；△—施工阶段接线图；×—交付阶段的接线图；□—试验运行维护用的接线图

## 1.3.5 阅读电气图的顺序与方法

(1) 阅读电气图的一般规律

在了解电气工程图与建筑工程之间的联系后，我们知道，成套的电气工程图中往往还包括一部分土建工程图，阅读电气工程图还应该照一定的顺序进行，才能较迅速全面地实现看图的目的。一般应按照以下的顺序依次进行看图。

① 看标题栏和图纸目录　拿到图纸后，首先要仔细阅读图纸和主标题和有关说明，如图纸目录（表 1-31）、技术说明、元件明细表、施工说明书等，结合已有的电工知识，对该电气图纸类型、性质、作用有一个明确的认识，从整体上理解图纸的概况和表述的内容。

② 看成套图纸的说明书　了解工程总体概况及设计依据，了解图纸中能够表达清楚和各有关事项，供电电源、电压等级、线路和敷设方式、设备的安装高度和安装方式、各种补充的非标准设备及规范、施工中应考虑的有关事项等。分项工程的图纸上有说明的，在看分项工程图纸时，也要先看设计说明。

表 1-31 BKL-Ic 型图纸目录

| 序号 | 图纸名称 | 编　号 |
|---|---|---|
| 1 | 图纸封面 | 电机 BKLIc-1 |
| 2 | 图纸目录 | 1MZ-Ic |
| 3 | BKL-Ic 型励磁装置电气原理图 | 电机 BKLIc-1-1-1 |
| 4 | BKL-Ic 型励磁装置失步保护及控制信号电气原理图 | 电机 BKLIc-1-1-2 |
| 5 | BKL-IB 励磁装置整流柜 | 电机 BKLIB-1-2-1 |
| 6 | BKL-Ic 型励磁装置整流柜电气接线图 | 电机 BKLIc-1-2-2 |
| 7 | BKL-IB 型励磁装置启动单元接线图 | 电机 1-BKLIB-1-2-3 |
| 8 | BKL-IB 型励磁装置风机单元电气图 | 电机 1-BKLIB-1-2-4 |
| 9 | BKL-IB 型励磁装置控制柜 | 电机 1-BKLIB-1-3-1A |
| 10 | BKL-Ic 型励磁装置控制柜失步保护信号电气接线图 | 电机 BKLIc-1-3-2G |
| 11 | BKL-IB 型励磁装置电源板外部接线图 | 电机 1-BKLIB-1-3-2-1 |
| 12 | BKL-IB 型励磁装置控制柜灭磁单元电气接线图 | 电机 1-BKLIB-1-3-3 |
| 13 | BKL-IB 型励磁装置控制柜插件单元电气接线图 | 电机 BKLIc-1-3-4-1 |
| 14 | Ⅱ型投励插件 | 电机 1-BKLIB-1-3-4-2 |
| 15 | Ⅰ型灭磁插件 | 电机 1-BKLIB-1-3-4-3 |
| 16 | Ⅰ型给定放大插件 | 电机 1-BKLIB-1-3-4-4A |
| 17 | Ⅰ型给定放大插件设备接线图 | 电机 1-BKLIB-1-3-4-5A |
| 18 | Ⅰ型触发插件 | 电机 1-BKLIB-1-3-4-6 |
| 19 | Ⅰ型励磁状态插件 | 电机 1-BKLIB-1-3-4-7 |
| 20 | Ⅲ型失控插件 | 电机 1-BKLIB-1-3-4-8 |

③ 看系统图　各分项工程的图纸中都包含有系统图，如变配电工程的供电系统图、电力工程的电力系统图、电气照明的照明系统图、电气电缆等系统图等。看系统图的目的是了解电气系统的基本组成，主要的电气设备、元件等的连接关系以及它们的规格、型号、参数等，掌握该系统的基本情况。

④ 电路图和接线图　电路图是电气图的核心，也是内容最丰富、最难懂的电气图纸。看电路图首先要看图形符号和文字符号，了解电路图中各组成部分的作用和原理，分清主电路和控制电路、保护电路、测量回路，熟悉有关控制线路的走向，先看主电路，从电源侧开始到负荷。

主电路一般用较粗线条画出，画在电路图的左侧，看控制电路图时，则自从上而下、从左至右看。先看各条回路，分析各回路元器件的情况及与主电路的关系和机械机构的连接关系。

对电工来讲，不仅会看主电路图而且要看懂二次接线图。要根据回路编号、端子标号看图，同一台回路设备编号是相同的，通用的回路线号的标号是相同的。

⑤ 平面布置图　平面布置图是电气工程中的重要图纸之一，如变配电设备安装平面图、

剖面图、电力线路架设与电缆的敷设平面图、照明平面图、机械设备的平面布置图、防雷工程的平面布置图、接地平面图等。都是用来表示设备的安装位置，线路敷设部位、敷设方法和所用的导线型号、规格、数量，穿管管径大小。平面布置图是电气工程施工过程中的主要依据，必须学会。

⑥ 看材料设备表　电工从设备材料表可看出该回路所使用的设备名称、材料型号、规格和数量，当设备损坏后，选择与材料表给出的型号、规格相同的设备进行更换。能阅读电气图纸是提高电工技能的第一步，只有学会看图才能完成电气安装、接线、查线与分析处理故障的任务。

(2) 电路图中常见触点定义

① 电路图中的触点状态　电路图中的触点的图形符号都是按电气设备在未接通电源前的状态下的实际位置画出的，表示的触点是静止状态。

② 常开触点与常闭触点　操作器件（线圈）得电动作时，所附属的触点闭合；操作器件线圈断电时，附属的触点从闭合状态中断开，这样的触点称之常开触点（也称动合触点）。

操作器件（线圈）得电动作时，附属的触点从闭合状态中断开；操作器件线圈断电时，所附属的触点闭合，从断开状态中闭合（复归原始位置），这样的触点称之常闭触点（也称动断触点）。常开触点与常闭触点的图形符号见图 1-12 和图 1-13。

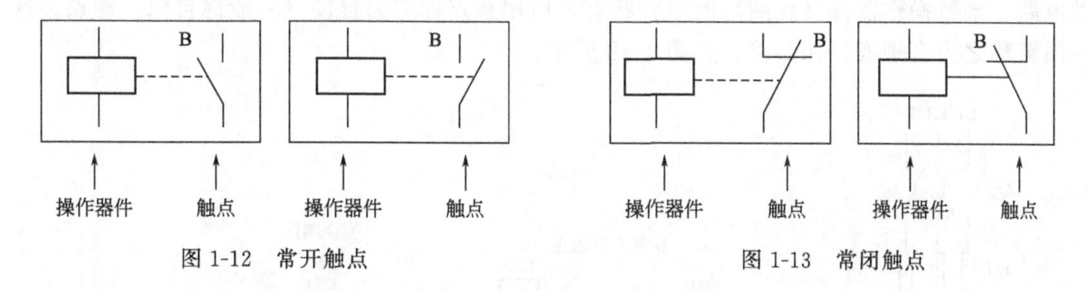


图 1-12　常开触点　　图 1-13　常闭触点

③ 时间性触点　操作器件（线圈）得电动作时，所附属的触点按照设计（整定）的时间闭合或断开，这样的触点就称之时间性触点。整定的时间长短可以调节。

a. 延时闭合的动合触点　操作器件（线圈）得电动作时，附属的常开触点不能立即闭合，必须到整定时间。触点才能闭合，这样的触点称之为延时闭合的（延时动合）触点。其图形符号见图 1-14。

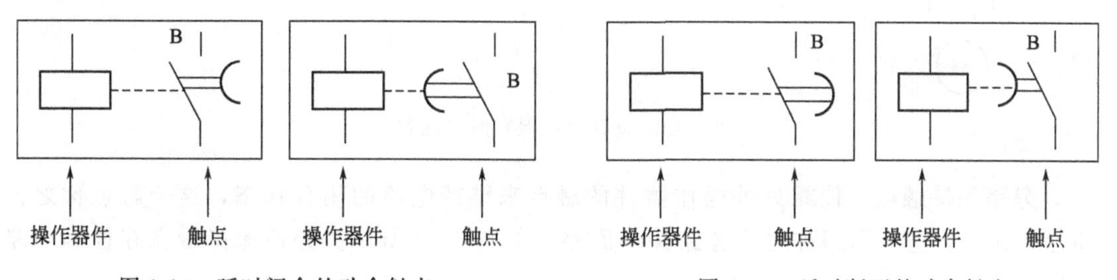


图 1-14　延时闭合的动合触点　　图 1-15　延时断开的动合触点

b. 延时断开的动合触点　操作器件（线圈）得电动作时，触点“B”立即闭合，但这个触点“B”在操作器件（线圈）断电后不能立即打开而是达到整定的时间，触点才能打开（复归原始位置），这样的触点称之为延时打开的常开（动合）触点。其图形符号见图 1-15。

c. 延时断开的动断触点　操作器件（线圈）断电释放时，所附属的触点“B”立即闭合，但这个触点“B”在操作器件（线圈）得电后不能立即断开，必须到整定的时间，才由闭合状态断开，这样的触点称之为延时断开的动断触点。其图形符号见图 1-16。

d. 延时闭合的动断触点　操作器件（线圈）得电动作时，所附属的触点“B”不能立即断开，而是达到整定时间才能断开常闭触点。这样的常闭触点称之为延时闭合的动断触点。其图形符号见图 1-17。

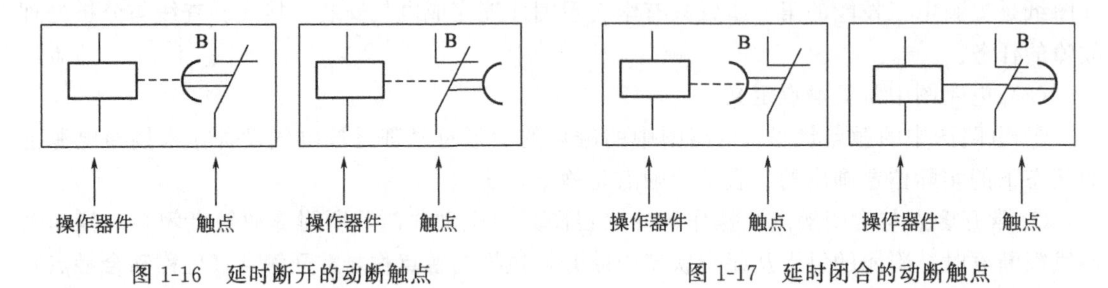


图 1-16　延时断开的动断触点　　图 1-17　延时闭合的动断触点

e. 自锁（自保）触点　操作器件（线圈）得电动作时，所附属的常开触点闭合，保证电路接通，使操作器件“线圈”维持闭合状态。换句话说，就是依靠自身附属的触点作为辅助电路，维持操作器件（线圈）的吸合状态，所用触点称之为自锁（一般称自保）触点。这一回路称之为自锁或自保回路，如图 1-18 所示。

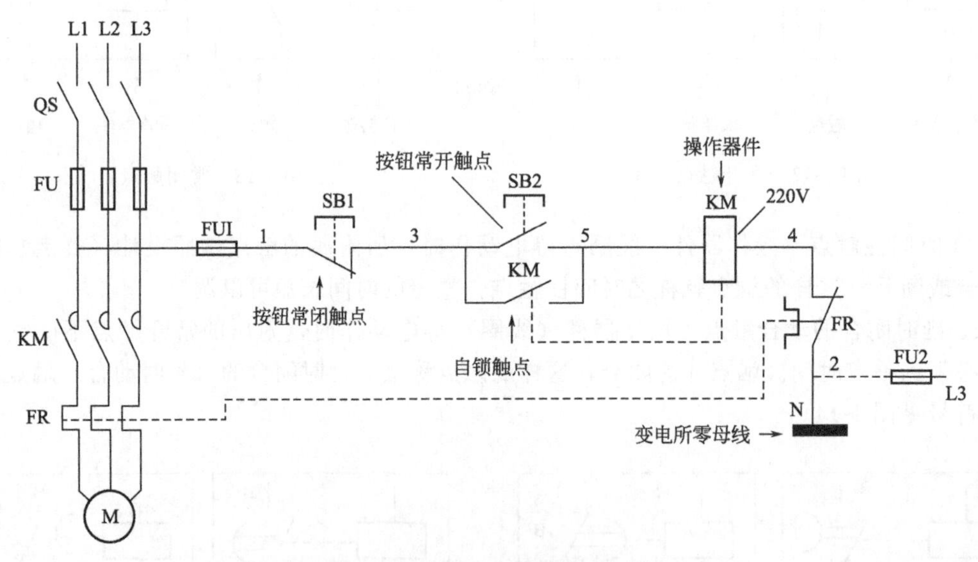


图 1-18　自锁（自保）触点回路

f. 旁路保持触点　依靠另外操作器件的触点来维持电路的闭合状态，这个触点称之为旁路保持触点。这一回路称之为旁路保持回路，如图 1-19 所示。旁路保持触点在控制电路中应用较多。

g. 触点的串联　根据电气（机械）控制要求，把一些开关或继电器触点的末端与另一个触点的前一端相连接的方式称之为触点的串联回路。在这一回路中只要有一个触点不闭合，线路的最终设备不能动作，如图 1-20 所示。

h. 触点的并联　根据电气（机械）控制要求，把一些开关或继电器触点的前端末端与

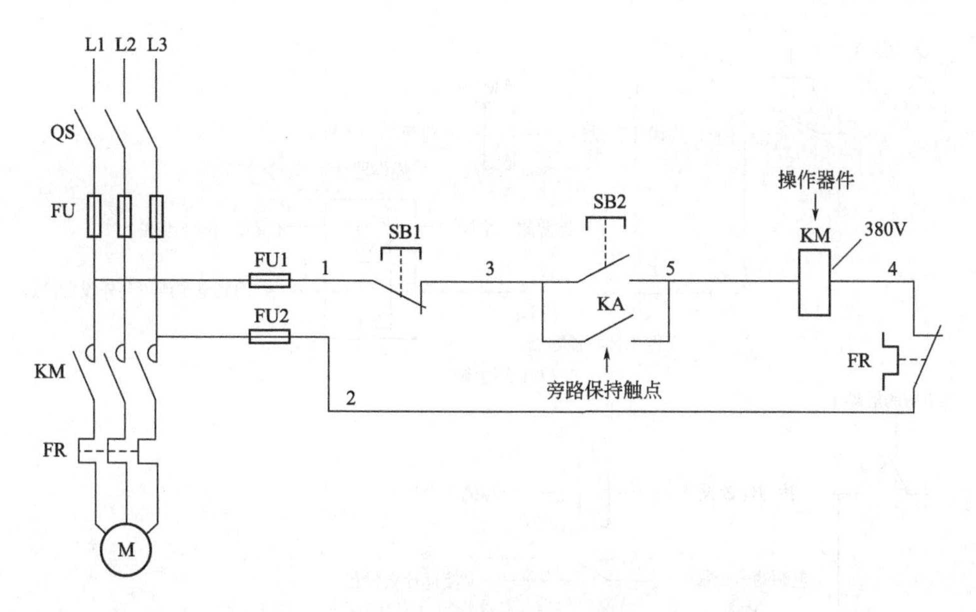


图 1-19　旁路保持触点回路

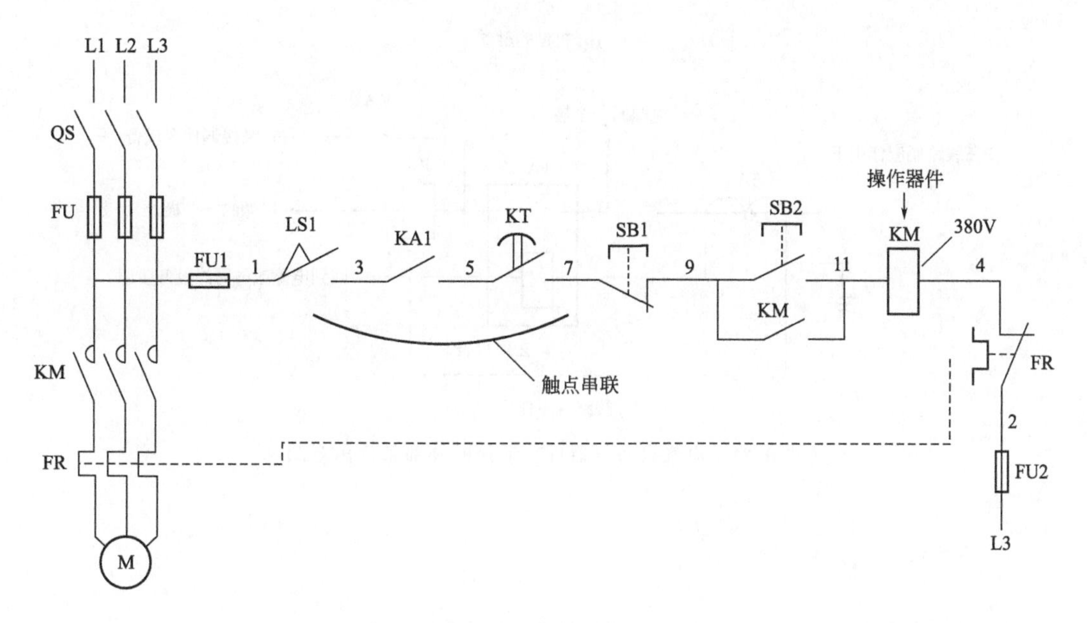


图 1-20　触点的串联

另一个触点的前端、末端相连接的方式称之为触点的并联回路。在这一回路中只要有一个触点闭合。线路的最终设备就能动作。图 1-20 中的按钮 SB2 常开触点与接触器 KM 常开触点就是触点的并联连接。

## 1.3.6　电气设备（器件）动作的外部条件

电气设备（器件）动作必须要有电的物理现象或外力的作用。如由于人的操作［图 1-21(a)］，或机械触动［图 1-21(b)］使电气设备（器件）的触点动作。在线路感应电压、电流作用下［图 1-21(c)］，从而使器件的线圈得电动作。

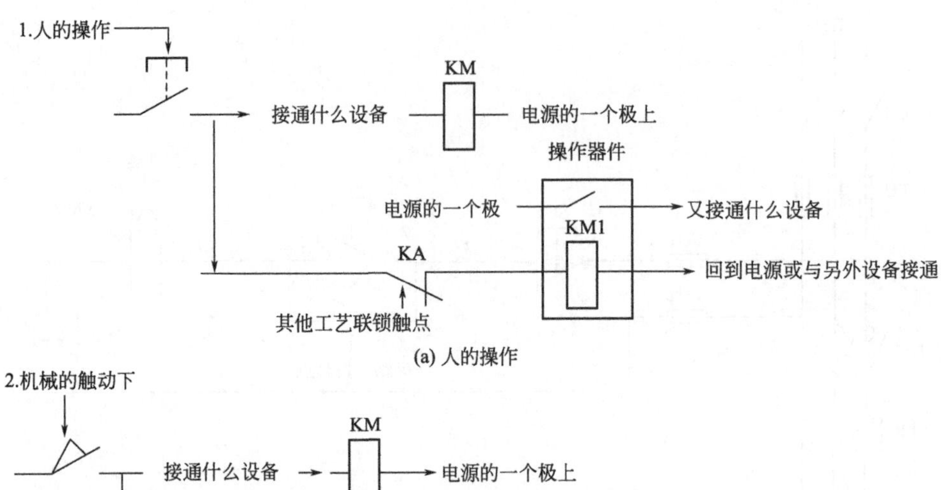

(a) 人的操作

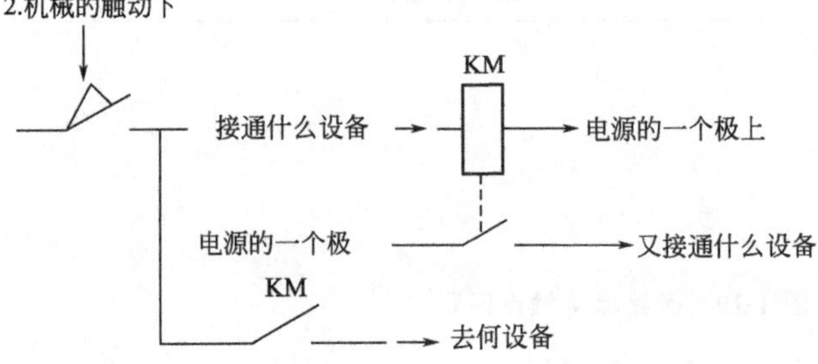

(b) 机械的触动

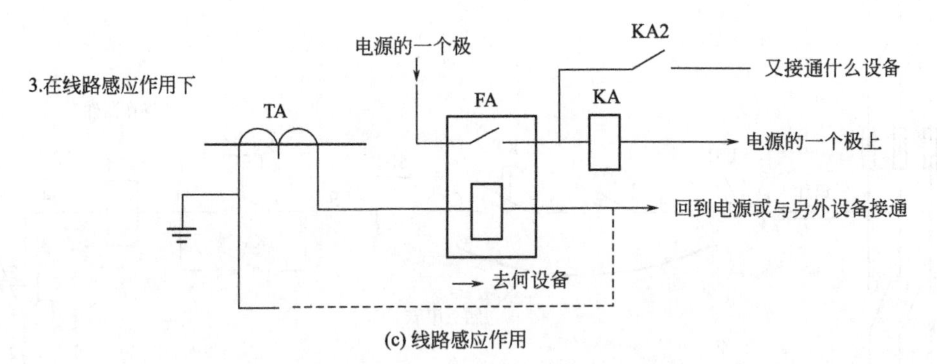

(c) 线路感应作用

图 1-21 电气设备（器件）动作的外部条件示意图

# 第2章 认识电气设备

## 2.1 胶盖刀闸

胶盖刀闸又称开启式负荷开关（见图 2-1），全部导电零件（包括熔丝）都安装在一块瓷底板上，相间用绝缘胶木盖隔开并能防止带电体裸露。

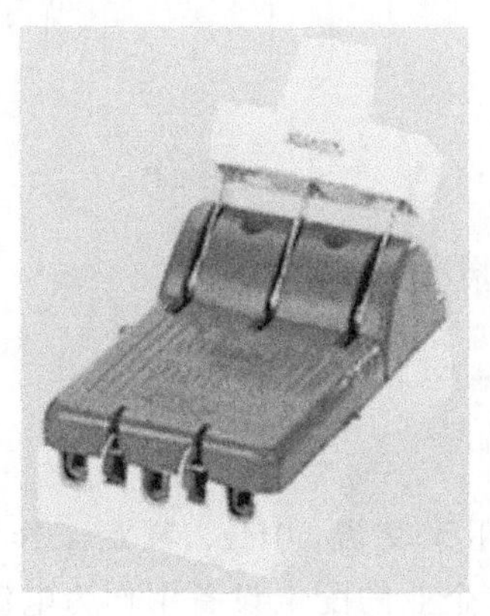
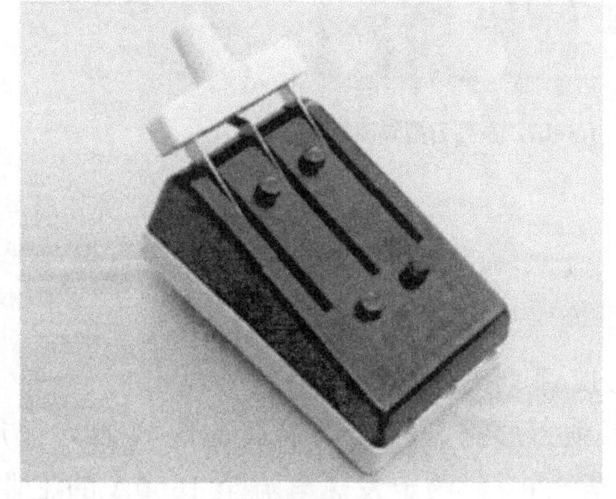

图 2-1 胶盖刀闸（开启式负荷开关）

胶盖刀闸主要用于额定电压 380V、电流 60A 以下的电力线路中，作为一般照明、电热、小水泵等回路的控制开关；也可用作分支线路的配电开关。适当降低三极胶盖刀闸容量可以直接手动不频繁地控制小型电动机（如 380V、4.5kW 以下电动机），并借助于熔断器（保险丝）起过载保护的作用。当线路和用电设备发生过载或短路故障时，由熔断器切断故障电流。每次故障分断后，需要更换熔断器再继续使用。

## 2.2 隔离（刀闸）开关

低压刀闸开关也称刀形转换开关，是低压开关中最简单、应用最普遍的，其种类很多，按操作方式分，有单投和双投的；按极数分，有双极和三极的；按灭弧结构分，有带灭弧罩和不带灭弧罩的。

刀闸开关用于不频繁手动接通和分断交直流电路，起隔离作用，也称为隔离开关。其外形如图 2-2 所示。带灭弧罩的刀闸开关如图 2-2(b)、(c) 所示，可在通电状态下操作以切断电流负荷。不带灭弧装置的刀闸开关如图 2-2(a) 所示，只能在无负荷电流条件下操作。

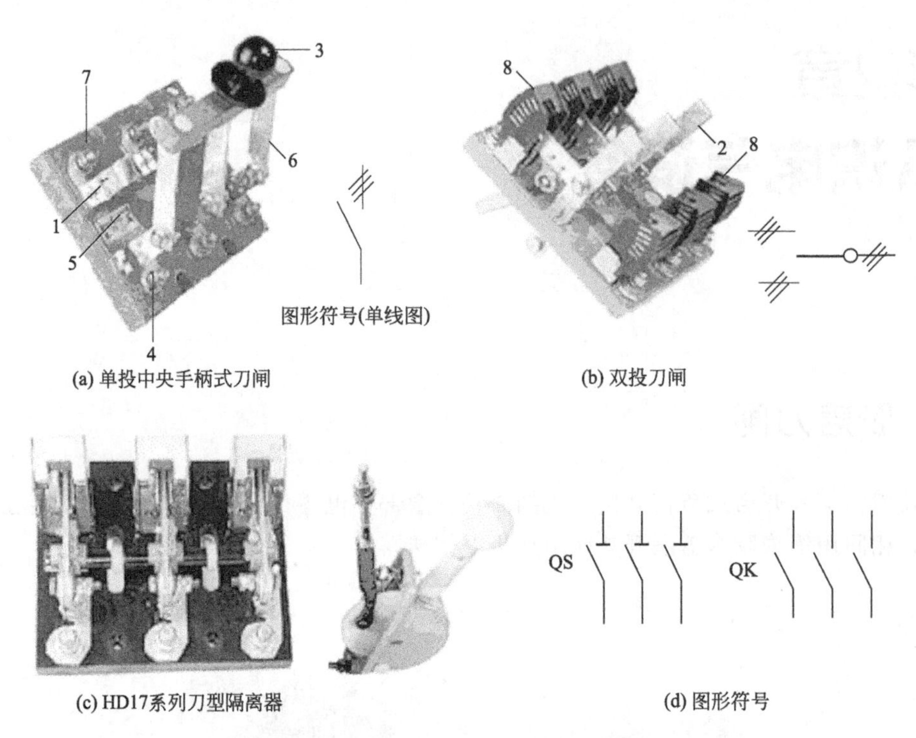


(a) 单投中央手柄式刀闸　(b) 双投刀闸

(c) HD17系列刀型隔离器　(d) 图形符号

图 2-2　刀闸开关外形与图形符号

1—静刀片；2—转换刀片；3—把手；4—负荷侧端子；

5—铭牌；6—动刀片；7—电源侧端子；8—灭弧罩

(1) HD17 系列刀形隔离器

HD17 系列刀形隔离器（以下简称隔离器）适用于交流 50Hz、额定工作电压交流至 380V、直流至 220V，约定发热电流至 1600A 的工业企业的配电设备中作为电源隔离之用。带灭弧室的产品在规定的条件下可用来接通或分断交流电路。其外形见图 2-3。

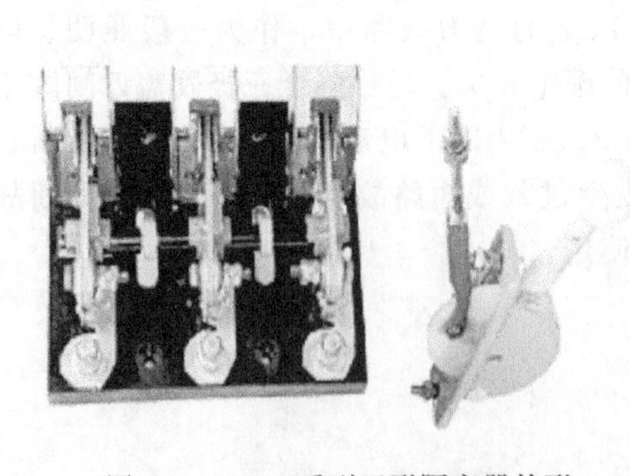

图 2-3　HD17 系列刀形隔离器外形

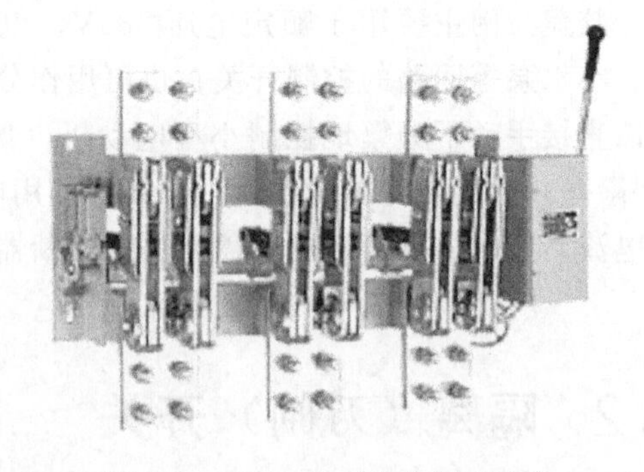

图 2-4　HD13 系列大电流刀开关

(2) HD13 系列大电流刀开关

HD13 系列大电流刀开关（以下简称刀开关）外形见图 2-4，它是一种新型刀开关，适用于交流 50Hz，额定电压 380V 或直流 220V，额定电流 3000～6000A，主要用于配电设备的控制电路中，作不频繁地电动接通和切断或隔离电源之用，操作应在无负荷下进行。

其适用于机械、冶金、地铁、化工、电镀、水利等工农业各部门，作为大电流控制场所的关键设备，获得了广泛应用。

(3) HD14 系列刀开关

三极 HD14-1000A 的刀开关，额定电流 1000A，外形如图 2-5 所示。四极 HD14-1500A 的刀开关，额定电流 1500A，外形如图 2-6 所示。HD14 系列刀开关适用于交流 50Hz，额定电压到 380V，直流至 440V，额定电流至 1500A 的成套配电装置中，作为不频繁手动接通和分断交、直流电路或作为隔离开关之用。

图 2-5 三极 HD14-1000A 刀开关

图 2-6 四极 HD14-1500A 刀开关

(4) HR5、HR6、NH40 系列熔断器式隔离开关

HR5、HR6、NH40 系列熔断器式隔离开关，适用于交流 50Hz、额定工作电压至 660V、约定发热电流至 630A 的具有高短路电流的配电电路和电动机电路中，作为电源开关、隔离开关、应急开关，也作为电路保护用，但一般不作为直接开闭单台电动机之用。熔断器式隔离开关外形如图 2-7 所示。

(5) HRTO 系列石板闸刀开关

HRTO 系列石板刀闸开关适用于交流频率 50（或 60）Hz，额定工作电压为 380V、最大额定工作电流为 100～400A。其外形见图 2-8。

(6) HD 系列刀开关的作用与操作

HD 系列适用于交流 50Hz、额定电压至 380V、直流至 440V；额定电流至 1500A 的成套配电装置中，作为不频繁地手动接通和分断交、直流电路或作隔离开关用，其中：

① 中央手柄式的单投和双投刀开关主要用于磁力站，不切断带有电流的电路，作隔离开关之用；

② 侧面操作手柄式刀开关，主要用于动力箱中；

③ 中央正面杠杆操作机构刀开关主要用于正面操作、后面维修的开关柜中，操作机构装在正前方；

④ 侧方正面操作机械式刀开关主要用于正面两侧操作、前面维修的开关柜中，操作机构可以在柜的两侧；

⑤ 装有灭弧室的刀开关可以切断负荷电流，其他系列刀开关只作隔离开关使用。

(a) 系列熔断器隔离开关

(b) NH40-100/3R隔离开关熔断器组

(c) HR5系列熔断器式隔离开关

图 2-7 熔断器式隔离开关外形

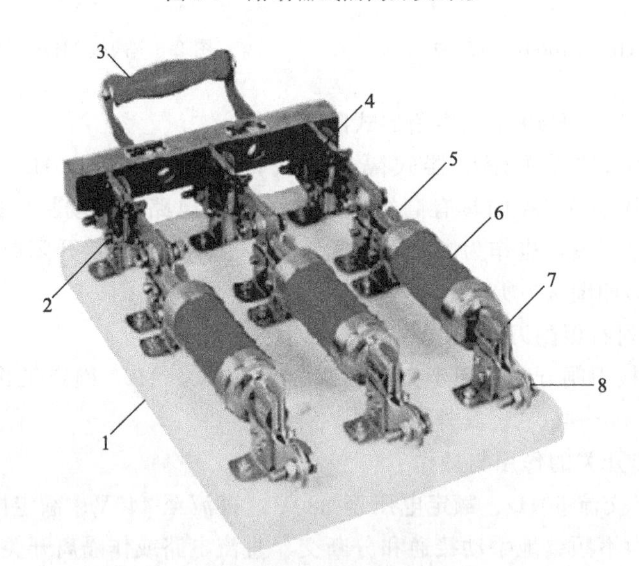


图 2-8 石板刀闸开关外形

1—石板；2—电源侧端子；3—把手；4—动刀片；5—熔断器上插座与动刀片连接端子；6—熔断器；7—熔断器刀片；8—负荷侧端子

## 2.3 熔断器式刀开关

HR3 系列熔断器式刀开关（见图 2-9），适用于工业企业配电网络中作为电缆导线及用

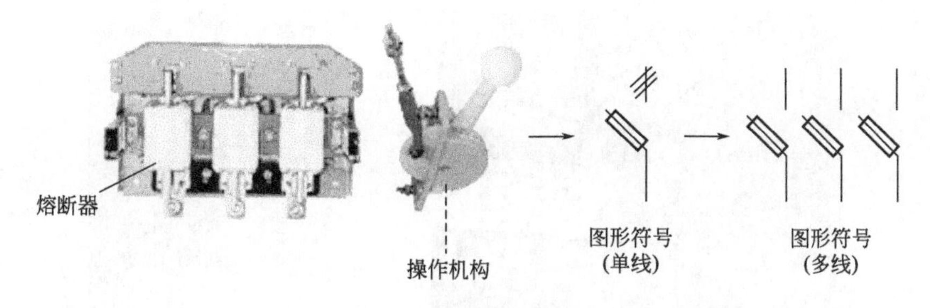


图 2-9 HR3 系列熔断器式刀开关

电设备的过载和短路保护，以及网络正常馈电情况下，接通和切断电源。本系列熔断器式刀开关是用来代替各种低压配电装置中闸刀开关和熔断器的组合电器。

熔断器式刀开关按其电流分为交流（50Hz）及直流两种；按额定电流等级分为 100A、200A、400A、600A 四级，按其操作方式分为正面侧方杆传动机构式、正面中央杆传动机构式、侧面操作手柄式、无面板正面侧方杆传动机构式四种；按其检修位置可分为屏前检修式及屏后检修两种。

HR3 系列熔断器式刀开关一般安装在配电盘上、动力箱内。熔断器起过载保护和短路保护，在正常馈电情况下，用于不频繁地接通或分断电路。当线路和用电设备发生过载或短路故障时，由熔断器切断故障电流。每次故障分断后，需要更换熔断器再继续使用。

## 2.4 隔离开关（刀闸）操作要领

### 2.4.1 刀闸（含高压隔离开关）开关操作要领

① 手动合刀闸时，应迅速而果断，合闸终了时不能用力过猛，防止损坏支持绝缘子或合闸过头。在合闸过程中如果产生电弧，要毫不犹豫地将刀闸合到位，禁止将刀闸拉开。

② 手动拉开刀闸时，特别是刀闸刚离开固定触头时，应缓慢而谨慎，整个过程要按“由慢到快再到慢”的原则进行，防止刀闸脱轮。在操作过程中若产生电弧，应立即反向合上刀闸，并停止操作。

③ 在切断小容量变压器空载电流、切断一定长度架空线路、切断电缆线路的充电电流、或经环网解环时，当使用刀闸进行操作均会产生一定长度的电弧，此时应迅速将刀闸拉开，以便尽快熄弧。

④ 刀闸经操作后，必须检查其开、合闸位置是否正确。合时检查三相刀片接触是否良好，拉开时三相断开角度是否符合要求，防止由于操作机构发生故障或调整不当，出现操作后三相不同期的现象。

### 2.4.2 HD13 系列中央正面杠杆操作机构式刀开关操作过程

手把刀闸的操作把手 1 向上（↑）推，传动杠杆 2 向②→的方向运动，带着刀闸向箭头方向运动，当操作把手靠近盘面时，刀闸开关合闸。拉开刀闸的方向与合闸的方向相反。刀闸开关与操作杆的连接示意见图 2-10。

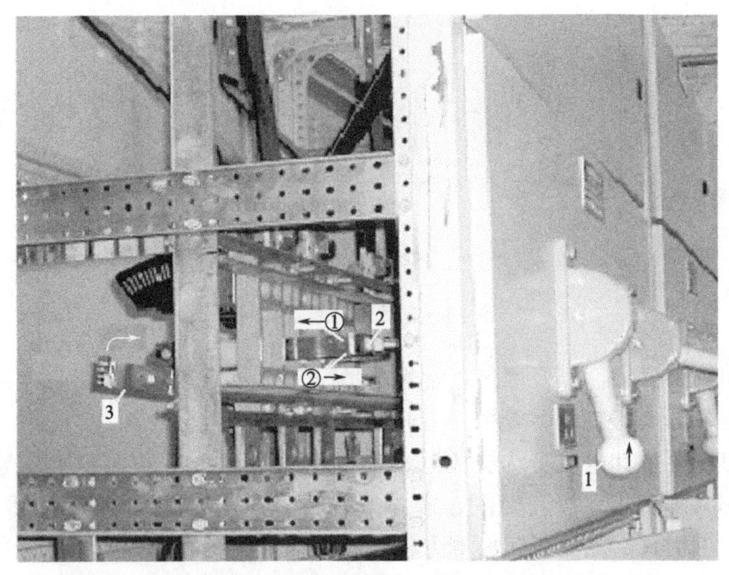


图 2-10 HD13 系列中央正面杠杆操作机构式刀开关连接示意

1—操作把手；2—传动杠传动杠杆；3—刀闸

# 2.5 低压断路器

低压断路器又称空气开关或自动开关，简称空开，它分为塑料外壳式和框架式两类。电力熔断器和断路器都是用于线路及设备的短路保护，在发生短路故障时，断路器按整定的范围动作。通过触点的断开将用电设备从电路隔离。短路故障点排除后，将操作把手下压，断路器复位，即可进行“合”、“分”的操作。低压断路器的“合”、“分”位置如图 2-11 所示。断路器能进行无数次的开断并能立即再投入，当回路出现紧急情况，可以进行手动断开，确保回路设备安全。

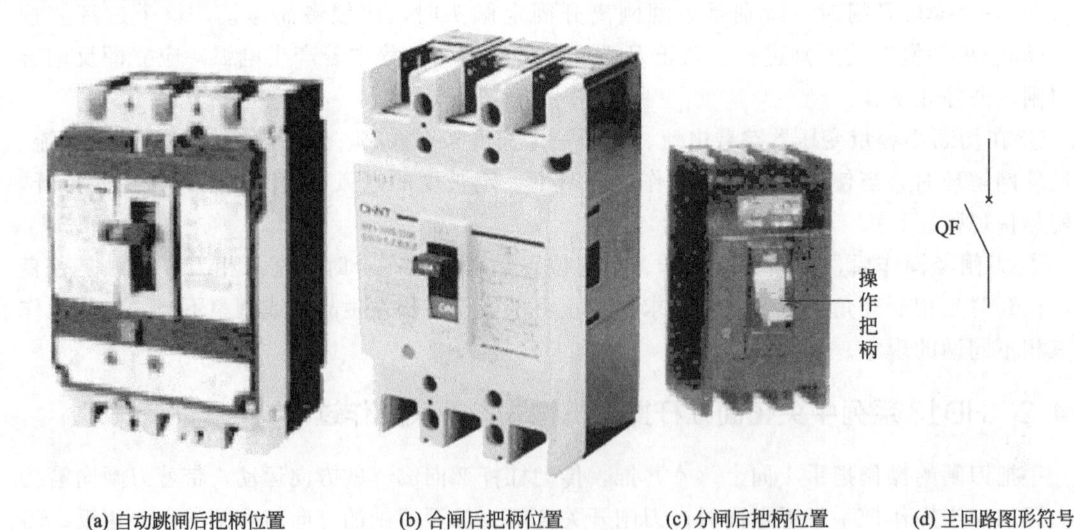


图 2-11 断路器操作把手的三种状态位置与图形符号

## 2.5.1 断路器操作把柄位置与符号

断路器操作把手的三种状态位置与图形符号见图 2-11。

## 2.5.2 几种不同型号的低压断路器

(1) DZ108 系列塑料外壳式断路器：

DZ108 系列塑料外壳式断路器外形如图 2-12 所示。该系列断路器适用于交流 50Hz 或 60Hz，额定电压至 660V 及以下，额定电流 0.1～63A 的电路中，作为电动机的过载、短路保护之用，也可在配电网络中作线路和电源设备的过载及短路保护之用。在正常情况下，亦可用作线路的不频繁转换及电动机的不频繁启动和转换之用。

图 2-12 DZ108 系列塑料外壳式断路器

图 2-13 DZ12-60 塑料外壳式断路器

(2) DZ12-60 塑料外壳式断路器

DZ12-60 塑料外壳式断路器外形如图 2-13 所示。这种断路器体积小巧，结构新颖，性能优良可靠，适用于交流 50Hz，额定工作电压至 400V，额定电流至 60A 的供电线路中，作为线路的过载、短路保护以及在正常情况下作为线路的不频繁转换之用。

(3) DZ253 系列塑料外壳式断路器

DZ253 系列塑料外壳式断路器外形如图 2-14 所示。该系列断路器适用于交流 50Hz（或 60Hz），额定绝缘电压 690V，额定工作电压 660V（690V）及以下，直流 250V 及以下，额定电流 12.5～800A 的电路中，用来分配电能。在正常条件下作不频繁的闭合和断开之用，并在线路和设备过载，短路和欠电压时起保护之用。额定壳架等级电流在 400A 及以下的断路器，也可作笼型电动机的不频繁启动，运转中中断以及在电动机过载、短路及欠电压时起保护作用。

(4) DZ5 系列塑料外壳式断路器

DZ5 系列塑料外壳式断路器外形如图 2-15 所示。该断路器适用于交流 50Hz、380V、额定电流自 0.15～50A 的电路中。保护电动机用断路器用来保护电动机的过载和短路，配电用断路器在配电网络中用来分配电能和作线路及电源设备的过载和短路保护之用，亦可分别作为电动机不频繁启动及线路的不频繁转换之用。

(5) NM10 系列塑料外壳式断路器

NM10 系列塑料外壳式断路器外形如图 2-16 所示。该断路器主要适用于不频繁操作的交流 50Hz、额定工作电压至 380V，额定电流至 600A 配电电路中，作接通和分断电路之用，断路器具有过载及短路保护装置，以保护电缆和线路等设备不因过载而损毁。

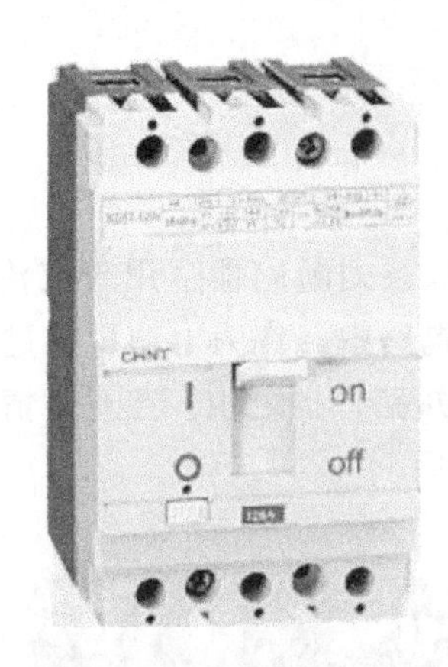


图 2-14　DZ253 系列塑料外壳式断路器（合闸状态）

图 2-15　DZ5 系列塑料外壳式断路器
1—分闸钮（按下时分闸）；2—合闸钮（按下时合闸）

图 2-16　NM10 系列塑料外壳式断路器

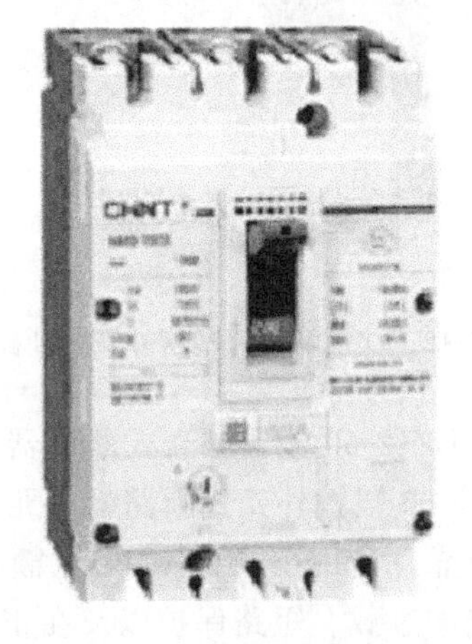


图 2-17　NM8 系列塑料外壳式断路器

（6）NM8 系列塑料外壳式断路器

NM8 系列塑料外壳式断路器外形如图 2-17 所示。该断路器是正泰集团公司最新开发的新产品，其设计体现了最新的限流原理和制造技术，具有小型紧凑、模块化、高分断、零飞弧的特点。

该断路器主要用于交流 50/60Hz，额定电压 690V 及以下，额定工作电流 1250A 及以下的电路中作接通、分断和承载额定工作电流之用，能在线路和用电设备发生过载、短路、欠压的情况下对线路和用电设备进行可靠的保护，并能用作电动机的不频繁启动。

（7）DZ47-63 高分断小型断路器

DZ47-63 高分断小型断路器外形如图 2-18 所示。它具有结构先进、性能可靠、分断能力高、外形美观小巧等特点，壳体和三部件采用耐冲击、高阻燃材料制成。适用于交流 50Hz 或 60Hz，额定工作电压 415V 及以下，额定电流为 63A 及以下的场所。主要用于办公楼、住宅和类似的建筑物的照明、配电线路及设备的过载、短路保护，也可在正常情况下，作为线路不频繁的转换之用。

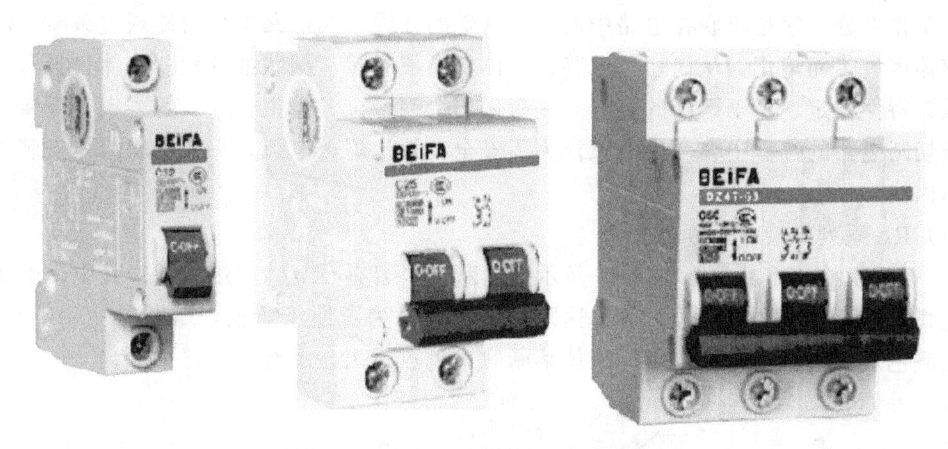


图 2-18 DZ47-63 高分断小型断路器

(8) BFM2 (NS) 系列塑壳式断路器

BFM2 (NS) 系列塑壳式断路器外形如图 2-19 所示。其额定电流从 16～630A，额定绝缘电压 750V、50 (或 60) Hz，额定电压 690V 及以下的电路中，作不频繁转换和电动机不频繁启动、断开之用。具有短路保护、过载保护、欠电压保护功能，该断路器也适用于平滑直流 (或脉动直流)、250V 的电路中，具有过载、短路和欠电压保护功能。

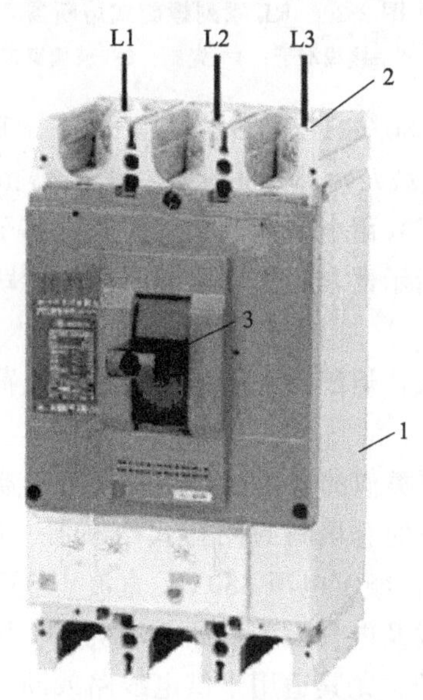


图 2-19 BFM2 (NS) 系列塑壳式断路器外形

1—BFM2 (NS) 系列塑壳式断路器；2—电源侧接线端子；3—操作把手；

## 2.6 低压熔断器

熔断器 (一般简称保险) 是起安全保护作用的一种电器，熔断器广泛应用于电网保护和用电设备保护，当电网或用电设备发生短路故障或过载时，可自动切断电路，避免电气设备损坏，防止事故蔓延。熔断器由绝缘底座 (或支持件)、触头、熔体等组成，熔体是熔断器的主要工作部分，它是串联在电路中的一段特殊的导线，当电路发生短路或过载时，电流过大，熔体因过热而熔化，从而切断电路。熔体常做成丝状、栅状或片状。熔体材料具有相对熔点低、特性稳定、易于熔断的特点。一般采用铅锡合金、镀银铜片、锌、银等金属。在熔体熔断切断电路的过程中会产生电弧，为了安全有效地熄灭电弧，一般均将熔体安装在熔断器壳体内。

(1) RL 系列螺旋式熔断器

RL 系列螺旋式熔断器如图 2-20 所示。熔断管内装有石英砂，熔体埋于其中，熔体熔断时，电弧喷向石英砂及其缝隙，可迅速降温而熄灭。为了便于监视，熔断器一端装有色点，不同的颜色表示不同的熔体电流，熔体熔断时，色点跳出，示意熔体已熔断。

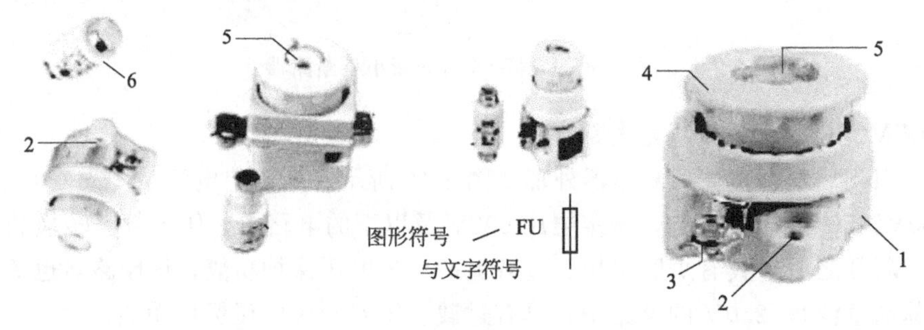


图 2-20 RL 系列螺旋式熔断器

1—底座；2—固定孔；3—接线端子；4—瓷帽；5—玻璃窗口；6—熔断管（芯子）

RL 系列熔断器适用于交流 50/60Hz，额定电压 380V，直流电压 440V 及以下，额定电流 200A 及以下的电路，作为过载及短路保护元件。熔断器由底座、瓷帽和熔断管三部分组成。底座、瓷帽和熔断管（芯子）由电瓷制成，熔断管（芯子）内装有一组熔丝（片）和石英砂。熔断管上盖中有一熔断指示器，当熔体熔断时指示器跳出，显示熔断器熔断，通过瓷帽上的玻璃窗口可观察到。

螺旋式熔断器为板前接线式，熔断器在带电压（不带负荷）时，可用手直接旋转瓷帽即可更换熔体。

(2) RT0 系列与 RTO 系列类似的有填料封闭管式熔断器

RT0 系列与 RTO 系列类似的有填料封闭管式熔断器（以下简称熔断器）如图 2-21 所示。该熔断器适用于交流 50Hz，额定电压 380V，直流 440V 及以下短路电流大的电力网络或配电装置中，作为电缆、导线及电气设备（如电动机、变压器及开关等）的过负荷和短路保护及导线、电缆的过负荷保护。尤其适用于供电线路或断流能力要求较高的场所，如电厂

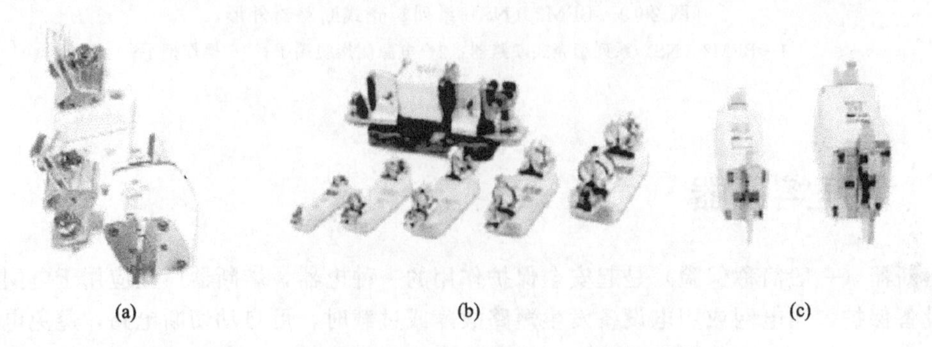


图 2-21 插接式 RT0、RT16（NT）系列熔断器

用电、变电所的主回路及靠近电力变压器出线端的供电线路中作保护用。填料管式熔断器额定电流为 50～1000A，主要用于短路电流大的电路或有易燃气体的场所。

这种熔断器由熔管、指示器、填料和熔体等组成。熔管采用高频滑石瓷制成，具有耐热性好，机械强度高，外表光洁美观等优点。

① 指示器为一机械信号装置，指示器由与熔体并联的康铜丝及压缩弹簧等零件组成，能在熔体熔断后立即烧断，弹出红色醒目的指示件，表示熔体已熔断。

② 填料采用纯净的石英砂粒，充填在熔管内。石英砂用来冷却电弧，致使电弧迅速熄灭。熔体采用网状紫铜薄片的多根并联形式，具有提高断流能力的变截面的锡桥结构，使熔断器获得良好的保护性能。

③ 底座的结构特征：熔断器与底座主要由插座与底板组成。插座设计成琴形触头，触头压力用弹簧来保证。底板用普通电瓷制成，机械强度高，光洁美观。

## 2.7 万能转换开关与组合开关

(1) LW8 万能转换开关

LW8 万能转换开关外形如图 2-22 所示，适用于交流 50Hz、380V 及以下直流电压 220V 以下的电路中，作为电气控制线路的转换和配电设备的远距离控制、电气测量仪表的转换以及容量 2.2kW 及以下的笼型异步电动机的直接启动、换向和变换之用。

图 2-22 LW8 万能转换开关

图 2-23 HZ5 系列组合开关

(2) HZ5 系列组合开关

HZ5 系列组合开关（以下称开关）图外形如 2-23 所示。该开关是为综合代替 HZ1、HZ2、HZ3 等系列组合开关而发展的一种新型开关。该开关供交流 50Hz、电压 380V，直流至 60A 的一般电气线路中作电源引入开关，电动机负荷启动、变速、停止，换向控制开关及机床控制线路换接之用。

(3) LW5 系列万能转换开关

LW5 系列万能转换开关外形如图 2-24 所示。该开关适用于交流 50Hz、额定电压至 500V 及以下，直流电压至 440V 的电路中转换电气控制线路（电磁线圈、电气测量仪表和伺服电动机等），也可直接控制 5.5kW 三相笼型异步电动机，可逆转换、变速等。

组合开关与万能转换开关的型号非常多，常见的型号如图 2-25 所示。

LW5-25

LW5-16
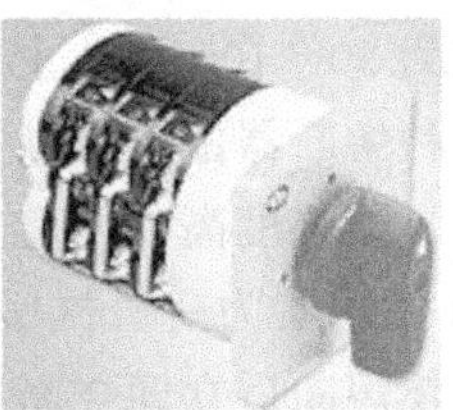
LW5-16

图 2-24 LW5 系列万能转换开关

SZW26系列万能转换开关

SZHZ5B系列组合开关

SZLW8D系列万能转换开关

SZLW5系列万能转换开关

SZHZ5D系列组合开关

SZHZ12系列电源切断开关

SZD11系列负载断路开关

SZLW12系列万能转换

SZLW15系列万能转换开关

图 2-25 组合开关与万能转换开关常见的型号

## 2.8 交流接触器

交流接触器属于一种有记忆功能的低压开关设备。它的主触点用来接通或断开各种用电设备的主电路。如用于电动机线路中，主触点闭合，电动机得电运转；主触点断开，电动机断电停止运转。

通过它的线圈和辅助触点与选择的机械设备生产过程中所需要的时间、温度、压力、速度等各种继电器，以及按钮开关、接近开关等相互接线构成的控制电路，实现对电动机启动、停止的操作。

## 2.8.1 MYC10系列交流接触器

MYC10（CJ10）系列交流接触器外形如图2-26所示，主要用于交流50Hz（或60Hz），额定电压至380V，电流至150A的电力系统中远距离频繁接通和分断电路，并与热继电器或电子式保护装置组合成电动机启动器，以保护可能发生的过载电路。

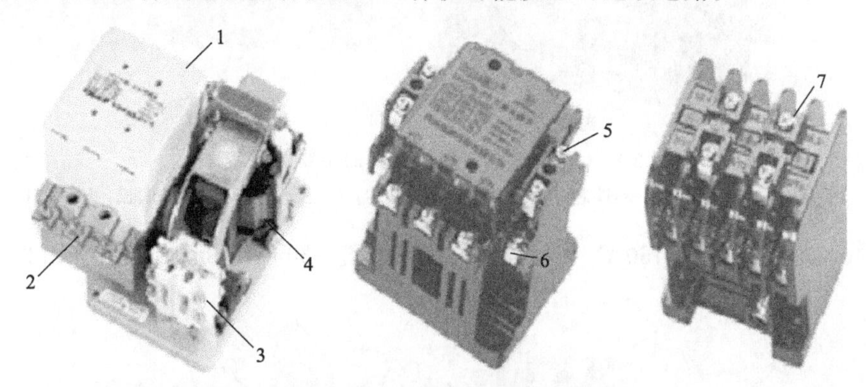


图2-26 MYC10（CJ10）系列交流接触器

1—消弧罩；2—主触点；3,6—辅助常开触点；4—线圈；5,7—辅助常闭触点

MYC10-10接触器控制基本实物接线如图2-27所示。MYC10-10接触器表面端子名称如图2-28所示。分解后的接触器看到的主要部件名称如图2-29所示。

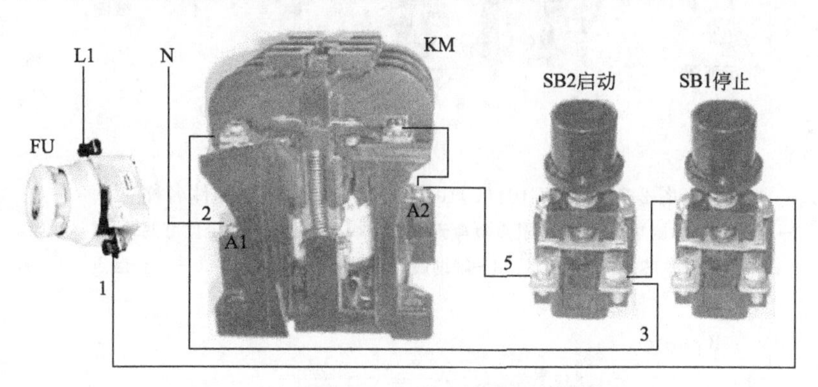


图2-27 MYC10-10接触器基本实物接线图

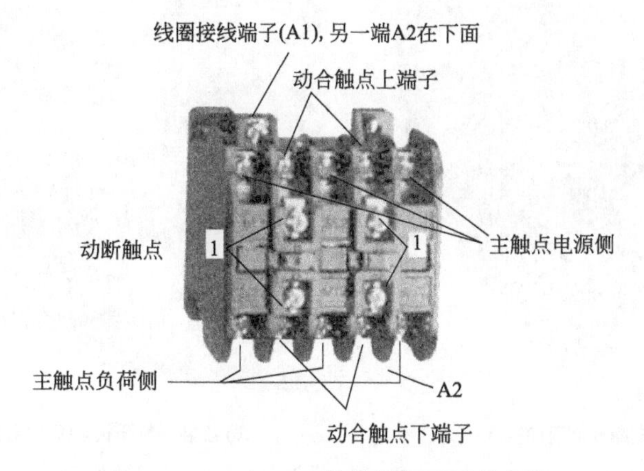


图2-28 MYC10-10接触器表面端子名称

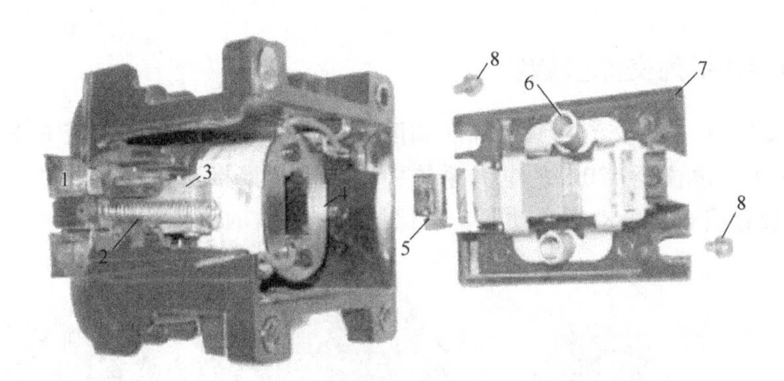


图 2-29 分解后的接触器看到的主要部件名称

1—触点；2—弹簧；3—动铁芯；4—线圈；5—静铁芯；6—反作用弹簧；7—底板；8—螺钉

MYC10-(60A、100A、150A) 接触器部件名称如图 2-30 所示，动作过程如图 2-31 所示。

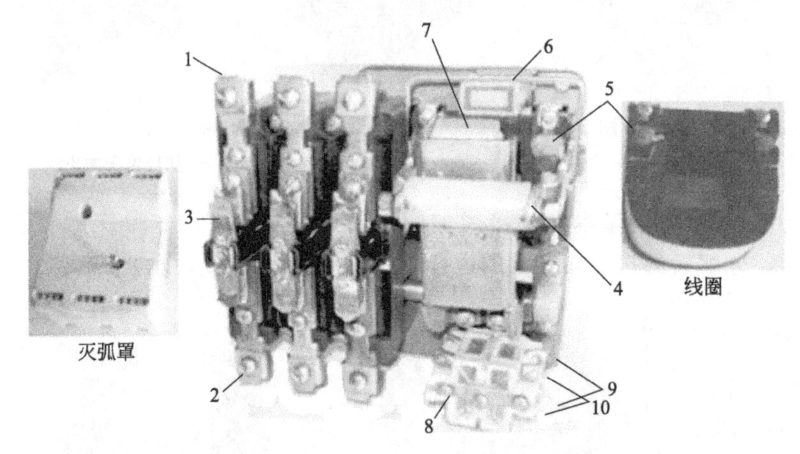


图 2-30 MYC10（CJ10-100A）交流接触器部件名称

1—主触点电源侧端子；2—主触点负荷侧端子；3—主触点；4—定位可调轴；5—线圈；6—静铁芯；7—动铁芯；8—辅助触点组；9—动断触点；10—动合触点

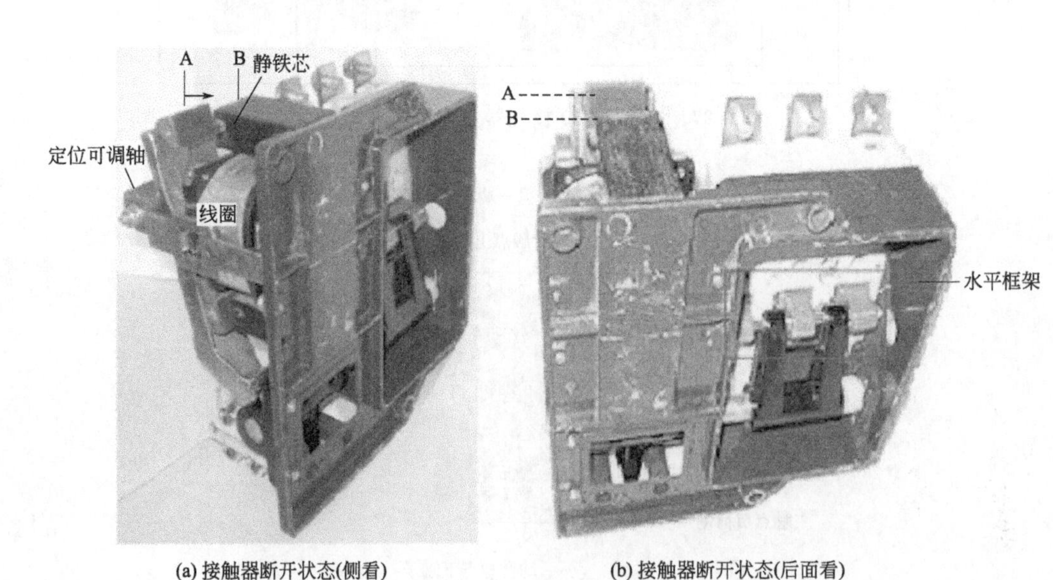


(a) 接触器断开状态(侧看)

(b) 接触器断开状态(后面看)

图 2-31 MYC10（CJ10-100A）系列交流接触器断开状态

MYC10（CJ10-100A）系列交流接触器动作过程如下。

接触器原始（断开）位置如图 2-31(a) 所示。水平框架的原始状态如图 2-31(b) 所示。当线圈两端的线头接通额定工作电压 380V 或 220V 时，线圈得电，动铁芯受到电磁力作用，沿箭头的方向向静铁芯运动。动铁芯带动轴转动，轴带动拐臂向里侧运动。拐臂上附带的水平框架及主触点沿箭头所示的方向（A→B）运动到与主、静触点接触（紧密接触），从而使主同路接通。接触器吸合后，动铁芯与静铁芯闭合后的状态如图 2-32(a) 所示；水平框架的状态如图 2-32(b) 所示。

接触器主触点闭合的同时，辅助动合触点随之闭合，动断触点改变为断开的状态。接触器完成（吸合）闭合动作。当线圈断电后，动磁铁失去电磁吸力，在水平框架内反作用弹簧的作用下，如图 2-32(b) 上箭头所示的方向（B→A）运动，动磁铁与静磁铁分开，主动触点与静触点分离，从而切断了主回路。接触器释放，其闭合的辅助动合触点也随之断开，切断控制电路。

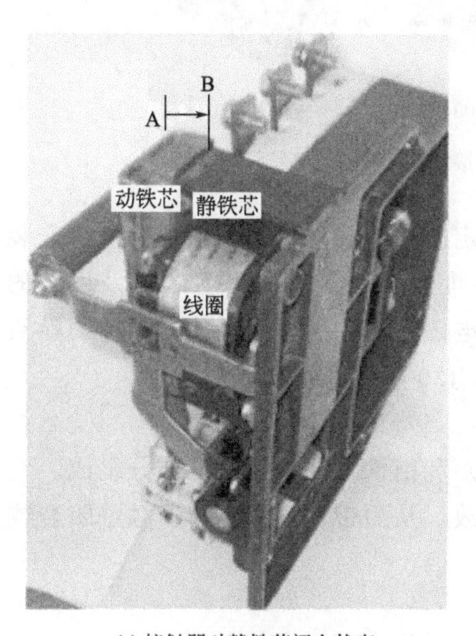


(a) 接触器动静铁芯闭合状态

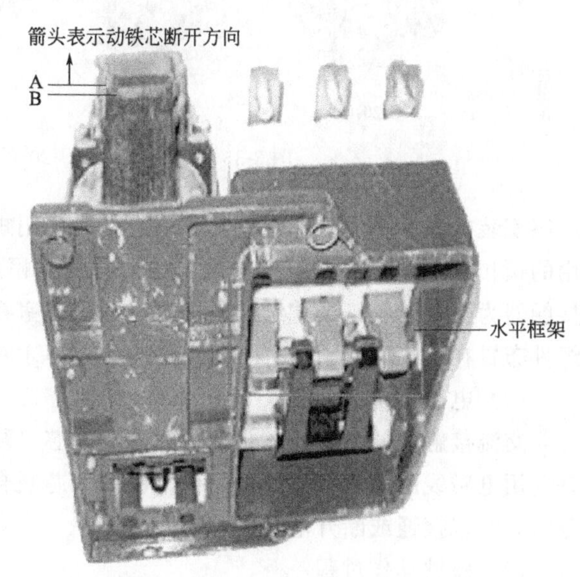


(b) 接触器动静铁芯闭合后水平传动杆的状态

图 2-32 MYC10（CJ10-100A）交流接触器动作闭合后的状态

## 2.8.2 CJ20 系列交流接触器

CJ20 系列交流接触器主要用于交流 50Hz（60Hz）、额定电压至 660V（个别等级至 1140V）、电流至 630A 的电力线路中供远距离频繁接通和分断电路以及控制交流电动机，并适宜于与热继电器或电子保护装置组成电磁启动器，以保护电路或交流电动机可能发生的过负荷及断相。先来认识一下不同规格的 CJ20-20 系列型交流接触器的外形，外形如图 2-33 所示。

CJ20-20 型交流接触器分为电磁系统、触点系统、灭弧装置及辅助部件。各系统的构成与作用如下。

（1）结构特征

CJ20 系列交流接触器为直动式、双断点、立体布置，结构简单紧凑，外形安装尺寸较 CJ10、CJ8 等系列接触器老产品大大缩小。CJ20-10～CJ20-25 接触器为不带灭弧罩的三层二段式结构，上段为热固性塑料躯壳固定着辅助触点、主触点及灭弧系统，下段为热塑性塑料

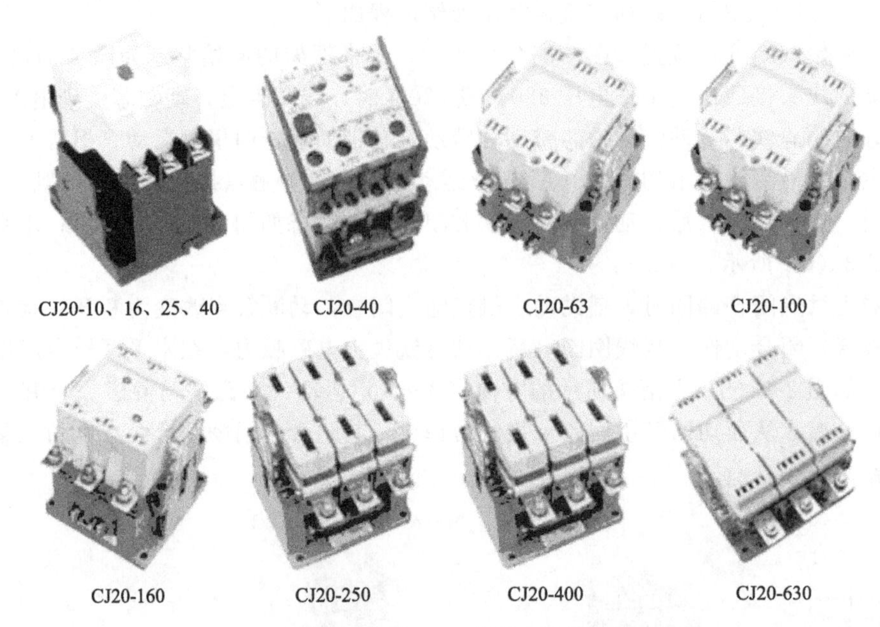


图 2-33　不同规格的 CJ20 系列交流接触器的外形

底座安装电磁系统及缓冲装置，底座上除有使用螺钉固定的安装孔外，下部还装有卡轨安装用的锁扣，可安装于 IEC 标准规定的 35mm 宽帽形安装轨上，拆装方便。CJ20-40 及以上的接触器为两层布置正装式结构，主触点和灭弧室在上，电磁系统在下，两只独立的辅助触点组件布置在躯壳两侧。CJ20-40 用胶木躯壳，CJ20-63～CJ20-630 用铸铝底座。

（2）电磁系统

交流接触器的电磁系统主要由线圈、铁芯（静铁芯）和衔铁（动铁芯）三部分组成。它是利用电磁线圈的通电或断电，使衔铁和铁芯吸合或释放，从而带动动触点与静触点闭合或分断，实现接通或断开电路的目的。

（3）磁铁动作过程

CJ20 系列交流接触器的衔铁（磁铁）动作方式有两种，对于额定电流为 40A 及以下的接触器，采用衔铁直线运动的螺管式；对于额定电流为 60A 及以上的接触器，采用衔铁绕轴转动的拍合式。在铁芯头部平面上装有短路环，目的是消除交流电磁铁在吸合时可能产生的衔铁振动。当交变电流过零时，所产生的交变磁通也过零，电磁铁的吸力为零，衔铁被释放；但当交变电流过了零值后，衔铁又被吸合；这样一放一吸，使衔铁发生振动。装上短路环后，在其中产生感生电流，能阻止交变电流过零时磁场的消失，使衔铁与静铁芯之间始终保持一定的吸力，因此消除了振动现象。

（4）触点灭弧系统

CJ20 系列不同容量等级的接触器采用不同的灭弧结构。CJ20-10 和 CJ20-16 为双断点简单开断灭弧室，CJ20-25 为 U 形铁片灭弧，CJ20-40～CJ20-160 在 380V、660V 时均采用多纵缝陶土灭弧罩。CJ20-250 及以上接触器在 380V 时采用多纵缝陶土灭弧罩，在 660V 时采用栅片灭弧罩，在 1140V 时采用栅片灭弧罩。

（5）触点、铁芯

触点：CJ20 系列接触器采用银基合金触点。CJ20-10、CJ20-16 用 AgNi 触点，CJ20-40

及以上用银基氧化物触点。灭弧性能优良的灭弧系统配用抗熔焊耐磨损的触点材料使产品具有长久的电寿命，并适于在 AC-4 类繁重的条件下工作。

铁芯：CJ20-40 及以下接触器用双 E 形铁芯，迎击式缓冲；CJ20-63 及以上用 U 形铁芯，硅橡胶缓冲。

CJ20-10 的辅助触头可以任意组合，只需改变触桥及少数零件即可，有五种组合：四常闭、三常闭一常开、二常开二常闭、一常闭三常开、四常开。根据电路的控制需要选择辅助触头的数量。

CJ20-40 交流接触器的各部件名称如图 2-34 所示。

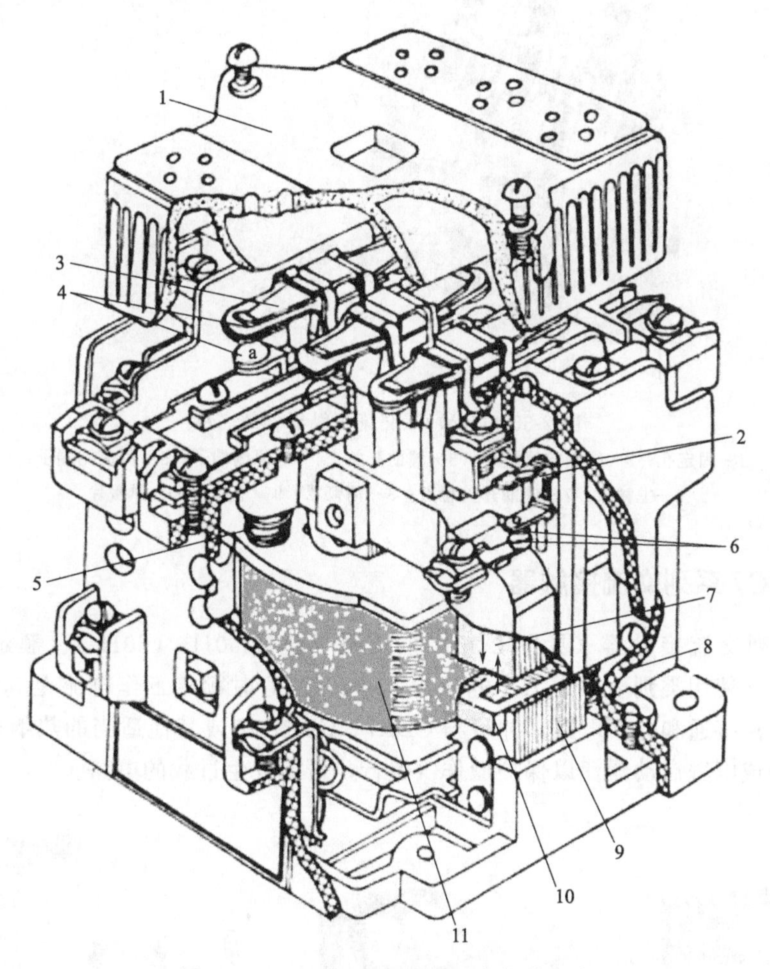


图 2-34　CJ20-40 交流接触器各部件名称

1—消弧罩；2—辅助动断触点；3—主触点压力弹簧片；4—主触点；5—反作用弹簧；6—辅助动合触点；7—动铁芯；8—缓冲弹簧；9—静铁芯触点；10—短路环；11—线圈

CJ20-40 接触器动作原理如下。

当线圈 11 的两端线头接通额定工作电压 380V 或 220V 时，线圈 11 获电，动铁芯 7 受到电磁力作用，延箭头的方向向静铁芯触点 9（线圈内）移动（闭合），动铁芯上附带的主触点 4 与静触点 9 接触（紧密接触）而使主电路接通。

当接触器主触点闭合的同时辅助动合触点 6 随之闭合，辅助动断触点 2 改变为断开的状态。接触器完成闭合动作。

线圈断电后，动磁铁失去电磁吸力，反作用弹簧 5 的作用下，动磁铁与静磁铁分开。动触点也随之断开。主触点、静触点的分离切断了主电路。

将 CJ20-63（额定工作电流 63A）的交流接触器，将其消弧罩也称灭弧罩取下，能够看到的部件名称如图 2-35 所示。

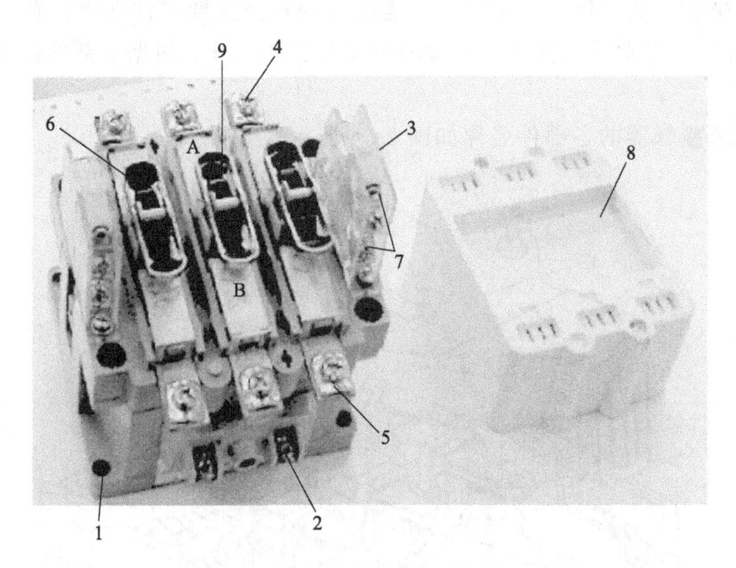


图 2-35　CJ20-63 交流接触器各部名称

1—固定孔；2—线圈接线端子；3—辅助开关；4—电源侧端子；5—负荷侧端子；6—主触点；7—辅助开关触点；8—消弧罩；9—主触点压力弹簧片

## 2.8.3　CDC7 系列交流接触器

CDC7 系列交流接触器（见图 2-36）主要用于交流 50Hz（60Hz）、额定工作电压至 690V，在 AC-3 使用类别下额定工作电压为 380V/400V 时额定工作电流至 330A 的电力系统中，供远距离接通和分断电路，并可与 CDR7、CDRE17 或其他适当的热继电器或电子式保护装置组合成电磁启动器，以保护操作（运行）可能发生过载的电路。

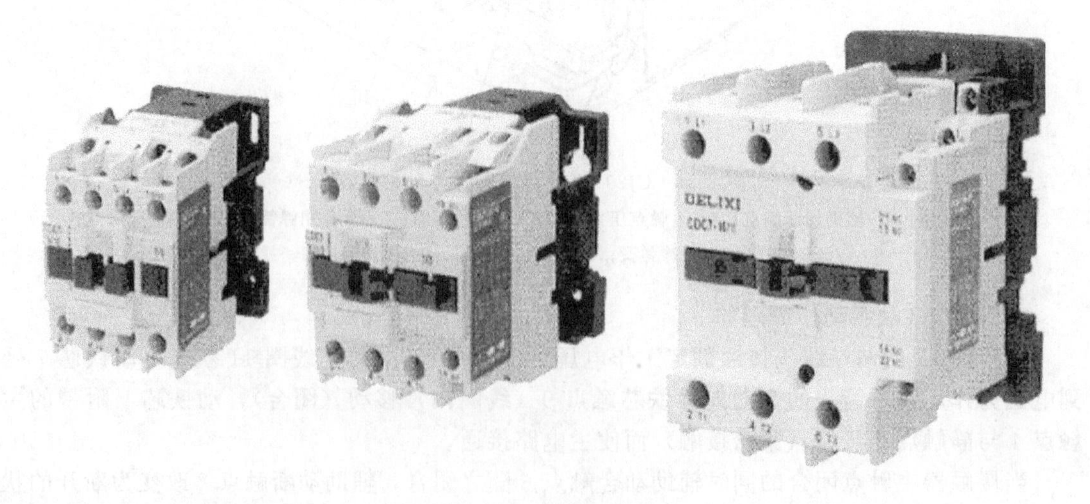


图 2-36　CDC7 接触器外观

其型号及其含义如下。

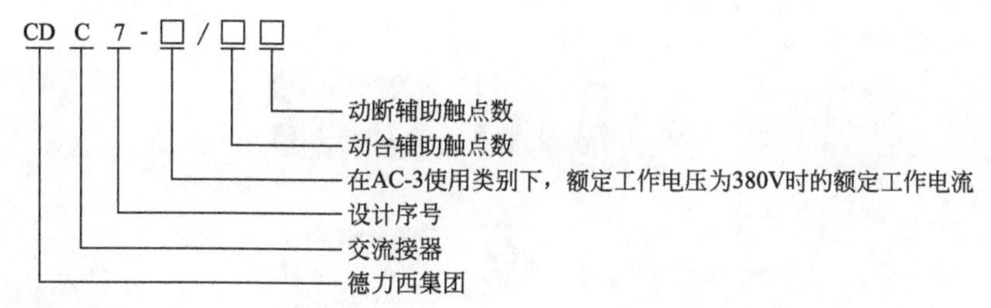


（1）使用范围

① 安装地点的海拔不超过 2000m；

② 周围空气温度不超过＋40℃，且 24h 内平均值不超过＋35℃；周围空气温度下限值为－5℃；

③ 安装地点的空气相对湿度在最高温度＋40℃时不超过 50%；在较低温度时可允许有较高的相对湿度，例如 20℃时达 90%。对由于温度变化偶尔产生的凝露应采取特殊措施；

④ 安装地点的污染等级为 3 级；

⑤ 安装类别为Ⅲ级；

⑥ 接触器安装时安装面与垂直面的倾斜度不大于＋22.5°；

⑦ 在无显著摇动、冲击和振动的地方。

（2）结构特征

① 接触器均为双断点直动式结构，正装立体布局，具有体积小、重量轻、功耗小、安全可靠等优点。

② 接触器在额定控制电源电压 85%～110%的范围内应可靠吸合，释放电压不高于额定控制电源电压的 75%，且最低释放电压不低于额定控制电源电压的 20%。

## 2.8.4 CJ12系列交流接触器

CJ12 系列及派生 CJ12B、CJ12S 系列交流接触器，适用于交流 50Hz，额定电压至 380V，额定电流至 600A 的电力线路中。主要供冶金、轧钢企业起重机等的电气设备中作远距接通和分断电路，并作为交流电动机频繁地启动停止和反转之用。安装在低压配电盘上的 CJ12-400 交流接触器如图 2-37 所示（从盘后面看）。

（1）型号及其含义

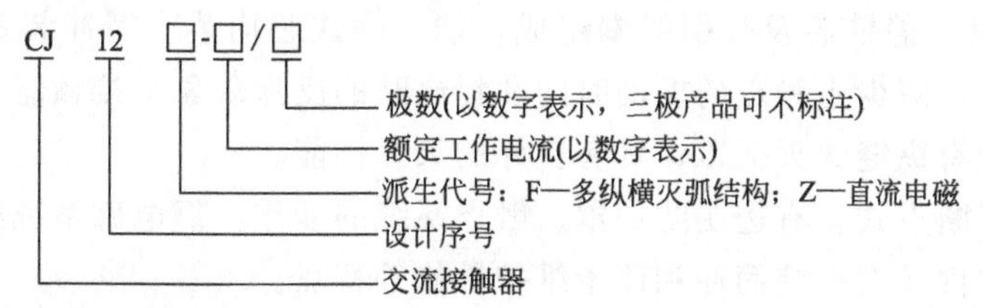


（2）正常工作条件及安装条件

① 安装地点的海拔不超过 2000m。

② 周围空气温度上限值不超过＋40℃。

③ 安装地点的空气相对湿度在最高温度为＋40℃时不超过 50%，在较低温度下可以有较高的相对湿度，最湿月的月平均最低温度不超过＋20℃，该月的平均最大相对湿度不超过 90%。由于温度变化发生在产品上的凝露情况必须采取措施。

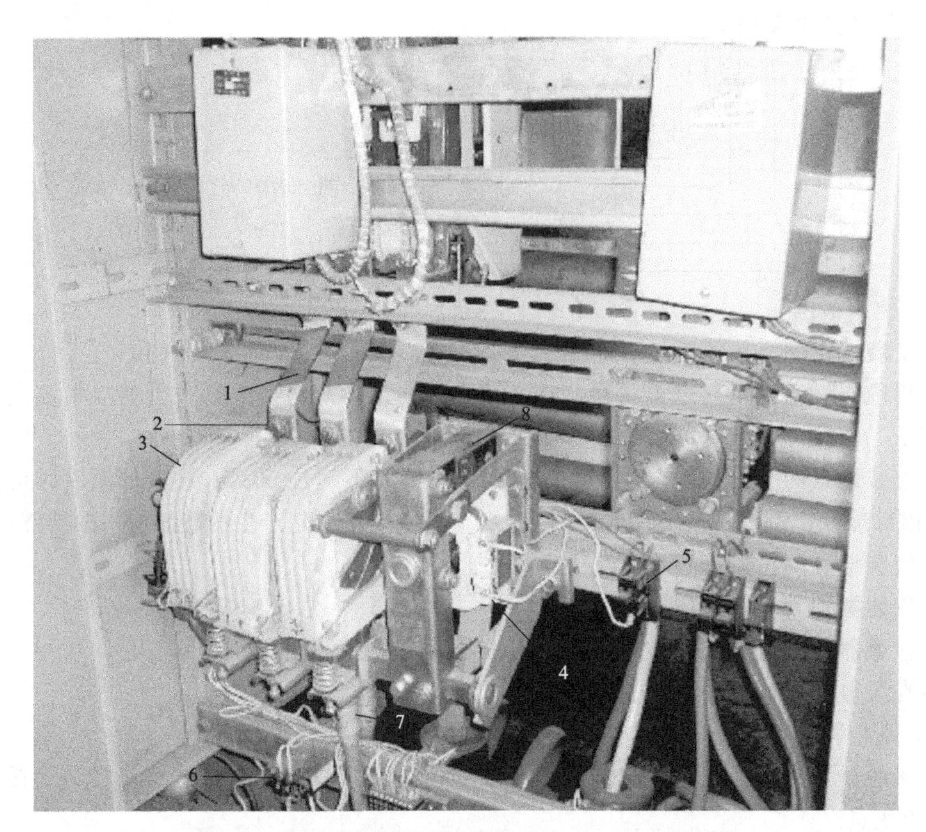


图 2-37 安装在低压配电盘上的 CJ12-400 交流接触器

1—母线；2—接触器主电源接线端子；3—灭弧罩；4—线圈（节能线圈）；5—控制保险；6—热继电器；7—负荷电缆；8—铁芯

④ 与垂直面的安装倾斜不超过±5°。

⑤ 污染等级：3 级。

⑥ 安装在无显著摇动、冲击和振动的地方。

(3) 结构特征

CJ12 系列交流接触器的结构为条架平面布置，在一条安装用扁钢上电磁系统居左，主触点系统居中，辅助触点居右，并装有可转动的停挡，整个布置便于监视和维修，接触器的电磁系统由 U 形动、静铁芯及吸引线圈组成。动、静铁芯均装有缓冲装置，用以减轻电磁系统闭合时碰撞力，减少主触点的振动时间和释放时的反弹现象。接触器的主触点为单断点串联磁吹结构，配有纵缝式灭弧罩，具有良好的灭弧性能。

辅助触点为双断点式，有透明防护罩。触点系统的动作，靠电磁系统经扁钢传动，整个接触器的易损零部件具有拆装简便和便于维护检修等特点。

## 2.8.5 CJ24 系列交流接触器

CJ24 系列交流接触器主要用于交流 50Hz（派生后可用于 60Hz）、额定电压至 660V，额定电流由 100A 至 630A 的电力系统中供冶金、轧钢及起重机等电气设备作为远距离频繁地接通、分断电路和启动、停止、反向及反接制动电动机等之用。CJ24 系列三极式交流接触器的外形如图 2-38(a) 所示，CJ24 系列五极式交流接触器的外形如图 2-38(b) 所示。

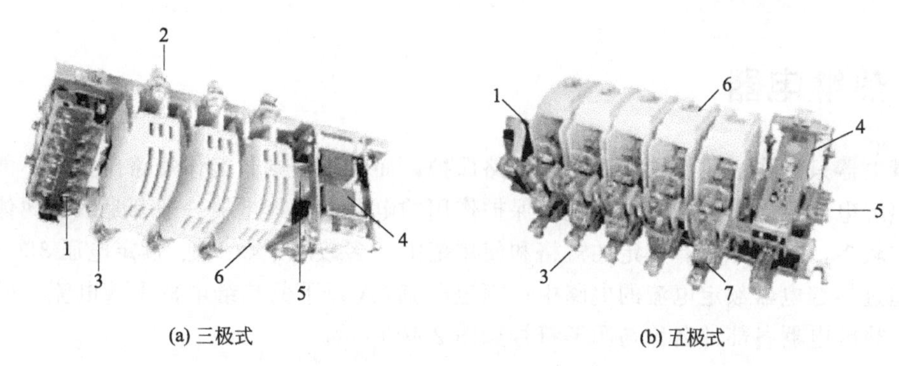


(a) 三极式　　(b) 五极式

图 2-38　CJ24 系列交流接触器

1—辅助开关（触点）；2—电源侧接线端子；3—负荷侧接线端子；4—接触器动铁芯；5—线圈；6—消弧罩；7—软连片

接触器为转动式平面布置条架结构。主触点系统居中，电磁系统居右，辅助触点居左，它们均安装在用钢板弯成的槽形安装板上。

接触器的交流电磁系统由双 U 形电磁铁及吸引线圈组成，衔铁及磁轭均装有缓冲装置，用以减小电磁系统吸合瞬间的碰撞应力和触点振动以及释放时的反弹现象，并能较大限度地提高电寿命及机械寿命。还装有可转动的停挡，结构布置便于监视和维修。

① 主触点为单断点指形触点，灭弧罩为多纵缝结构，具有良好的灭弧性。

② 辅助触点借用 CJ12 辅助触点，为双断点桥式触点。

③ 吸引线圈规格分为：交流　220V、380V；直流　48V、110V、220V。

接触器在正常工作条件下，其吸合电压为 85%～110%额定控制电源电压，其释放电压为（20%～75%）$U_s$（交流）或（10%～75%）$U_s$（直流）。

## 2.8.6　LC1 系列交流接触器

LC1 系列交流接触器主要用于交流 50Hz 或 60Hz，交流电压至 660V（690V），在 AC-3 使用类别下工作电压为 380V 时，额定工作电流至 170A 的电路中，供远距离接通和分断电路之用，并可与相应规格的热继电器组合成磁力启动器以保护可能发生过负荷的电路，适于频繁启动和控制交流电动机。LC1 系列交流接触器的外形如图 2-39 所示。

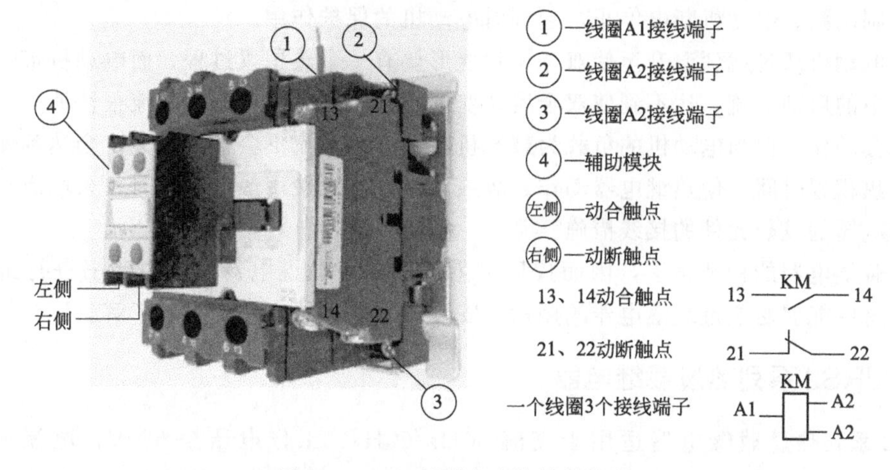


图 2-39　LC1 系列交流接触器外形

# 2.9 热继电器

热继电器只能作过载保护而不能作短路保护，而熔断器则只能作短路保护而不能作过载保护。热继电器是电动机运行中起过载保护作用的电器，热继电器一般都是双金属体式，型号种类比较多，各型号都有一定的规格和使用范围，多数用于50Hz、额定电压380～660V、电流不超过热继电器额定电流的电路中；额定电流5A以下的热继电器串入电流互感器二次回路中。热继电器各部件名称与图形符号如图2-40所示。

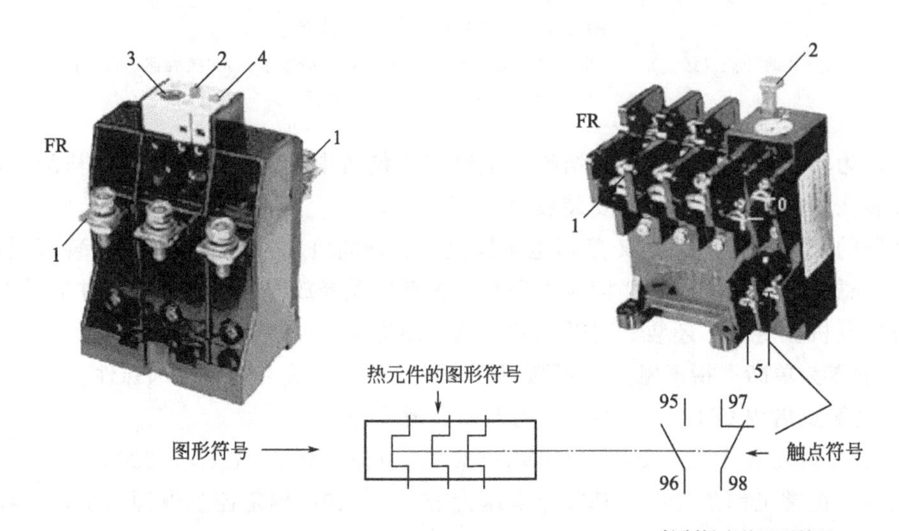


图2-40 热继电器各部件名称与图形符号

1—主回路端子；2—复位钮；3—整定钮；4—手/自动复位选择；5—辅助触点端子

电动机运行中，如果负荷超过它的额定功率（电流）就会发热，时间一长，电动机绝缘受损寿命降低，严重时会烧毁。热继电器就是针对上述问题起过载保护作用的电器。

当电动机过载时电流增大，串于电动机主回路的热元件加热了双金属片，使其产生非正常弯曲，推动导板，将推力传到推杆，热继电器动作，将静触点与动触点分开，切断电动机接触器控制电路。电动机断电停止，起到对电动机的保护作用。

由于电动机从过载到温升至使双金属片变形要有一个热积累过程，而电动机带一般负载启动过程中的启动电流，达不到使双金属片变形的热积累时间，启动电流很快消失，所以热继电器不会动作，但当电动机的负载为鼓风机时，启动电流不会很快消失，会达到使双金属片变形的热积累时间，使热继电器动作。故鼓风机回路中使用热继电器时，采取启动电流不经过热继电器的发热元件的接线措施。

热过载继电器的种类很多，因而按厂家生产的热过载继电器使用说明书进行选择性介绍。通过这些能够对热过载继电器的用途、安装方式、接线方法，有所了解。

## 2.9.1 JRS2系列热过载继电器

JRS2系列热过载继电器适用于交流50Hz/60Hz、工作电压至660V，电流从0.1～630A的长期或间断工作的交流电动机过载及断相保护。这种热过载继电器，有差动式断相保护和温度补偿装置；整定电流通过旋钮进行调节；具有自动或手动复位按钮；有检测按钮和脱扣指示。在电气上有相互绝缘的一动合一动断触点。安装方式：组合式可直接插入接触器，独立式可单独安装或安装在导轨上。

JRS2 系列热过载继电器常见型号外形及额定电流范围见表 2-1。

**表 2-1　JRS2 系列热过载继电器常见型号外形及额定电流范围**

| 外　形 | 额定电流范围/A | |
|---|---|---|
| 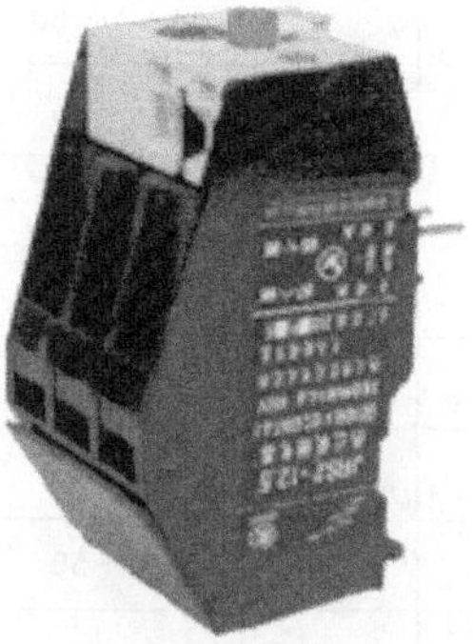 JRS2-12.5 | 0.1～0.16 | 1.6～2.5 |
| | 0.16～0.25 | 2～3.2 |
| | 0.25～0.4 | 2.5～4 |
| | 0.32～0.5 | 3.2～5 |
| | 0.4～0.63 | 4～3.6 |
| | 0.63～1 | 5～8 |
| | 0.8～1.25 | 6.3～10 |
| | 1～1.6 | 8～12.5 |
| | 1.25～2 | 10～14.5 |
| 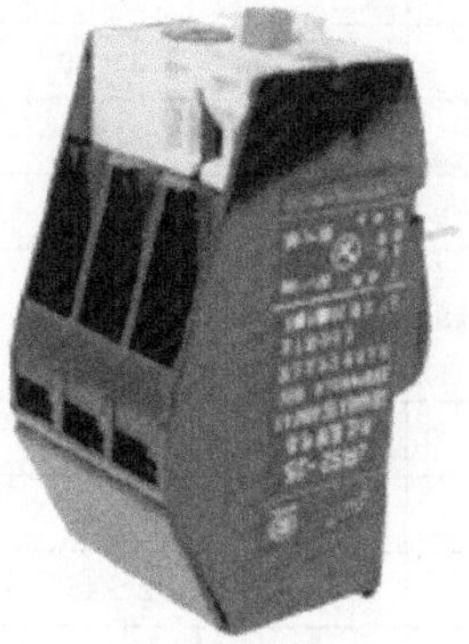 JRS2-25 | 0.1～0.16 | 2.5～4 |
| | 0.16～0.25 | 3.2～5 |
| | 0.25～0.4 | 4～6.3 |
| | 0.4～0.63 | 5～8 |
| | 0.63～1 | 6.3～10 |
| | 0.8～1.25 | 8～12.5 |
| | 1～1.6 | 10～16 |
| | 1.25～2 | 12.5～20 |
| | 1.6～2.5 | 16～25 |
| | 2～3.2 | — |
| 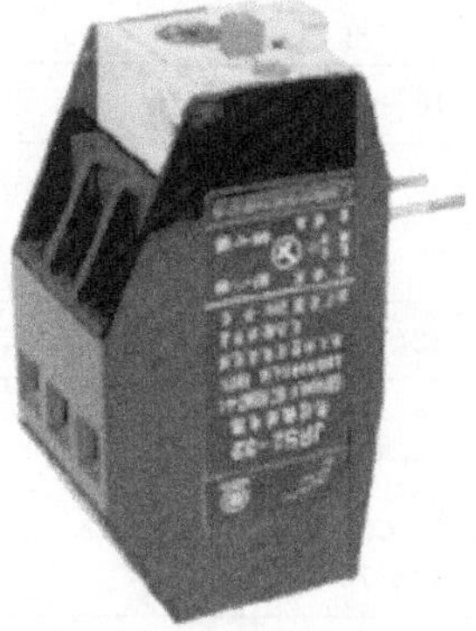 JRS2-32 | 0.1～0.16 | 2.5～4 |
| | 0.16～0.25 | 3.2～5 |
| | 0.25～0.4 | 4～6.3 |
| | 0.4～0.63 | 6.3～10 |
| | 0.63～1 | 8～12.5 |
| | 0.8～1.25 | 10～16 |
| | 1～1.6 | 12.5～20 |
| | 1.25～2 | 16～25 |
| | 1.6～2.5 | 20～32 |
| | 2～3.2 | 25～36 |

续表

| 外　　形 | 额定电流范围/A | |
|---|---|---|
|  JRS2-45 | 0.1～0.16 | 4～6.3 |
| | 0.16～0.25 | 6.3～10 |
| | 0.25～0.4 | 8～12.5 |
| | 0.4～0.63 | 10～16 |
| | 0.63～1 | 12.5～20 |
| | 0.8～1.25 | 16～25 |
| | 1～1.6 | 20～32 |
| | 1.25～2 | 25～36 |
| | 1.6～2.5 | 32～40 |
| | 2～3.2 | 36～45 |
| | 2.5～4 | 32～50 |
| | 3.2～5 | — |
|  JRS2-63 | 0.1～0.16 | 4～6.3 |
| | 0.16～0.25 | 5～8 |
| | 0.25～0.4 | 6.3～10 |
| | 0.4～0.63 | 8～12.5 |
| | 0.63～1 | 10～16 |
| | 0.8～1.25 | 12.5～20 |
| | 1～1.6 | 16～25 |
| | 1.25～2 | 20～32 |
| | 1.6～2.5 | 25～40 |
| | 2～3.2 | 32～45 |
| | 2.5～4 | 40～57 |
| | 3.2～5 | 50～63 |
|  JRS2-80 | 4.6～6.3 | |
| | 11～17 | |
| | 16～25 | |
| | 20～32 | |
| | 25～40 | |
| | 32～50 | |
| | 40～57 | |
| | 50～63 | |
| | 57～70 | |
| | 63～80 | |
| | 70～88 | |

续表

| 外　形 | 额定电流范围/A |
| --- | --- |
| JRS2-180 | 55～80 |
| | 63～90 |
| | 80～110 |
| | 90～120 |
| | 110～135 |
| | 120～150 |
| | 135～160 |
| | 150～180 |
| JRS2-400<br>JRS2-630 | 80～125 |
| | 125～200 |
| | 180～250 |
| | 200～320 |
| | 250～400 |
| | — |
| | 320～500 |
| | 400～630 |

## 2.9.2　JR36系列热过载继电器

JR36 系列双金属片式热过载继电器适用于交流 50Hz、工作电压至 690V，电流 0.25～160A 的长期工作或间断长期工作的一般交流电动机的过载和断相保护。继电器具有过载和断相保护、温度补偿、动作灵活性检查功能。有手动复位和自动复位。其外形见图 2-41。

图 2-41　JR36 系列双金属片式热过载继电器外形

(1) 正常工作条件和安装条件

① 海拔不超过 2000m。周围空气温度上限值不超过＋40℃，下限值不低于－5℃。

② 安装地点的空气相对湿度在最高温度为＋40℃时不超过 50%，在较低温度下可以有较高的相对湿度，最湿月的月平均最低温度不超过＋20℃，该月的月平均最大相对湿度不超过 90%。由于温度变化发生在产品上的凝露情况必须采取措施。

③ 热继电器周围的污染等级为 3 级。

④ 安装面与垂直面的安装倾斜角度不超过±5°，应安装在无显著振动和冲击的地方。

(2) 结构特点

本继电器除了具有过载保护和断相保护功能外，还具有下述结构特点：

① 有温度补偿；

② 有动作灵活性检查；

③ 有可转换的手动复位或自动复位；

④ 有手动断开动断触点的装置。

(3) 使用说明

为使热继电器的整定电流与负荷的额定电流相符，可以旋转调节旋钮使所需的电流值对准白色箭头，如图 2-42 所示。旋钮上的电流值与整定电流值之间可能有些误差，可在实际使用时按情况略偏转。如需用两刻度之间整定电流值，可按比例转动调节旋钮，并在实际使用时适当调整。

图 2-42 JR36 热过载继电器的电流整定

热继电器在出厂时均调整为自动复位形式。如调为手动复位方式，可将热继电器侧面孔内螺钉倒退 3～4 圈即可。

## 2.9.3 正泰热过载继电器

正泰热过载继电器外形如图 2-43 所示。

## 2.9.4 热过载继电器触点编号

热继电器上有固定的动断触点两端接线端子标志为 95、96。动合触点两端接线端子标志为 97、98，电路需要使用动合触点时，应该选择四个控制端子的热继电器，如图 2-44(a) 所示。

NR8型 NRE8型 NR2型

NR3型 NR4型 JRS1型

图 2-43 正泰热过载继电器外形

(a) (b)

图 2-44 热过载继电器触点编号

三个控制端子的热继电器，如图 2-44(b) 所示。动断触点两端接线端子标志为 95、96。动合触点两端接线端子标志为 95、98。95 端子是公用的端子。

## 2.9.5 热继电器与电动机控制电路的接线

通常采用热继电器动断触点直接串入电动机的控制电路中的接线方式，是比较简单的，如图 2-45、图 2-46 所示。但有时根据控制需要而采用动合触点，就需要增加一个中间继电器，如图 2-47～图 2-50 所示，当电动机过负荷时，热继电器动作，动合触点 FR 闭合后启动中间继电器，然后串入电动机控制电路中的继电器 KA 动断触点断开，而使接触器 KM 线圈断电释放，接触器 KM 主触点断开，电动机断电停止，起到对电动机保护的作用。

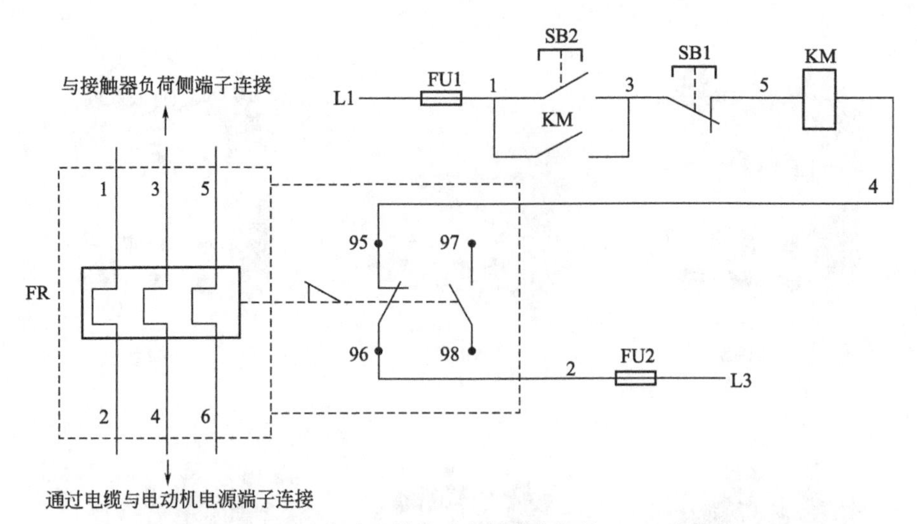


图 2-45　通过热继电器的动断触点停机的 380V 连接图

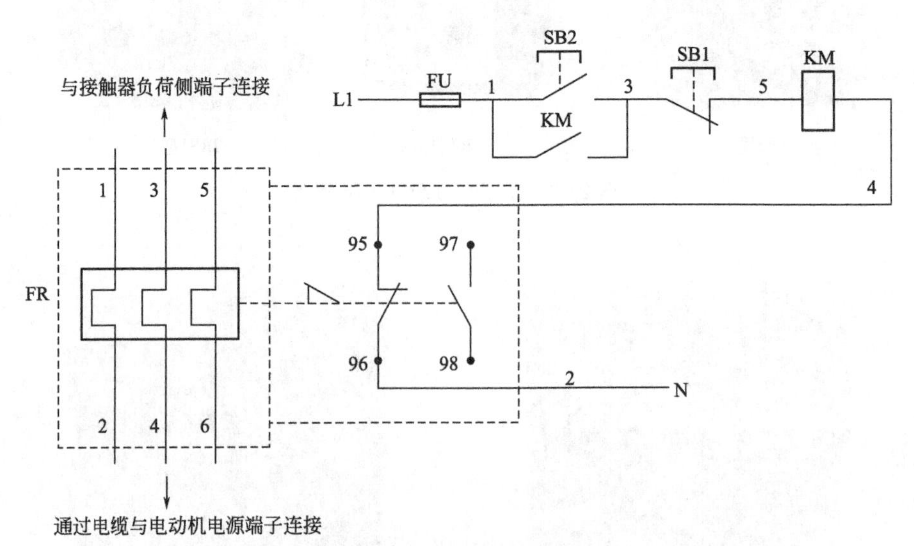


图 2-46　通过热继电器的动断触点停机的 220V 连接图

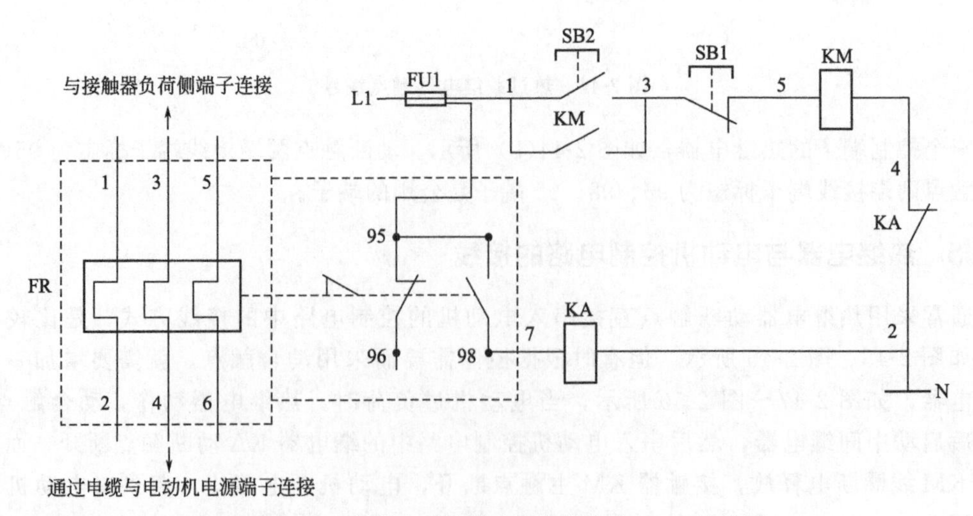


图 2-47　通过热继电器的动合触点停机的 220V 连接图

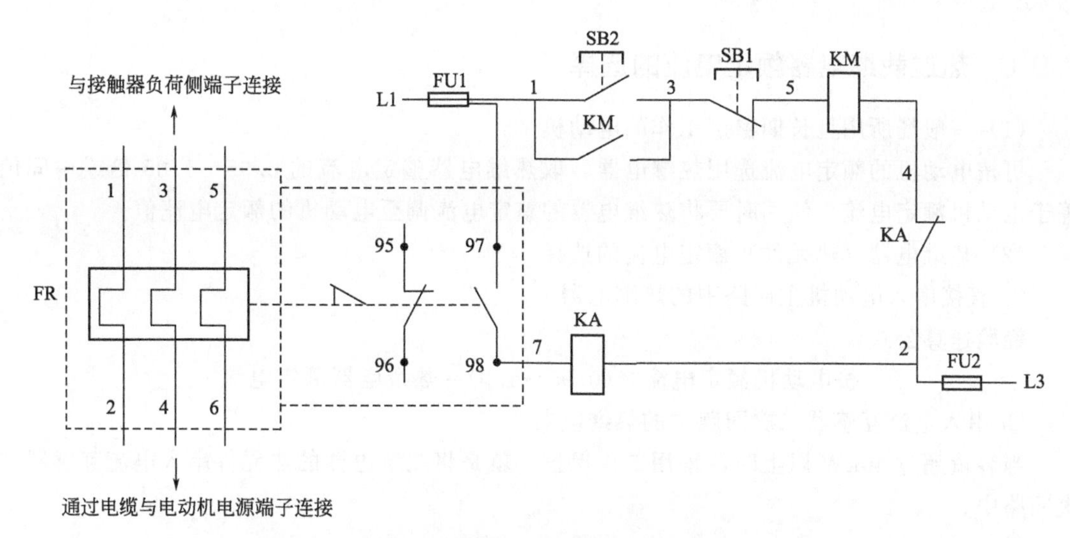


图 2-48 通过热继电器的动合触点停机的 380V 连接图

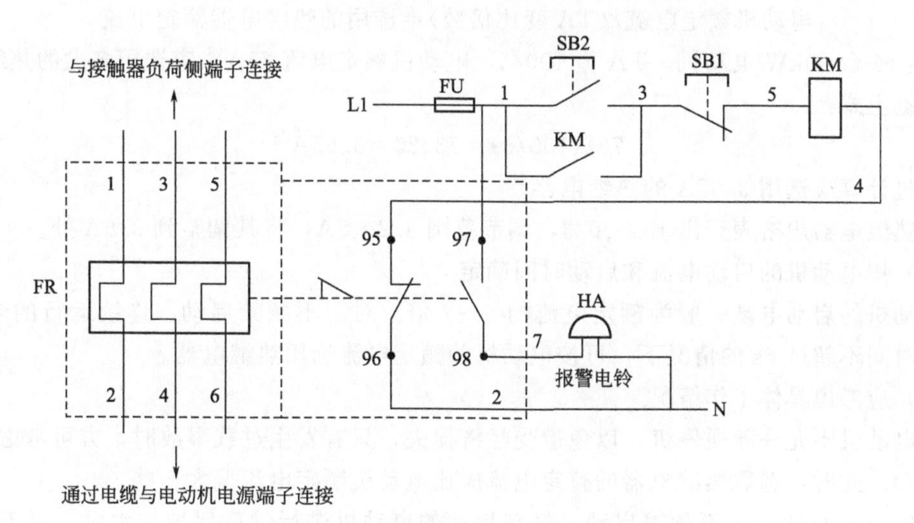


图 2-49 利用热继电器动合触点报警

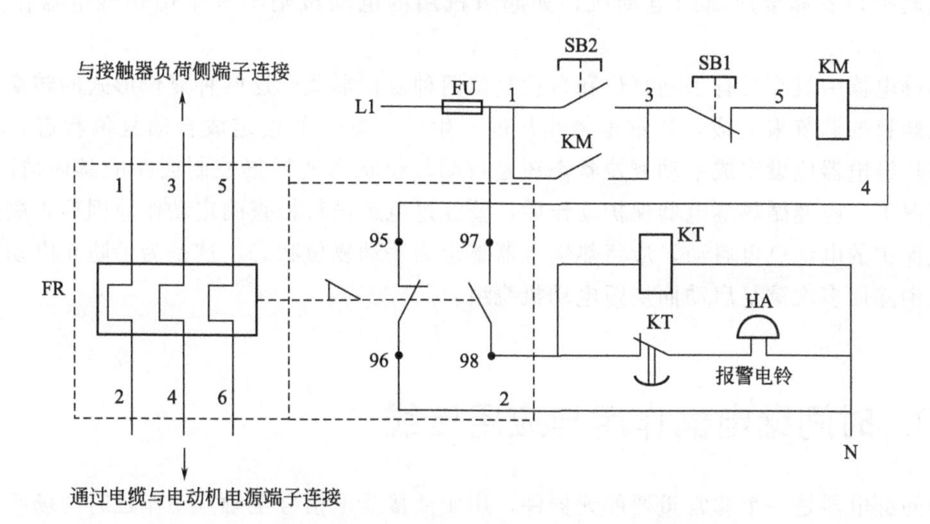


图 2-50 利用热继电器动合触点报警并自动解除音响接线图

### 2.9.6 热过载继电器额定电流的选择

(1) 一般场所用且长期稳定工作的电动机

可按电动机的额定电流选用热继电器。取热继电器整定电流的0.95～1.05倍或中间值等于电动机额定电流，使用时要将热继电器的整定电流调至电动机的额定电流值。

(2) 热继电器（热元件）额定电流的选择

① 直接串入电动机主回路中的热继电器

经验速算公式：

按电动机额定电流×(0.95～1.0)＝热继电器额定电流

② 串入电流互感器二次回路中的热继电器

当容量超过40kW以上时，采用二次保护，就是将热继电器的热元件串入电流互感器二次回路中。

经验速算公式：

电动机额定电流/(TA变比倍数)＝选用的热继电器额定电流

例：一台40kW电动机，TA为100/5，电动机额定电流73A，应选用多大的热继电器？

根据上式：

73/(100/5)＝73/20＝3.65A

经过计算应选用3.65A的热继电器。

查热继电器规格表查出JR2-20/3，调节范围3.2～5A，将其调整到3.6A处。

(3) 按电动机的启动电流和启动时间确定

电动机的启动电流一般为额定电流的5～7倍。对于不频繁启动、连续运行的电动机，在启动时间不超过6s的情况下，可按电动机的额定电流选用热继电器。

(4) 应考虑具体工作情况

若电动机不允许随便停机，以免遭受经济损失，只有发生过载事故时，方可考虑让热继电器脱扣。此时，选取热继电器的整定电流应比电动机额定电流偏大一些。

热继电器只适用于不频繁启动、轻载启动的电动机进行过载保护如水泵。对于正、反转频繁转换以及频繁通断的电动机，如起重机用的电动机则不宜采用热继电器作为过载保护。

热继电器一般都具有手动复位和自动复位两种复位形式。这两种复位形式的转换，可借助复位螺钉的调节来完成，热继电器出厂时，生产厂家一般设定成自动复位状态。在使用前，将热继电器应设定成手动复位状态还是自动复位状态要根据控制回路的具体情况而定。一般情况下，应遵循热继电器保护动作后，要经过电工进行检查确定动作原因后，决定是否容许被保护的电动机再启动，应将热继电器整定为手动复位状态。这是为了防止电动机在故障未被消除而多次重复启动而烧毁电动机绕组。

## 2.10 时间继电器作用与应用接线

时间继电器是一个非常重要的元器件，用于从接受电信号至触点动作延时的场所。它被广泛地用于机械设备自动控制系统中，作为按时间发出指令的元件。时间继电器一般分为通电延时和断电延时两种类型。

时间继电器的种类很多，有机械式、空气阻尼式、电动式、电磁式、电热式及电子式。时间继电器控制时间的长短可以从几秒到几小时。

## 2.10.1 JS7-A系列空气阻尼式时间继电器

(1) 外形

JS7-A 系列空气阻尼式时间继电器是在电动机降压启动中用得最多的一种时间继电器，其外形如图 2-51 所示。

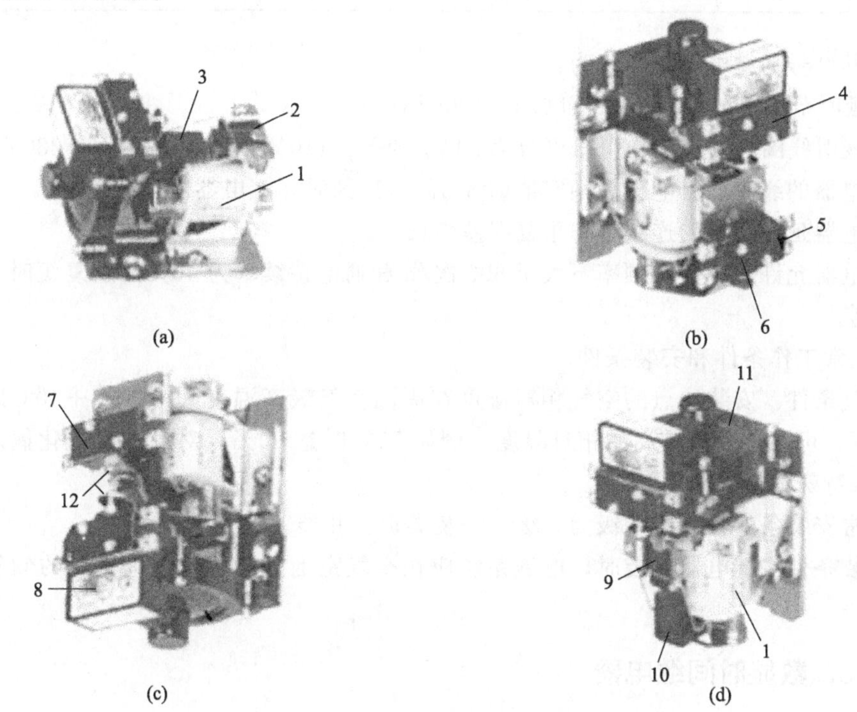


图 2-51 JS7-A 系列空气阻尼式时间继电器

1—吸引线圈；2—静磁铁；3—动磁铁；4,5—微动开关；6—固定螺钉；7—端子；8—调节螺钉；9,10—电磁系统；11—空气室；12—弹片

(2) 适用范围

JS7-A 系列空气式时间继电器用于交流 50Hz、额定工作电压至 380V 的自动或半自动控制系统电路中，在预定的时间使被控制元件动作。

(3) 型号与含义

JSFA 型号与含义如下：

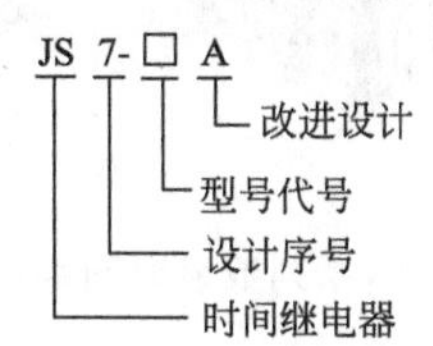


(4) 技术参数

① 额定工作电压 380V，额定发热电流 3A，额定控制容量 100V•A。

② 继电器按其所具有延时的与不延时的触点组成可分为如表 2-2 所列 4 种形式。

表 2-2 JS7-A 系列空气式时间继电器的触点组成

| 型号 | 延时触点的数量 | | | | 不延时触点的数量 | | 质量/kg |
|---|---|---|---|---|---|---|---|
| | 线圈通电后延时 | | 线圈断电后延时 | | | | |
| | 动合 | 动断 | 动合 | 动断 | 动合 | 动断 | |
| JS7-1A | 1 | 1 | | | | | 0.44 |
| JS7-2A | 1 | 1 | | | 1 | 1 | 0.46 |
| JS7-3A | | | 1 | 1 | | | 0.44 |
| JS7-4A | | | 1 | 1 | 1 | 1 | 0.46 |

③ 每种型号的继电器还可分为：

a. 按延时范围可分 0.4～60s 和 0.4～180s 两种；

b. 按吸引线圈的额定工作电压可分为 24V、36V、110V、127V、220V、380V 六种。

④ 继电器的线圈获得电压为额定值的 85%～110%时，继电器能可靠工作。

⑤ 继电器延时时间的连续动作重复误差≤15%。

⑥ 继电器允许用于操作频率不大于 600 次/h 和通电持续率为 40%的反复短时工作制及连续工作制。

(5) 正常工作条件和安装条件

① 大气条件：安装地点的空气相对湿度在周围空气最高温度为－25～＋40℃时，在较低的温度下，可以允许有较高的相对湿度，例如 20℃时达 90%，对由温度变化偶尔产生的凝露应采取特殊的措施予以消除。

② 正常安装条件：污染等级为 3 级。安装类别：Ⅱ类。

③ 安装条件：继电器安装时，电磁系统应在空气室上方，底板与垂直面的倾斜度不超过 5°。

## 2.10.2 JS 数显时间继电器

JS 系列数显时间继电器外形如图 2-52 所示。

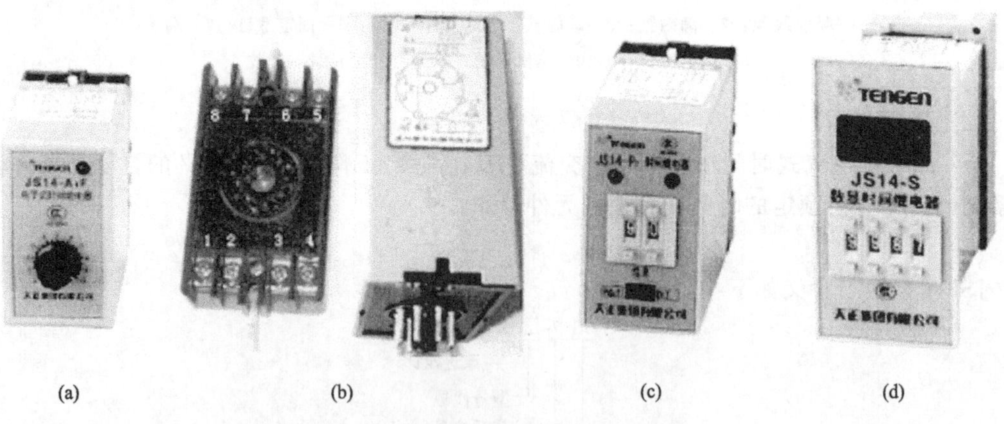


(a) (b) (c) (d)

图 2-52 JS 系列数显时间继电器外形

(1) 适用范围

采用大规模集成电路，LED 数字显示，数字拨码开关预置，设定方便，工作稳定可靠，设有不同时间段供选择，可按所预置的时间接通或断开电路。

（2）电源电压

交流 50Hz，24V、36V、110V、220V、380V；直流 24V。

JS 系列数显时间继电器触点端子图如图 2-53 所示。

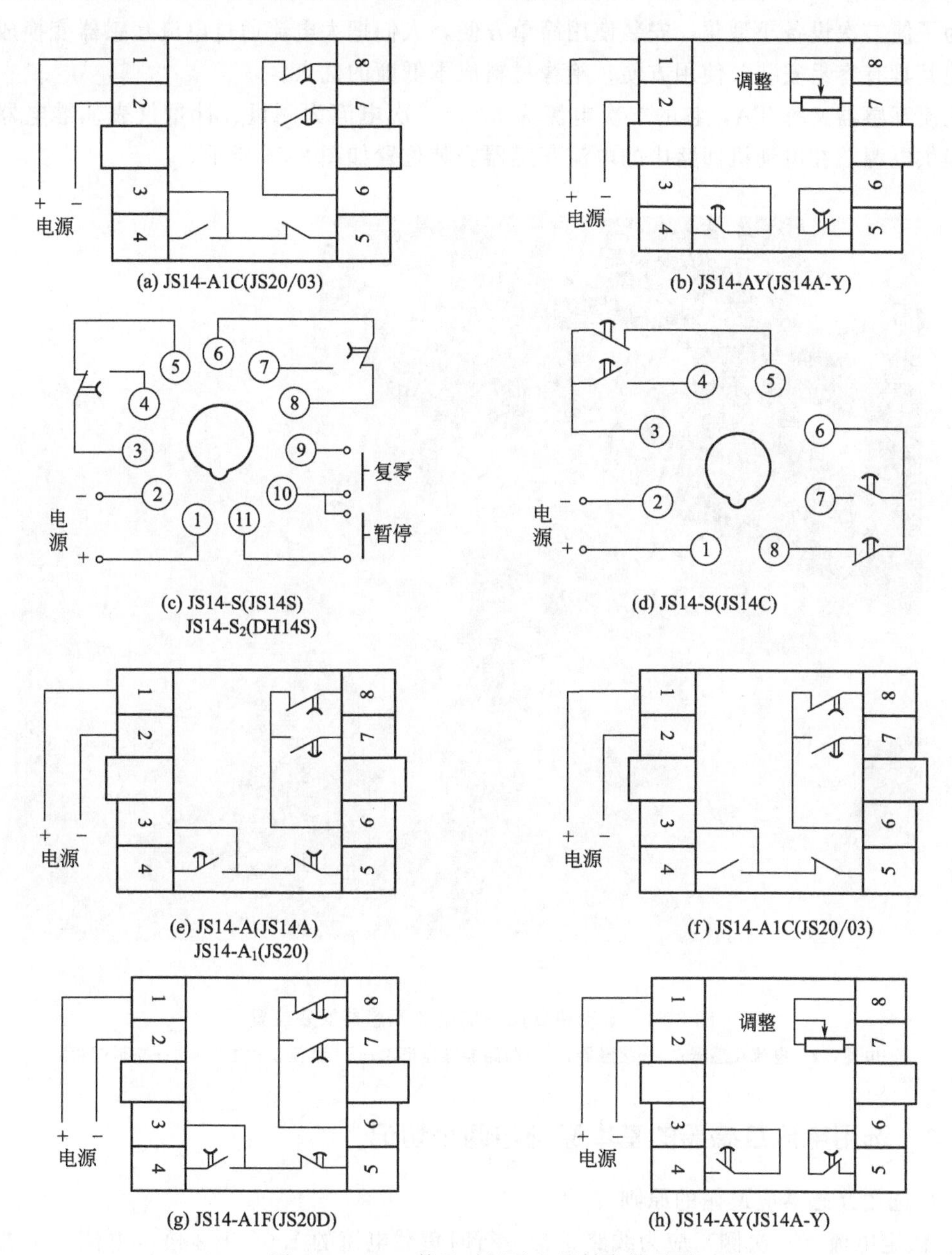


(a) JS14-A1C(JS20/03)　(b) JS14-AY(JS14A-Y)

(c) JS14-S(JS14S) JS14-$S_2$(DH14S)　(d) JS14-S(JS14C)

(e) JS14-A(JS14A) JS14-$A_1$(JS20)　(f) JS14-A1C(JS20/03)

(g) JS14-A1F(JS20D)　(h) JS14-AY(JS14A-Y)

图 2-53　JS14 数显时间继电器触点端子图

## 2.11　低压电流互感器

电流互感器也称变流器，从结构和工作原理来说，电流互感器是一种特殊变压器，电流互感器应用于各种电压的变、配电回路，对电气进行测量、控制、监视，是继电保护装置中不可缺少的电气设备。如果不使用这种设备，直接将大电流引入电流表、继电器等，必须加大导线、接线端子、仪表、继电器的绝缘及扩大设备结构，还有不易安装、使用不便、工作环境危险的缺点，另外会加大设备的投资。

为了使二次设备小型化，安装使用简单方便，人们把大电流通过电流互感器变换成小电流，使其具有容易安装、使用方便、绝缘材料成本低廉的优点。

电流互感器又称 TA，它的二次电流为 5A，二次电流为测量、计量仪表、继电器电流线圈提供电源。在电动机回路中的电流互感器安装位置如图 2-54 所示。

图 2-54 电动机回路中的电流互感器安装位置

1—电缆；2—电流互感器；3—接触器；4—断路器操作把手；5—整流装置电容；6—控制熔断器

## 2.11.1 选用电流互感器的基本原则与两个切记

(1) 选用互感器应遵循的原则

① 额定电流（一次侧）应为线路正常运行时负载电流的 1.0～1.3 倍。电流互感器的变比与电流表的变比值相同。

② 额定电压应为 0.5kV 或 0.66kV。

③ 注意精度等级。若用于测量，应选用精度等级 0.5 级或 0.2 级；若负载电流变化较大，或正常运行时负载电流低于电流互感器一次侧额定电流 30%，应选用 0.5 级。

④ 根据需要确定变比与匝数。

⑤ 型号规格选择。根据供电线路一次负荷电流确定变比后，再根据实际安装情况确定型号。

⑥ 额定容量的选择。电流互感器二次额定容量要大于实际二次负载，实际二次负载应

为 25%～100%二次额定容量。容量决定二次侧负载阻抗，负载阻抗又影响测量或控制精度。负载阻抗主要受测量仪表和继电器线圈电阻、电抗及接线接触电阻、二次连接导线电阻的影响。在实际应用中，若电机的过载保护装置需接至电流互感器，应将计量（控制）装置与保护装置分开，以免影响保护的可靠性。

（2）两个切记

① 电流互感器运行中二次侧不得开路　电流互感器正常运行中二次侧处于短路状态。如果二次侧开路将会产生感应高达数千伏及以上电压，危及在二次回路上工作人员的安全。并且由于铁芯高度磁饱和、发热可损坏电流互感器二次绕组的绝缘，损坏二次设备。

② 电流互感器二次侧不装熔断器　为了避免熔丝一旦熔断或虚连，造成电流互感器二次回路突然开路。二次回路中的电流等于零，铁芯中磁通大大增加（磁饱和），铁芯发热而烧坏，同时在二次绕组中会感应出高电压，危及操作人员和设备的安全，电流互感器二次侧不装熔断器。

### 2.11.2 LQG系列互感器

LQG 系列互感器为户内装置线圈式电流互感器，用于额定频率为 50Hz，电压为 500V 及以下的交流线路中，作为测量电流、电能及继电保护之用。LQG 系列电流互感器的外形如图 2-55 所示。

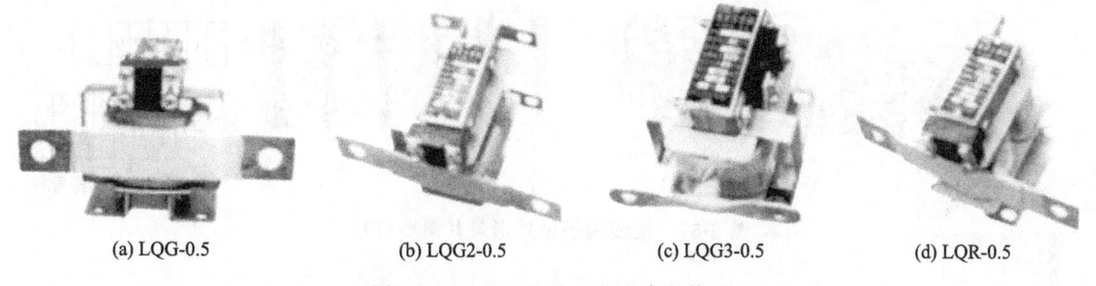

(a) LQG-0.5　(b) LQG2-0.5　(c) LQG3-0.5　(d) LQR-0.5

图 2-55　LQG 系列电流互感器外形

LMZ 系列电流互感器适用于额定频率 50Hz、额定工作电压为 0.5kV 及以下的交流线路中作电流、电能测量或继电保护用。互感器为浇注绝缘母线式，铁芯上绕有二次绕组，下部有底座，供固定安装之用。其外形见图 2-56。

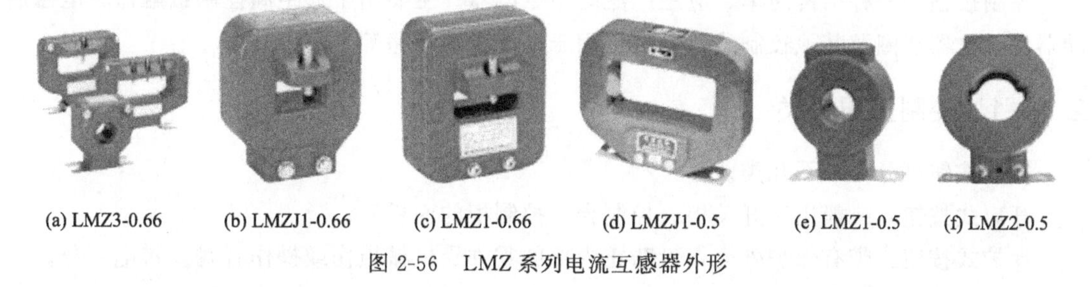

(a) LMZ3-0.66　(b) LMZJ1-0.66　(c) LMZ1-0.66　(d) LMZJ1-0.5　(e) LMZ1-0.5　(f) LMZ2-0.5

图 2-56　LMZ 系列电流互感器外形

## 2.12 盘用接线端子排

接线端子排是配电盘、箱内设备与外部设备进行连接的转换器件。常用于电气设备的控制、信号、保护回路的连接（接线）。如果不经过接线端子排而是直接与外部设备相连接，控制保护回路的接线过程容易出错，线多时会很乱，当出现故障时，查线很困难。

在控制保护回路中使用接线端子排，不仅方便安装，接线整齐美观，而且在发生故障时查线方便，还有利于计量和保护电流回路中计保设备的调校。因此配电盘、柜外连接的导线或设备与配电盘、板、柜上的二次设备相连时必须通过接线端子排。

接线端子排一般用于额定电压 380V、额定电流 10A 以内的控制回路、信号系统、继电保护、计量装置的二次接线中。接线端子排外形及其图形符号如图 2-57 所示。

图 2-57 接线端子排外形及其图形符号

## 2.13 控制按钮

控制按钮是一种结构简单、应用广泛的主令电器。主要用于远距离控制接触器、电磁启动器、继电器线圈及其他控制线路，也可用于电气联锁线路等。

### 2.13.1 控制按钮分类

控制按钮可分为以下几类。

开启式按钮：一般用于开关柜、控制台、控制柜的面板上。

保护式按钮：带有保护外壳，可防止内部的零件受机械损伤或操作者触及带电部分。

防水式按钮：带有密封外壳，防止雨水浸入，户外使用。

防爆式按钮：适用于煤矿等有爆炸性气体和尘埃的环境使用。

防腐式按钮：适用于有化工腐蚀性气体的环境使用。

紧急式按钮：有红色大蘑菇头突出于按钮螺帽之外，供需要紧急切断电源时使用。

钥匙式按钮：只有用钥匙插入按钮才可操作，防止误动作。

旋转式按钮：用手把旋转操作触头，接通或分断电路。

带灯按钮：带有指示灯的按钮，也可兼做指示灯。

自持按钮：按钮内装有自持装置，一般为面板操作。

双速按钮：触头机构的操作可以通过接触器对具有 2 个绕组的双速电机进行无间歇的转换，保证电机及其他起重机在转速变换时的力学性能。

## 2.13.2 控制按钮用途

控制按钮主要用于 50Hz、交流电压为 380V、直流电压 440V 及以下、额定电流不超过 5A 的控制电路中，供远距离接通或分断电磁开关、继电器和信号装置、交流接触器、继电器及其他电气线路遥控之用。

一般控制按钮结构是由一个动合触点、一个动断触点及带有公用的桥式动触点所组成，当按下按钮时，动断触点先断开，动合触点后接通。当松开按钮时，靠复位弹簧的作用复归原始位置。控制按钮结构和图形符号如图 2-58 所示。

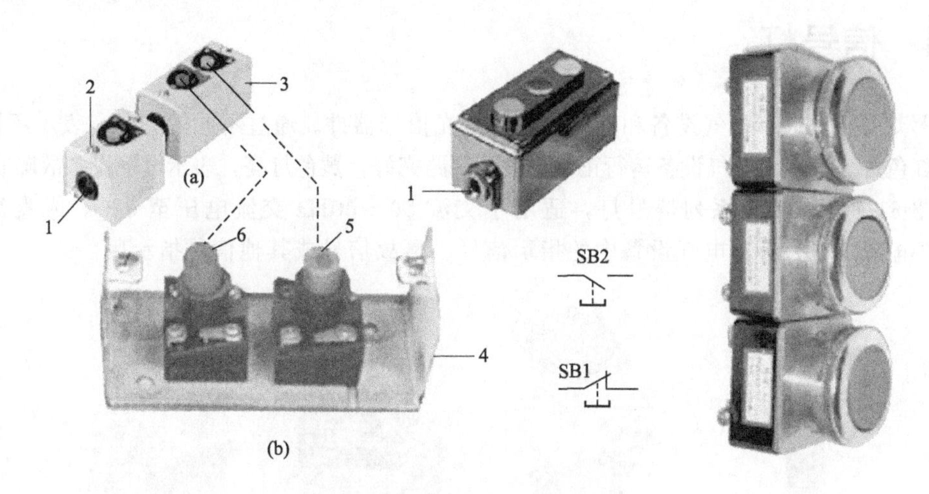


图 2-58 控制按钮结构和图形符号

1—进线口；2—固定螺钉；3—防护罩；4—底座；5—启动按钮；6—停止按钮

常用控制按钮外形见图 2-59、图 2-60。

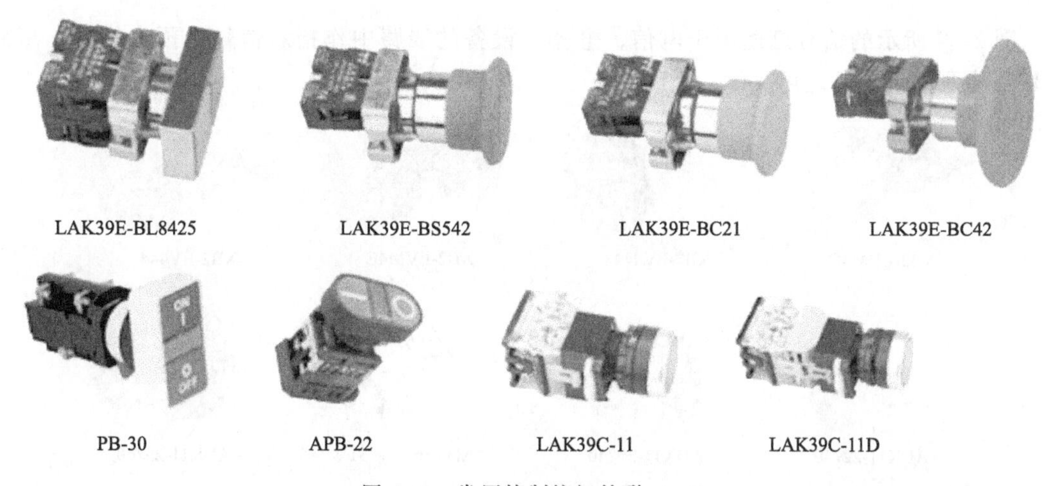


图 2-59 常用控制按钮外形（一）

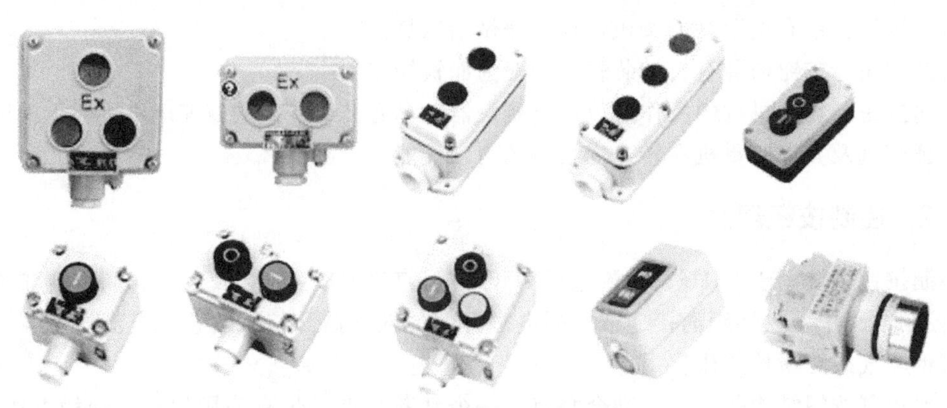


图 2-60 常用控制按钮外形（二）

## 2.14 信号灯

信号灯是用来表示电气设备和电路状态的灯光信号器件。通过不同的颜色，表示不同的状态，如红色灯亮，表示电气设备运行正常与跳闸回路完好；黄色灯亮，表示电气设备故障状态。

图 2-61 所示的 XD 系列信号灯，适用于交流 50～60Hz 交流电压至 380V 或直流电压 220V 的电路，作为各种电气设备中的指示信号、事故信号或其他信号指示用。

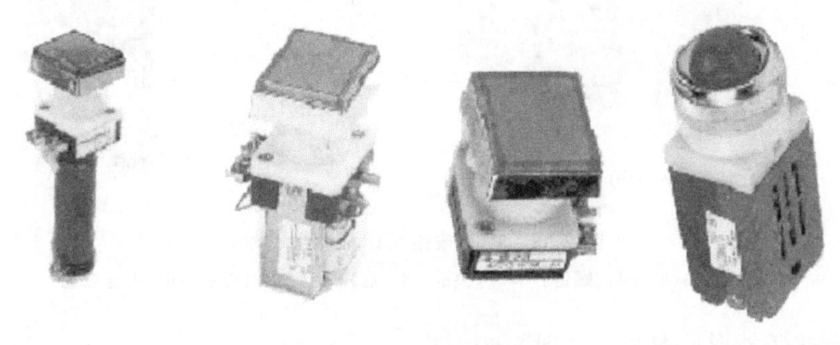

图 2-61 XD 系列信号灯

图 2-62 所示的信号灯适用于电信、电器等设备的线路中作指示信号、预告信号、事故信号及其他指示信号之用。

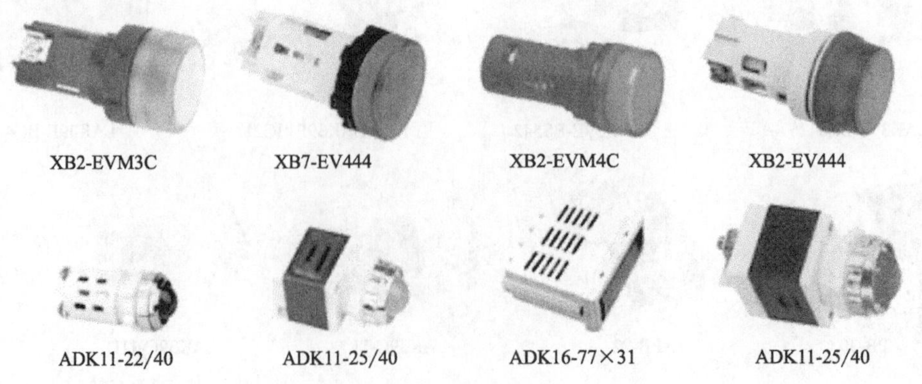


图 2-62 常用信号灯

# 2.15 限位开关与行程开关

限位开关和行程开关是用于限制工作机械位置的开关，一般于工作机械到达终点时发生作用，故又称终端开关。限位开关的原理和结构与行程开关基本相同，但两者的用途不同。行程开关要控制的是工作机械的行程，而限位开关要控制的则是工作机械的位置，且往往是终端位置或极限位置。

在实际使用上，一般不分是限位开关还是行程开关，但某些机械使用的是特定改型的限位开关和行程开关，如电动阀门的电动装置中的行程开关，用于控制阀门的开与关位置。当阀门向一方向运动到接近其极限位置时，限位开关便动作，切断电路，而使阀门停止运动，以免发生电动阀门无限制地朝一个方向运动而损坏电动阀门。

行程开关与限位开关，适用于交流 50～60Hz、交流电压至 500V 及直流电压至 600V、电流至 5～10A 的控制电路中，将机械信号转变成电气信号表征设备、机械状态，用来完成程序控制，操纵、限位、信号及联锁之用。

限位开关和行程开关分为开启式、防护式、防爆式等类，其内部触点分有一个常开，一个常闭；一常开，二个常闭；二个常开，一个常闭；二常开，二常闭。动作方式有：瞬动型和蠕动型。头部结构有：直动、滚轮直动、杠杆、单轮、双轮、滚动型、摆杆可调、杠杆可调和弹簧杆、拉线等。配用塑料基座的有开启式；配用铝合金（宽型、窄型）外壳的有保护式。

图 2-63 所示为 XL1 系列和 XL3 系列行程开关，打开盖后可看见其内部结构。

图 2-63　XL1 和 XL3 系列行程（限制）开关内部示意图

1,4—桥架；2—常开触点；3,7—动触点；5—进线孔；6—常闭触点

行程（限制）开关动作过程：

当运动的物体碰上行程（位置、限制）开关的桥架时，桥架上的动触点随桥架动作改变原有状态而断开或接通控制电路。

常见行程开关与限位开关的实物图见图 2-64～图 2-66。其图形符号见图 2-67。

运动的物体碰上时闭合（动合）、离开时断开的触点，如图 2-67(a) 所示。运动的物体碰上时断开（动断）、离开时闭合的触点，如图 2-67(b) 所示。受外力触动后，接通其一回路断开另一回路，以完成位置表征特性或限位，如图 2-67(c) 所示。例如桥式起重机的大车、小车、吊钩，电动阀门的启、闭等，均需防止超程限位，一旦超程断开原工作电路，必须接通另一回路，为返回状态创造条件。龙门刨床工作台的往复控制程序也靠行程开关来实现。

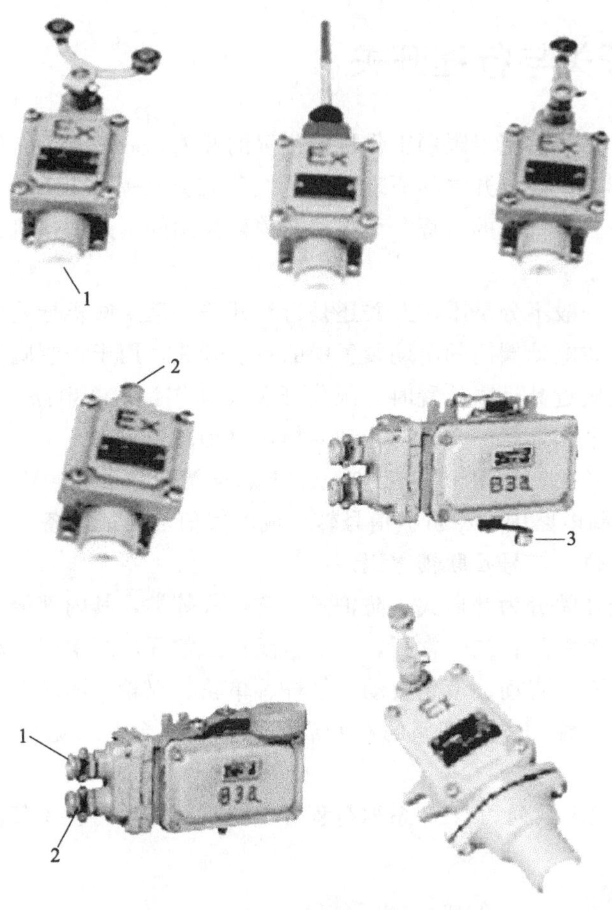


图 2-64 行程开关与限位开关的实物图（一）

1—导线入口；2—导线出口；3—行程拐臂

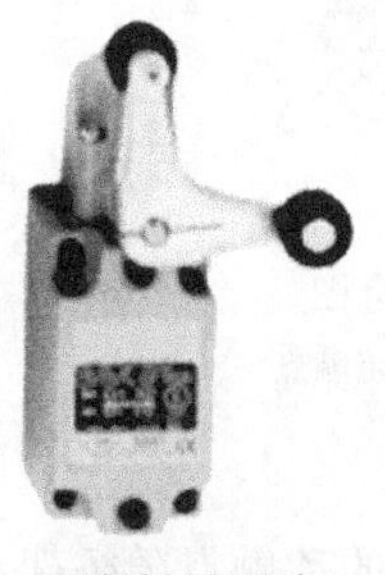

MJ防油行程开关

M4密封式行程开关

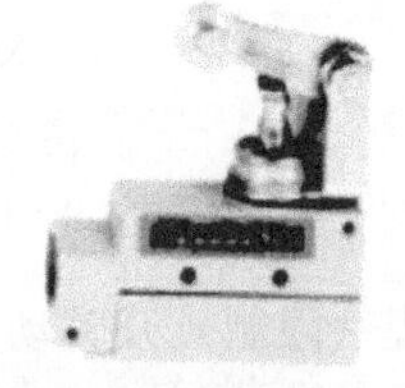

MJ1防油横式行程开关

MV型微动开关

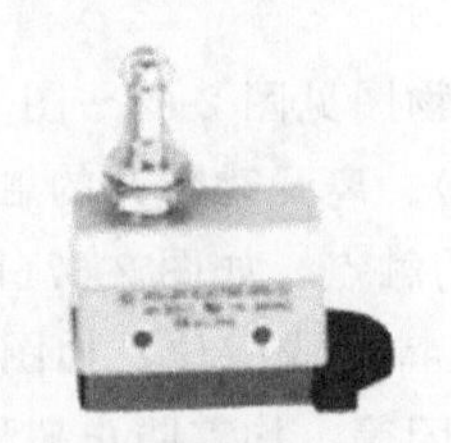

MN小型横式行程开关

MJ2型微动开关

图 2-65 行程开关与限位开关的实物图（二）

YBLX-CK系列行程开关

YBLX-P1系列行程开关

YBLX-K1系列行程开关

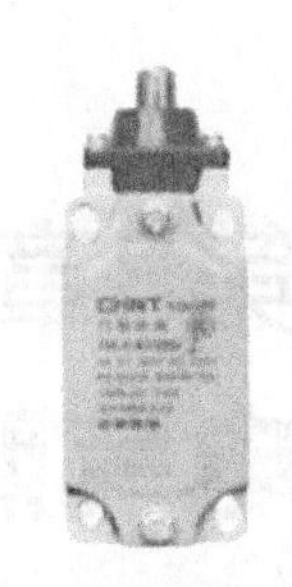
YBLX-K3系列行程开关

NKX101多功能行程限位器

YBLX-ME/8000系列行程开关

YBLX-WL行程开关

YBLX-HL5000系列行程开关

图 2-66　行程开关与限位开关的实物图（三）

(a)

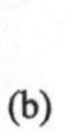
(b)

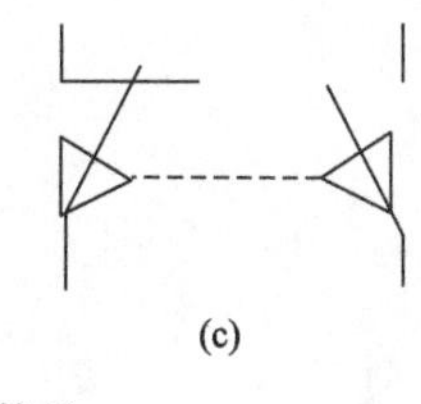
(c)

图 2-67　行程（限制）开关图形符号

# 第3章 电气照明系统图识读与配线

## 3.1 照明灯具的种类

电气照明线路由各种不同的灯具、开关、插座，以及许多灯具需要的启动器、电容器、控制器、配件及配管、连接导线等组成。

灯具种类繁多，形状多达万余种。图 3-1～图 3-5 所示的是石化生产装置或煤矿具有易燃易爆场所中使用的灯具、照明箱、接线盒外形。

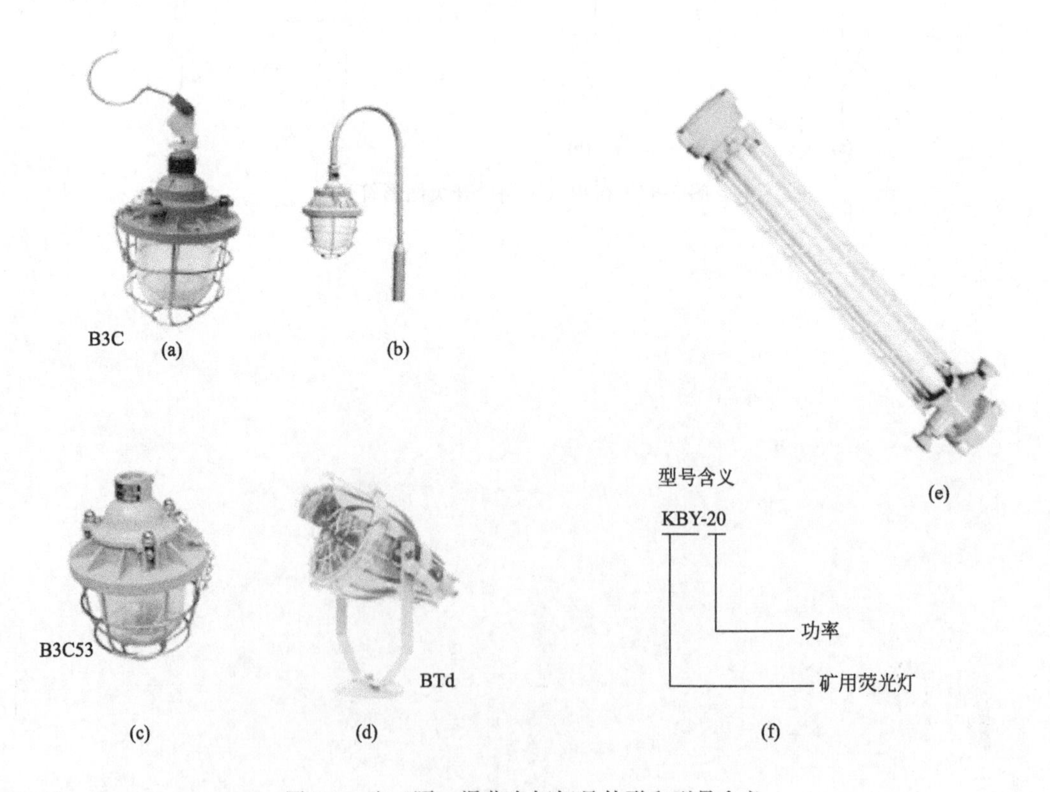


图 3-1　防（隔）爆荧光灯灯具外形和型号含义

BAJ19系列防爆应急灯

CFD08系列隔爆型防爆灯

BYSD38-20(J)型防爆双头应急灯

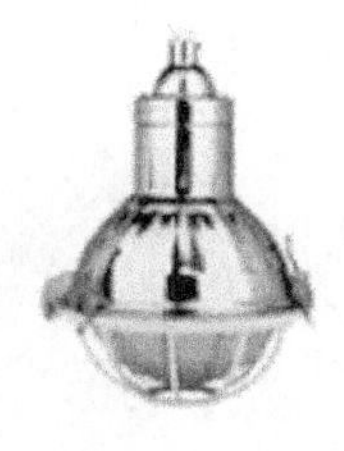

CFD13-e系列增安型防爆灯

CFD20系列增安型防爆吸顶灯

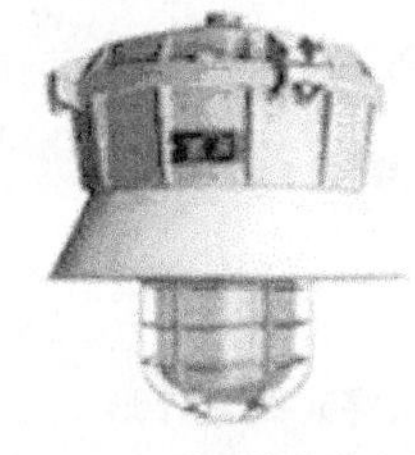

CFD15-e系列增安型防爆灯

CFD05系列隔爆型防爆灯

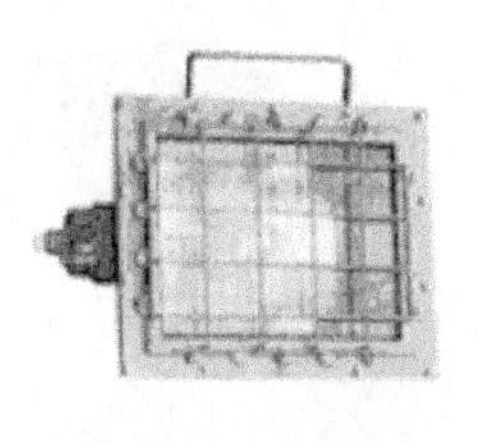

BGD22系列防爆泛光灯

图 3-2　防（隔）爆灯具外形

$BX^{M}_{D}$36系列防爆动力（照明）配电箱（ⅡC级）

适用范围：

1. 爆炸性气体环境危险场所：1区、2区；
2. 爆炸性气体环境：ⅡA、ⅡB、ⅡC；
3. 温度组别：T1~T6；
4. 户内、户外

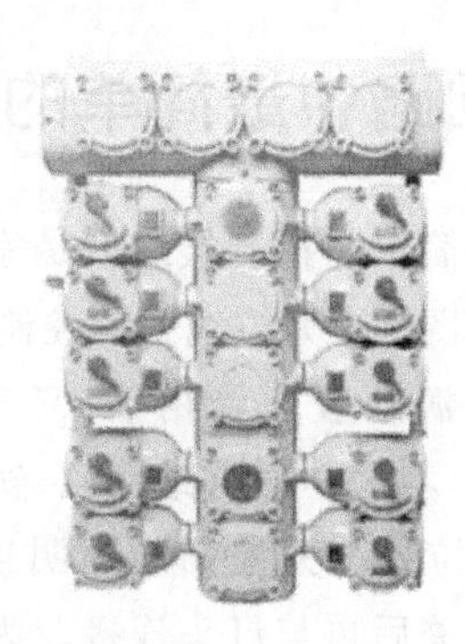

图 3-3　防（隔）爆照明箱外形

图 3-4　安装在墙面上的防（隔）爆照明箱

图 3-5　防（隔）爆接（穿）线盒外形

## 3.2　照明回路中最简单的控制接线

照明回路中最简单的控制接线就是家里电灯接线。开关一般采用拉线开关或扳把开关来控制灯的开与关，图 3-6 为拉线开关控制的照明实物接线图，图 3-7 为开灯状态示意图。

家用照明的电源一般为单相 220V 交流电压，只有相线（火线）与零线（地线）之分（相线：俗称火线；零线：俗称地线）。实际上零线与地线是有区别的。

图 3-6 所示的拉线开关控制的照明连接图与实际连接是相符的。电源线中的相线（火线）先经过拉线开关后再与灯头连接。为了安全，相线必须接在开关上，开关断开时，用电器（灯头）两端没有电压，可以安全地更换灯泡，没有触电的危险。如果将灯具安装在高处，使用拉线开关就更安全、更方便。

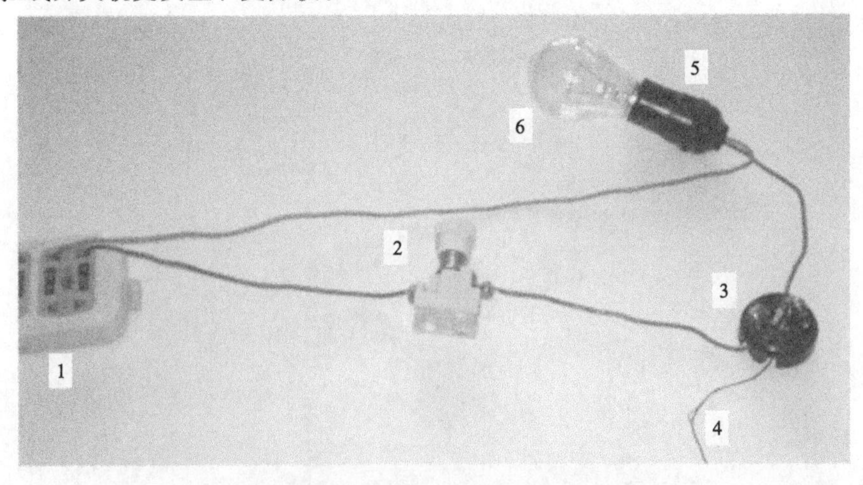


图 3-6　采用拉线开关控制的照明实物接线示意图

1—电源线；2—熔断器；3—拉线开关；4—拉线；5—灯头；6—灯泡

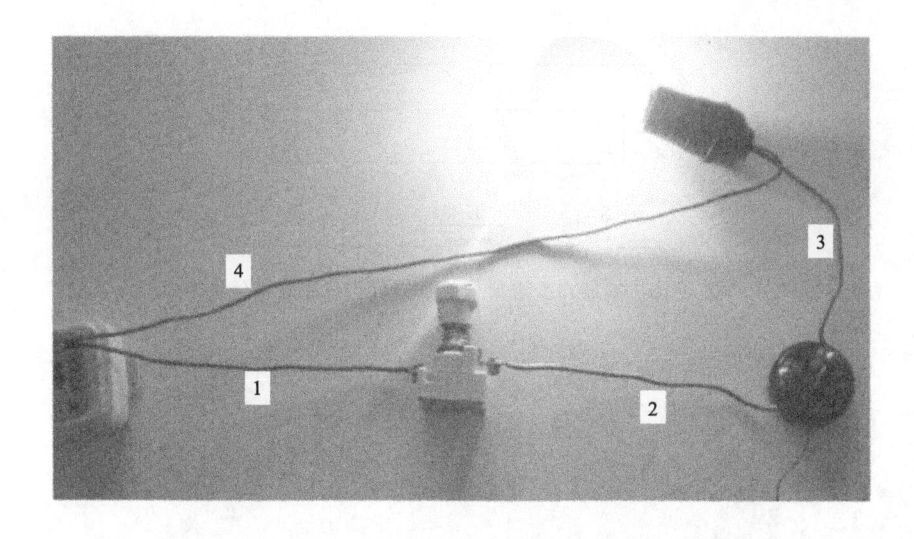


图 3-7　一只灯的连接线示意图（开灯状态）

1—电源线（相线）；2—去拉线开关的线；3—去灯头的线；4—零线

如果把图 3-6 拉线开关控制的照明实际连接图中的两线互换后连接，即电源相线先经过灯头后再与拉线开关连接，相线直接与灯头连接。开关断开时，用电器（灯头）两端有电压（带电），更换灯泡时，就有触电的危险。这样的接线是不允许的。

把图 3-6 所示的拉线开关控制的照明实物连接图，按规定的图形、文字、线形符号画出的接线图如图 3-8 所示。

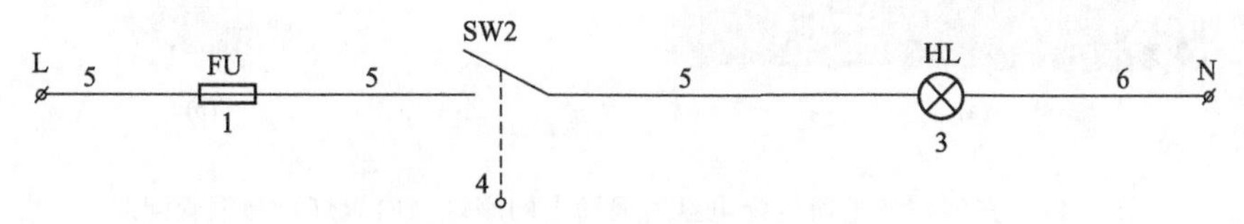


图 3-8　拉线开关控制的白炽灯接线图

拉动线绳 4，开关 SW2 触点闭合，灯 HL 得电灯亮。第二次拉动线绳 4，开关 SW2 触点断开，灯 HL 断电灯灭。当线路出现短路故障，熔断器 FU 熔断，切断电路，从而对线路起到保护作用。一般家用照明电路熔丝额定电流在 10A 以下。图 3-9 所示电路除了开关的图形符号不同外，其余部分与图 3-8 相同。

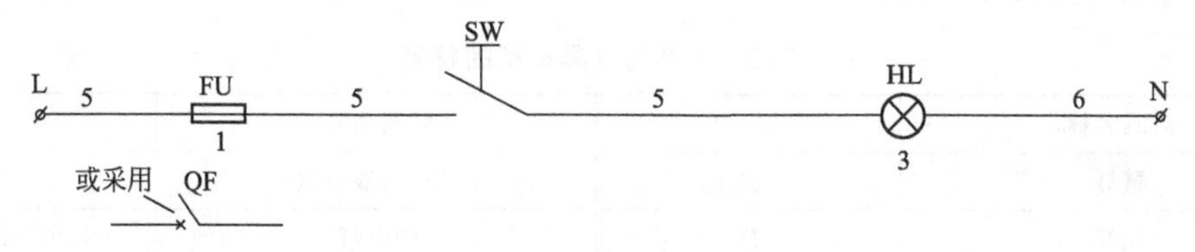


图 3-9　灯的一般接线方式（墙壁开关）

图 3-10 所示电路图是日光灯接线图，从图上看要比图 3-6 的接线难一点，因为线路增加了镇流器和启辉器。

安装在变电所内配电盘后面墙壁上的座灯（白炽灯）与钢管配线，钢管采用卡子固定，如图 3-11 所示。

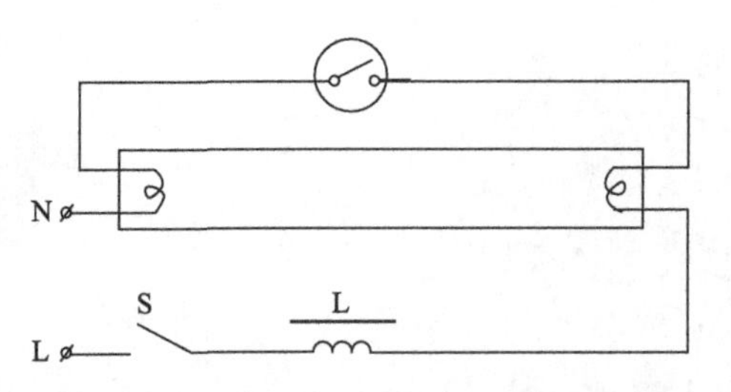


图 3-10　安装在变电所内的日光灯与日光灯接线图

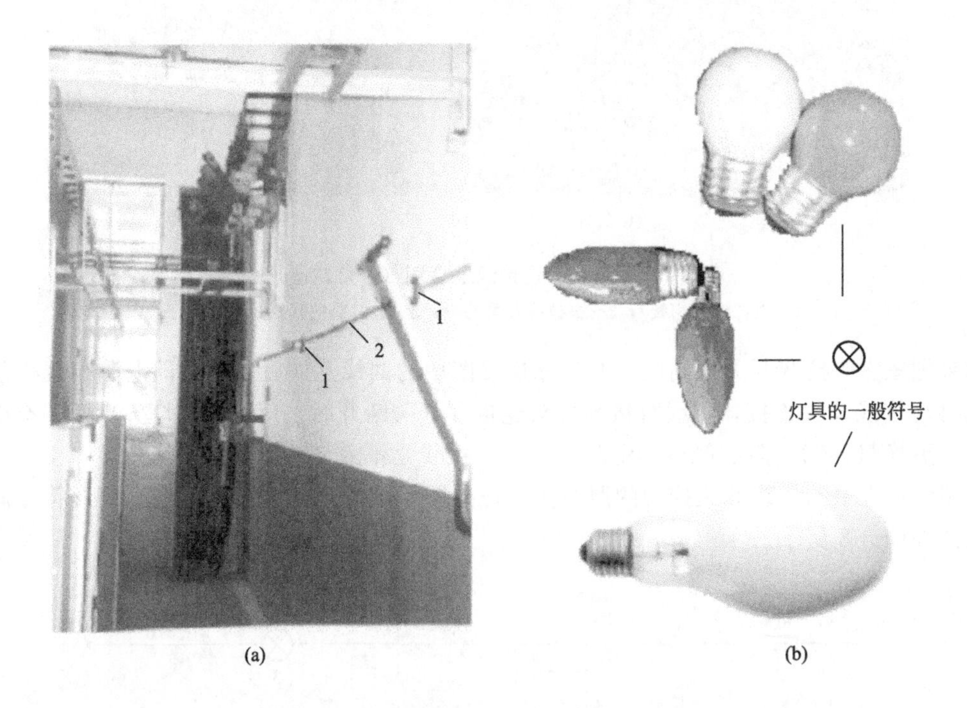


图 3-11　安装在变电所内配电盘后墙壁上的座灯（白炽灯）与钢管配线

1—木台；2—配线钢管

# 3.3 照明配置图中线路与灯具的标注

表示灯具类型与灯具安装方式的符号如表 3-1 和表 3-2 所示。

**表 3-1　常用灯具类型的符号**

| 灯具名称 | 符　号 | 灯具名称 | 符　号 |
|---|---|---|---|
| 壁灯 | B | 工厂一般灯具 | G |
| 花灯 | H | 防爆灯 | G 或专用带号 |
| 普通吊灯 | P | 荧光灯灯具 | Y |
| 吸顶灯 | D | 水晶底罩灯 | J |
| 卤钨探照灯 | L | 防水防尘灯 | F |
| 投光灯 | T | 搪瓷伞罩灯 | S |
| 柱灯 | Z | 无磨砂玻璃罩万能灯 | WW |

**表 3-2　灯具安装方式的符号**

| 安装方式 | 符　号 | 安装方式 | 符　号 |
| --- | --- | --- | --- |
| 自在器线式 | X | 弯式 | W |
| 固定线吊式 | X1 | 吸顶安装式 | DR |
| 防水线吊式 | X2 | 台上安装式 | T |
| 人字线吊式 | X3 | 墙壁嵌入式 | BR |
| 管吊式 | L | 支架安装式 | J |
| 链吊式 | G | 柱上安装式 | Z |
| 壁装式 | B | 座装式 | ZH |
| 吸顶式 | D | | |

# 3.4　照明配置图中常用的图形符号

照明配置图中常用的图形符号见表 3-3。

**表 3-3　照明配置图中常用的图形符号**

| 图形符号 | 灯具器件的名称 | 图形符号 | 灯具器件的名称 |
| --- | --- | --- | --- |
| 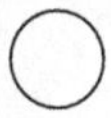 | 灯的一般符号 |  | 壁灯 |
|  | 单管日光灯 |  | 日光灯 |
|  | 隔爆灯 |  | 天棚灯 |
|  | 泛光灯 | 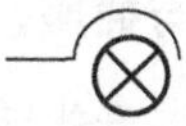 | 弯灯 |
|  | 投光灯一般符号 | 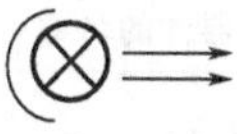 | 聚光灯 |
|  | 安全灯 | 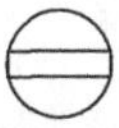 | 矿山灯 |
|  | 广照型灯 |  | 防水防尘灯 |
|  | 深照型灯 |  | 花灯 |
|  | 信号灯一般符号 | | 球形 |
|  | 局部照明灯 | | 在专用电路上的事故照明灯 |

续表

| 图形符号 | 灯具器件的名称 | 图形符号 | 灯具器件的名称 |
|---|---|---|---|
|  | 在墙上的照明引出线（示出配线向左边） |  | 示出配线的照明引出线位置 |
|  | 光源，一般符号；荧光灯，一般符号 | 5 | 五管荧光灯 |

（1）住宅与办公室常用的开关与插座外形

在住宅与办公室照明线路中使用各种不同的开关与插座，如图 3-12 所示的开关、插座应用是很普遍的，要根据需要进行选择。

型号：86A型
10A 250V一开单控开关

型号：86A型
10A 250V二开单控开关

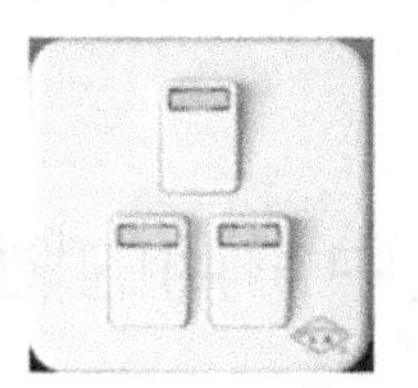

型号：86A型
10A 250V三开单控开关

型号：86A型
250V门铃开关

型号：86A型
调光开关

型号：86A型
10A 250V单相二、三级联体插座

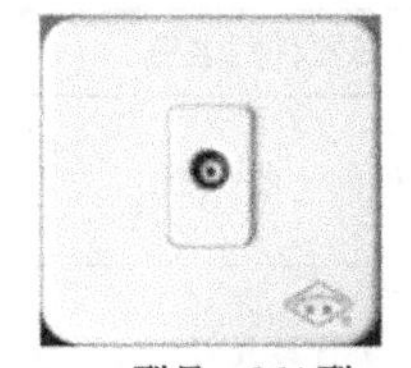

型号：86A型
单联电视插座

型号：86A型
电话插座

图 3-12　一般住宅与办公室内常用的插座、开关

（2）照明配置图中表示开关与插座、插头常用的图形符号（表 3-4）

**表 3-4　开关与插座、插头常用的图形符号**

| 图形符号 | 表示器件的名称 | 图形符号 | 表示器件的名称 |
|---|---|---|---|
| 1　2　3　4 | 1—单相插座<br>2—暗装<br>3—密闭<br>4—隔爆 | 1　2　3　4 | 1—带接地孔的三相插座<br>2—暗装<br>3—密闭（防水）<br>4—隔爆 |
|  | 插头插座（凸头和内孔的） |  | 插头（凸头的）或插头的一个极 |
| 1　2　3　4 | 1—单极开关一般符号<br>2—暗装<br>3—隔爆<br>4—密闭（防水） | 1　2　3　4 | 1—双极开关一般符号<br>2—暗装<br>3—隔爆<br>4—密闭（防水） |

续表

| 图形符号 | 表示器件的名称 | 图形符号 | 表示器件的名称 |
|---|---|---|---|
| | 插座(内孔的)<br>插座的一个极 | | 开关一般符号<br>单极拉线开关 |
| | 具有护板的插座 | | 带熔断器的插座 |
| 3 | 多个插座(示出三个) | | 具有单极开关的插座 |

## 3.5 照明配电箱与内装开关设备

照明配电箱的种类很多，可以购买定型成品的照明配电箱，如图 3-13 所示，也可购买空壳的照明配电箱，其内部可根据现场实际情况选择合适的开关、电能（度）表等器件进行组装。

可以安装在照明配电箱内的断路器如图 3-14 所示。

图 3-14（a）所示为 MKM5-63 系列高分断小型断路器，它具有结构先进、性能可靠、分断能力高、外形美观小巧等特点，壳体和三部件采用耐冲击、高阻燃材料构成。适用于交流 50Hz 或 60Hz，额定工作电压为 400V 及以下，额定电流至 63A 的场所。主要用于办公楼、住宅和类似的建筑物的照明、配电线路及设备的过载、短路保护。也可在正常情况下，作为线路不频繁的转换之用。

图 3-14（b）所示为 MKM5-100 系列高分断小型断路器，它用于保护线路的短路和过载，适用于照明配电系统和电动机的配电系统。外形美观小巧，重量轻，性能优良可靠，分断能力较强，脱扣迅速，导轨安装，壳体和部件采用高阻燃及耐冲击塑料，使用寿命长。它主要用于交流 50Hz 或 60Hz，单极 230V，二、三、四极 400V 线路的过载、短路保护。也可在正常情况下，作为线路不频繁的转换之用。

图 3-14（c）所示为 MKM5LE 系列高分断小型漏电断路器，它具有结构先进、性能可靠、分断能力高、外形美观小巧等特点，壳体和部件采用耐冲击、高阻燃材料制成。适用于交流 50Hz 或 60Hz，额定工作电压为 400V 及以下，额定电流至 63A 的场所。主要用于办公楼、住宅和类似的建筑物的照明，配电线路及设备的过载、短路，漏电保护。也可在正常情况下，作为线路不频繁的转换之用。

图 3-14（d）所示为 ADZ30（DPN）“相线＋中性线”断路器，它适用于交流 50Hz 或 60Hz，额定电压 230V 及以下的单相住宅线路中，可以实现对电气线路的过载和短路保护。该断路器分断能力高、体积小，宽度仅为 18mm。零、相线同时切断，杜绝了相线、零线接反或零线对地电位造成的人身及火灾危险，是目前民用住宅领域中最理想的配电保护开关。

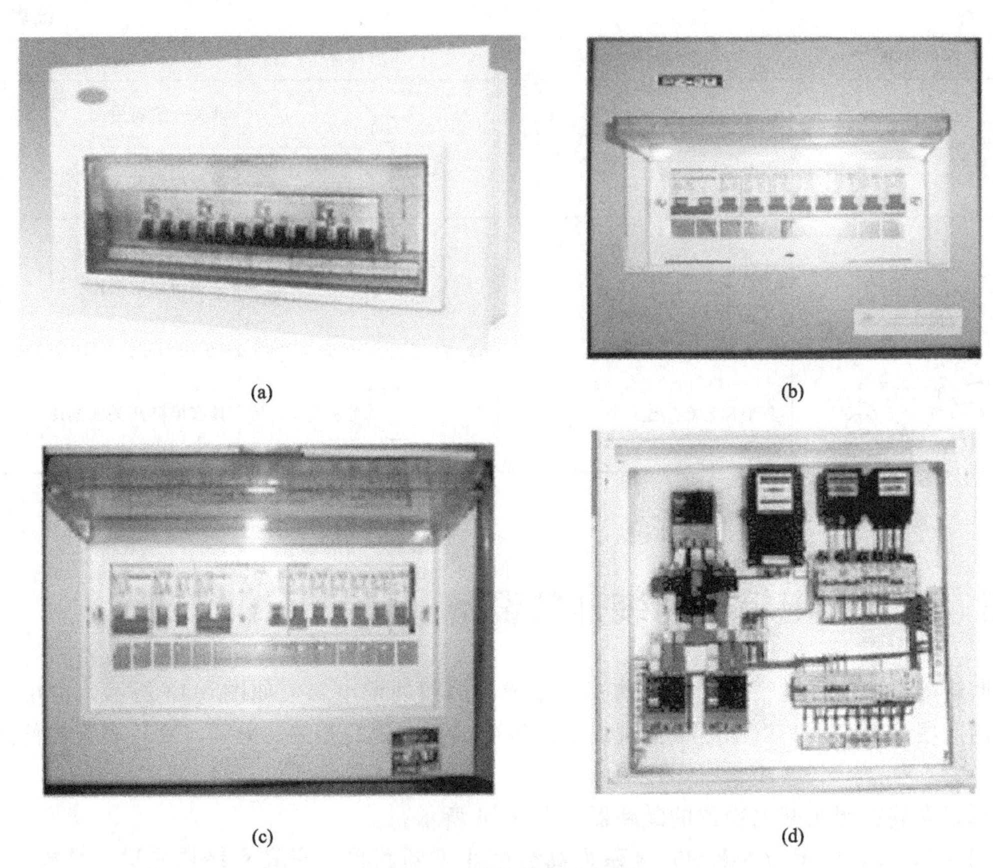


图 3-13 成品照明配电箱

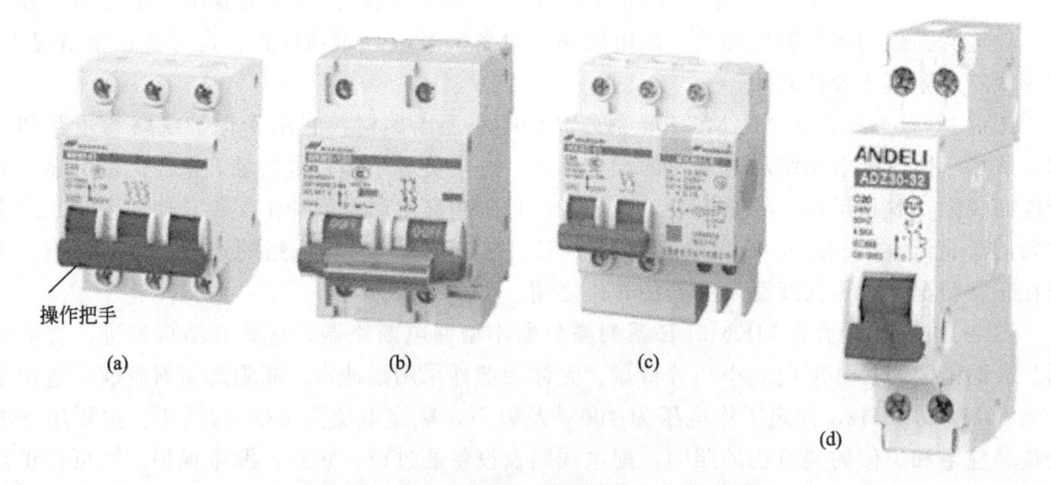


图 3-14 可以安装在照明配电箱内的断路器

在照明配电箱内经常采用的转换开关如图 3-15 中的图（a）和图（b）所示。熔断器如图 3-15（d）所示，在楼道以前常常采用两个开关控制一盏灯，现在不用开关而采用带有声控及光控和延时电路的灯头，如图 3-15 中的（c）所示。上好灯泡后，在具有一定暗度条件下，进入楼道的人发出响声，灯亮；无响声时，延时灯灭。

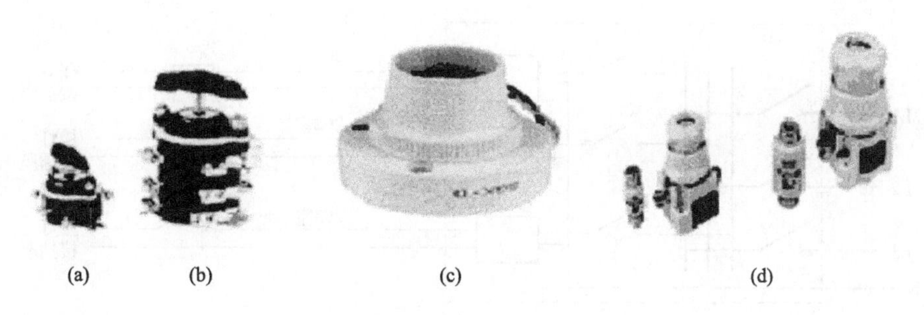


图 3-15 开关、灯头、熔断器

## 3.6 照明系统图与接线图

照明工程的电气图纸主要由照明系统图、照明配置图和照明接线图组成。照明系统图表示照明系统概况；照明配置图表示在建筑物的某个位置上，安装了什么样的灯具、开关、插座；照明接线图表示灯具的实际接线连接方式。三种图能够表示出照明工程的信息。

(1) 照明系统图

某单元照明系统图见图 3-16～图 3-18。

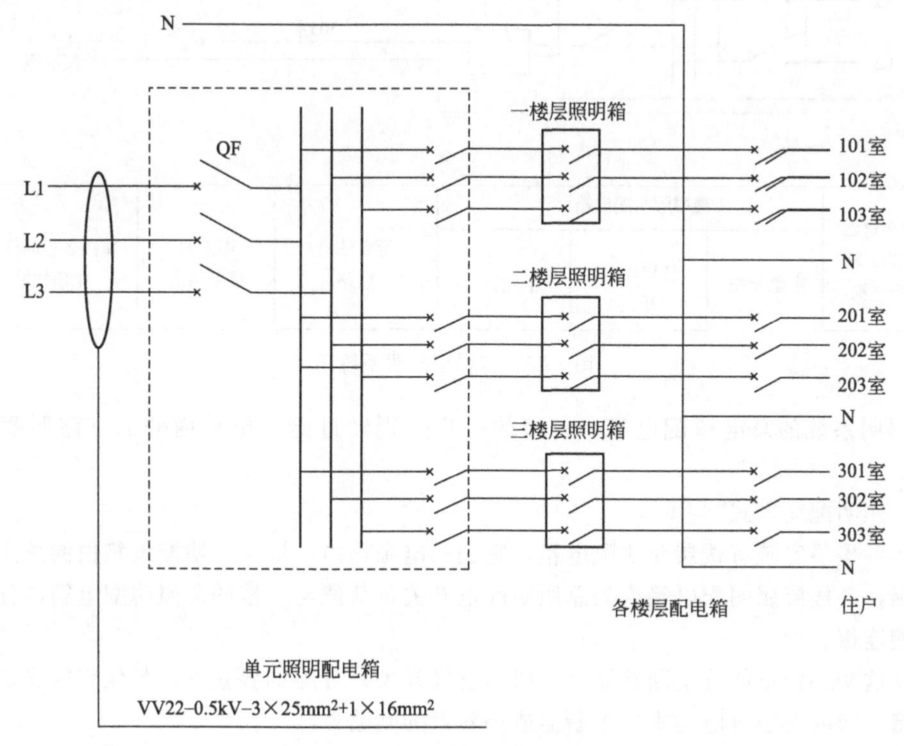


图 3-16 单元楼层照明系统图

从图 3-16 中可以看出，电源由户外通过型号为 VV22-0.5kV-3×25mm$^2$+1×16mm$^2$ 的四芯电缆引入单元的照明配电箱（一般安装在一楼过道的墙壁上），这个照明配电箱作

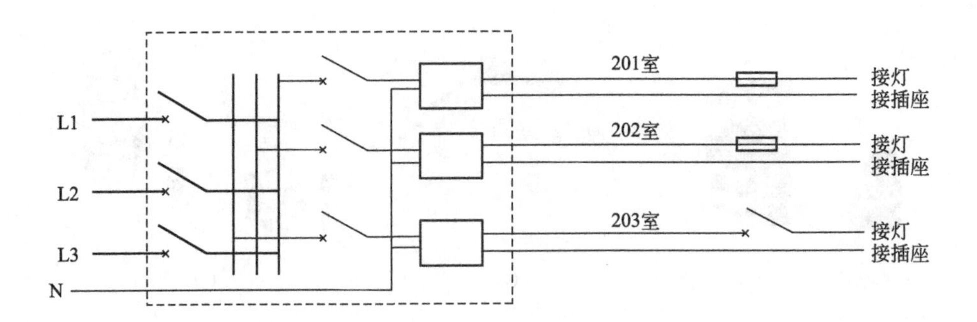


| 电源进线来自一楼配电箱 | 楼层照明配电箱 | | | 至各住户线路 | 熔断器或断路器 | 室内各房间灯、插座线路 |
|---|---|---|---|---|---|---|
| | 电源开关 | 住户配出开关 | 电能表 | | | |

图 3-17　二楼层照明系统图

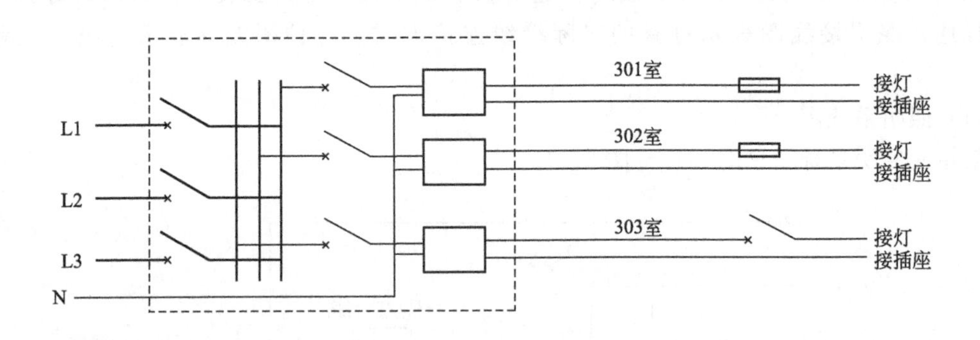


| 电源进线来自二楼配电箱 | 楼层照明配电箱 | | | 至各住户线路 | 熔断器或断路器 | 室内各房间灯、插座线路 |
|---|---|---|---|---|---|---|
| | 电源开关 | 住户配出开关 | 电能表 | | | |

图 3-18　三楼层照明系统图

为单元照明系统的总电源配电箱。一楼的三户分别经过此配电箱内分的支路照明开关引入每户。

（2）照明配线方式

单元各楼层安装有楼层照明配电箱，它们的电源均由一楼总照明配电箱内的总照明配电开关控制，各楼层照明配电箱内的总照明配电开关负荷侧与一楼的总照明配电箱内分支断路器电源侧连接。

经过这些小容量的分支断路器（一般称空气开关）分配到各住室，各住室内安装有小照明配电箱，箱内安装有电能表、熔断器或小容量的断路器。

室内的照明干线接在小容量的断路器的负荷侧，各房间灯、插座的电源都接在此干线上。均采用以下配线方式：电源直接进入电能表，电能表的出线经熔断器或小容量的断路器与室内线路连接。电能表接线端子盖上加有“铅封”。

方式一：各住室计量电能表安装在该楼层过道墙壁照明配电箱内，再经过各小容量的断路器，分配到各住室，如图 3-17、图 3-18 所示。住室内又安装有小照明配电箱，箱内不安装电能表，只有熔断器或小容量的断路器。室内的照明干线接在小容量的断路器的负荷侧，各房间灯、插座的电源都接在室内干线上。楼层过道墙上的照明配电箱平时上锁，由供电所人员管理，目前都采用这种照明配线方式。

方式二：各住户计量电能表安装在户外电线杆上，经过杆上照明配电箱内电能表再经过小容量的断路器，经绝缘电线引入各住户，住室内安装小照明配电箱，箱内不装电能表，只有熔断器或小容量的断路器。室内的照明干线接在小容量的断路器的负荷侧，各房间灯、插座的电源都接在室内干线上，如图 3-19 所示。户外电线杆上照明配电箱（计量电能表箱）平时上锁，由供电所人员管理。一般平房都采用这种照明配线方式。

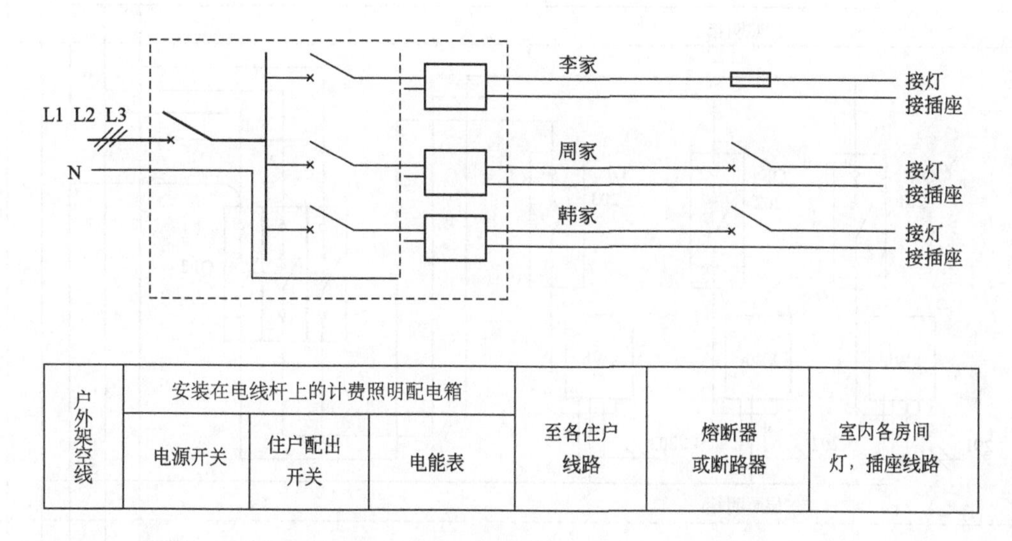


图 3-19　安装在户外电线杆上的计量电能表箱

(3) 照明接线图

某住户内照明（灯与插座）接线图见图 3-20。

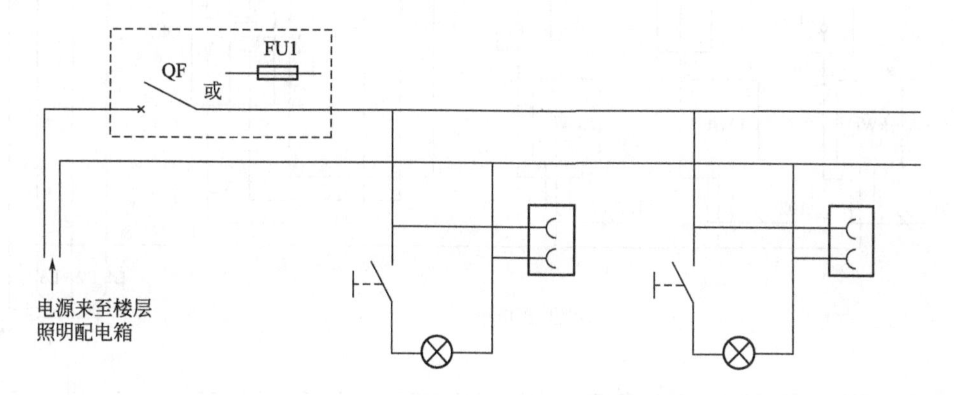


图 3-20　某住户内照明（灯与插座）接线图

某单元各楼层照明接线图见图 3-21。

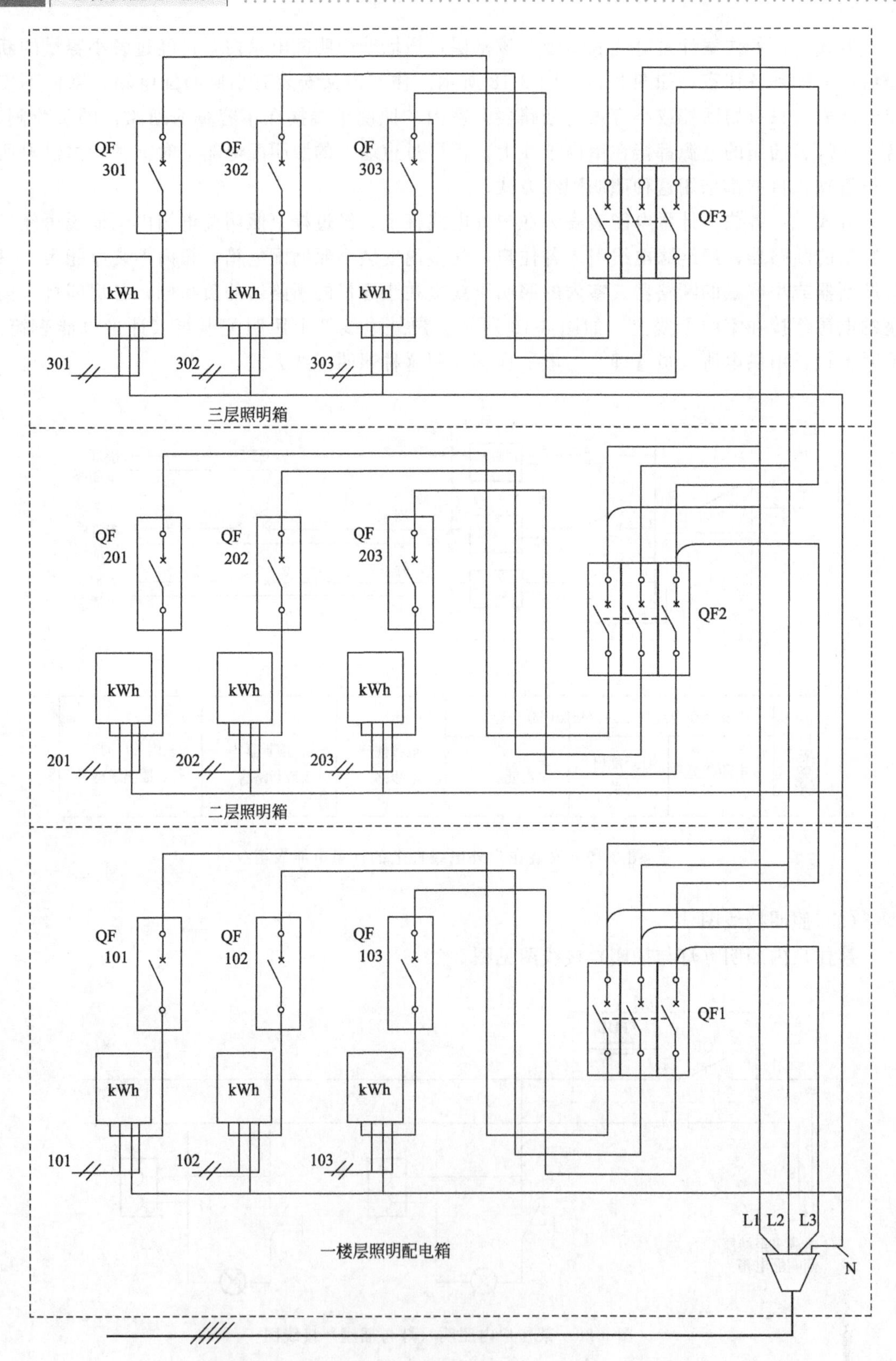


图 3-21 某单元各楼层照明接线图

# 3.7　识图实例

（1）识图的基本顺序

① 看图纸，确定安装任务与图纸的名称是否相同。

② 看图纸，熟悉图纸上的图形和文字符号所表示的开关、灯具、导线、连接方法。

③ 看材料设备表，了解此照明工程的全部用料的型号、规格、数量等。

④ 看技术说明部分，从中了解有关的技术要求和有关规定。

⑤ 看照明系统图，大体了解照明工程的概况，从引入线到总开关，直到每一个分支回路的开关，各带多少个灯具及插座等。

⑥ 看平面图时，要结合现场的实际来看，确定开关、灯具的安装位置，从图中看电源进线，由何处进，采用何种配线方式。

⑦ 看具体的每个灯具安装及开关位置都安装在什么地方，按照接线图进行接线。看接地线（接地体）安装位置，看选用的接地体是否合乎要求。

（2）识图举例之一

图 3-22 所示是一座消防水泵站的照明系统图，图 3-23 所示是其照明配线平面图。从照明平面图上可以看出照明开关箱安装在配电所的墙壁上，各照明回路的电源开关 QF1、QF2、QF3 安装在照明开关箱内。

① 合上照明开关箱内的配电间照明开关 QF1。

② 合上照明开关箱内的泵房照明开关 QF2。

③ 合上照明开关箱内的值班室照明开关 QF3。

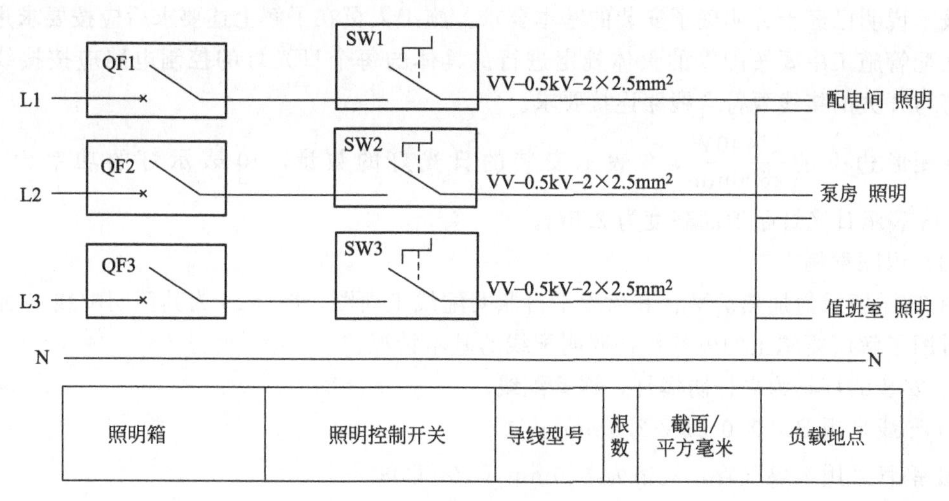


图 3-22　消防水泵站照明系统图

在合上上述的开关后，各回路送电。值班人员合上泵房内墙壁照明开关 SW2，泵房灯亮。合上操作值班室内墙壁照明开关 SW3，值班室内的日光灯亮，反之操作灯灭。在这一照明系统图中只给出了绝缘电线的型号规格，其他方面要查设备材料表，本文省略。

图 3-23 照明平面图分为三部分：值班室照明、泵房照明、配电间照明。图中的图形符号▭表示的是日光灯，图形符号▬表示的是照明开关箱，图形符号 •^ 表示的是照明开关，图形符号 ⊗ 表示的是防水防尘灯，图形符号 ● 表示的是球形灯；图形符号

—//— 粗线表示的是钢管，斜线条数表示的是在穿入此钢管内导线的根数。

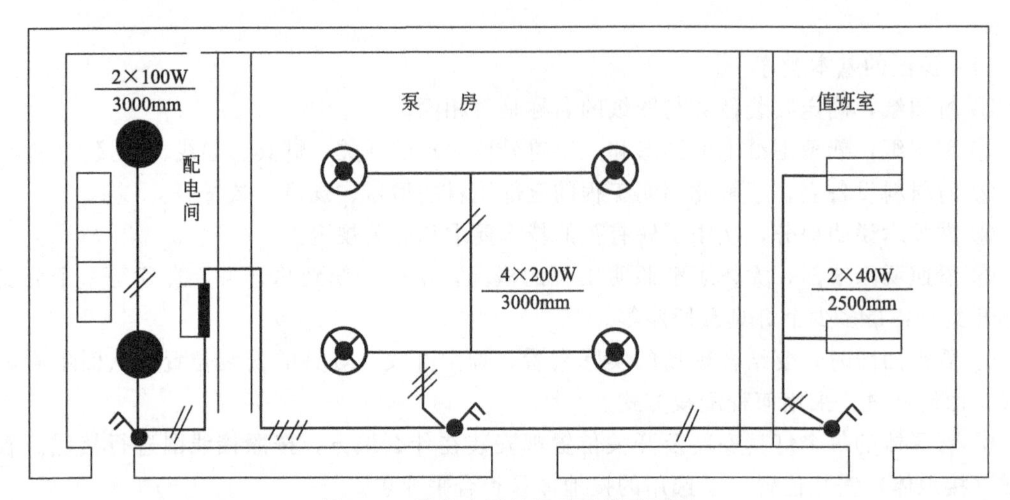


图 3-23 消防水泵站照明配线平面图

技术说明如下。

① 照明开关箱安装在配电所墙壁上的明处，其安置高度中心距地面 1.5m，各照明回路的电源开关 QF1、QF2、QF3 安装在照明开关箱内。从系统图中看出这一照明工程是比较简单的。

② 照明配线除值班室内，除在天棚内暗设外其他均采用 VV-0.5kV-2.5mm$^2$ 照明导线，穿有缝钢管敷设。

技术说明已经十分明确了安装的基本要求，施工人员在了解上述要求后应按要求进行安装，在配管施工中要按配管的具体规定进行。具体的每个日光灯的控制电路应按接线图进行。灯与开关的接线要符合线路连接要求。

在图形边上的 $\frac{2\times40\text{W}}{2500\text{mm}}$，2 表示安装的日光灯的数量，40 表示灯的功率为 40W，2500mm 表示日光灯距地面高度为 2.5m。

(3) 识图举例之二

图 3-24 所示为加热炉平台和风冷平台照明配线平面图，图 3-25 为其照明配线立面图。

看图了解所要施工的电气设备照明配线的基本情况：

① 安装的灯具为立杆防爆灯，钢管配线；

② 导线采用 BBLX-0.5kV-2.5mm$^2$；

③ 钢管采用水煤气管，规格为 $\phi$20mm (3/4 寸)；

④ 钢管沿着梯子及平台栏杆明设，用卡子固定。

看图步骤如下。

先看加热炉及空冷平台照明平面、立面图，从中了解加热炉及风冷平台有几层，每层平台距地的距离为多少米，每盏灯的下部距平台的距离（高度）。

看图 3-25 图边上的标高尺寸线中间或上部的数字；要知道每层平台有多少盏灯及其安装位置，就要看平面图；要知道每层平面（台）照明电源由何引来，要看导线的引导符号；要知道每根（段）管内穿几根线，要看粗实线上的斜线有几条，在这一线上有几条斜线，就在这支管内穿几条导线；要知道管配线中需要多少个接线盒，首先要看塔炉上的灯头数，在图中看，并结合现场的实际，看有几个转弯处，认为不容易穿线的地方应加接线盒。

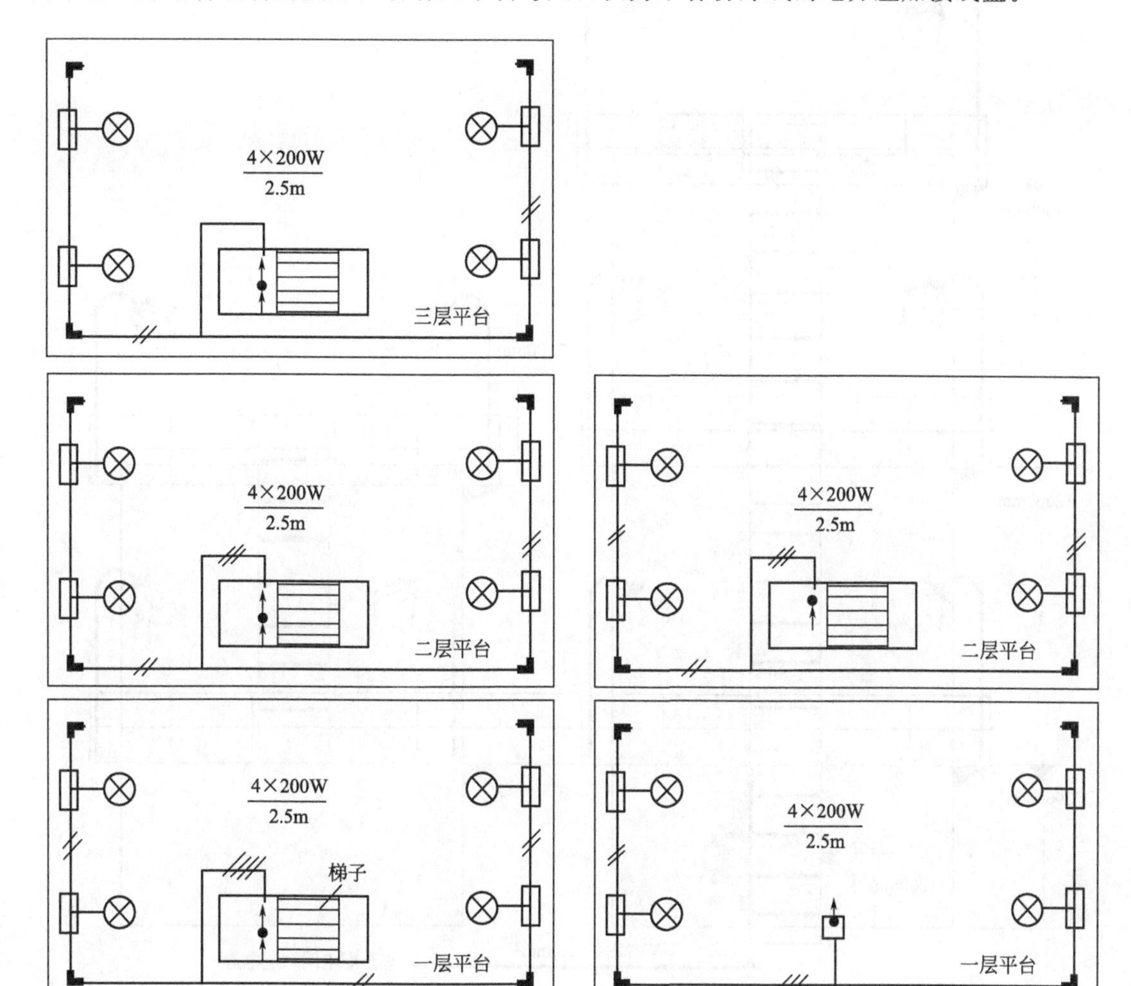


图 3-24 加热炉平台及风冷平台照明配线平面图

要知道照明线路负荷分配情况，看系统图及平面图与立面图中的灯具，表达式如下：

$$\frac{4\times 200\mathrm{W}}{2.5\mathrm{m}}$$

其中的 4 表示有灯 4 盏，每盏灯的功率为 200W，2.5m 表示灯的安装高度（指某一平面而言）。

看立面图 3-25 中标高符号 3m，表示加热炉及风冷的第一层平台距地面为 3m。看梯子边上有 的图形。查 图例后，知是气密式转换开关，此开关下面的尺寸线中的 1200mm，表示开关的中心距地面 1.2m，开关固定在梯子边上，看加热炉第一层 3m 平台照明平面图，有 8 盏灯 的图形，查 图例说明知是立杆防爆灯。图 3-24 中图形 表示导线是由第一层下部引来的（开关上引来），沿着梯子栏杆边固定钢管。

每盏灯是 200W，2.5m 表示灯具安装高度。看第一层平台的栏杆有粗实线 上面有小短的斜线，此线的末端一直到风冷平台的第 4 个灯上，从中看到风冷平台上再没有开关 图形，表示加热炉及风冷平台照明，是用一只三极转换开关控制。

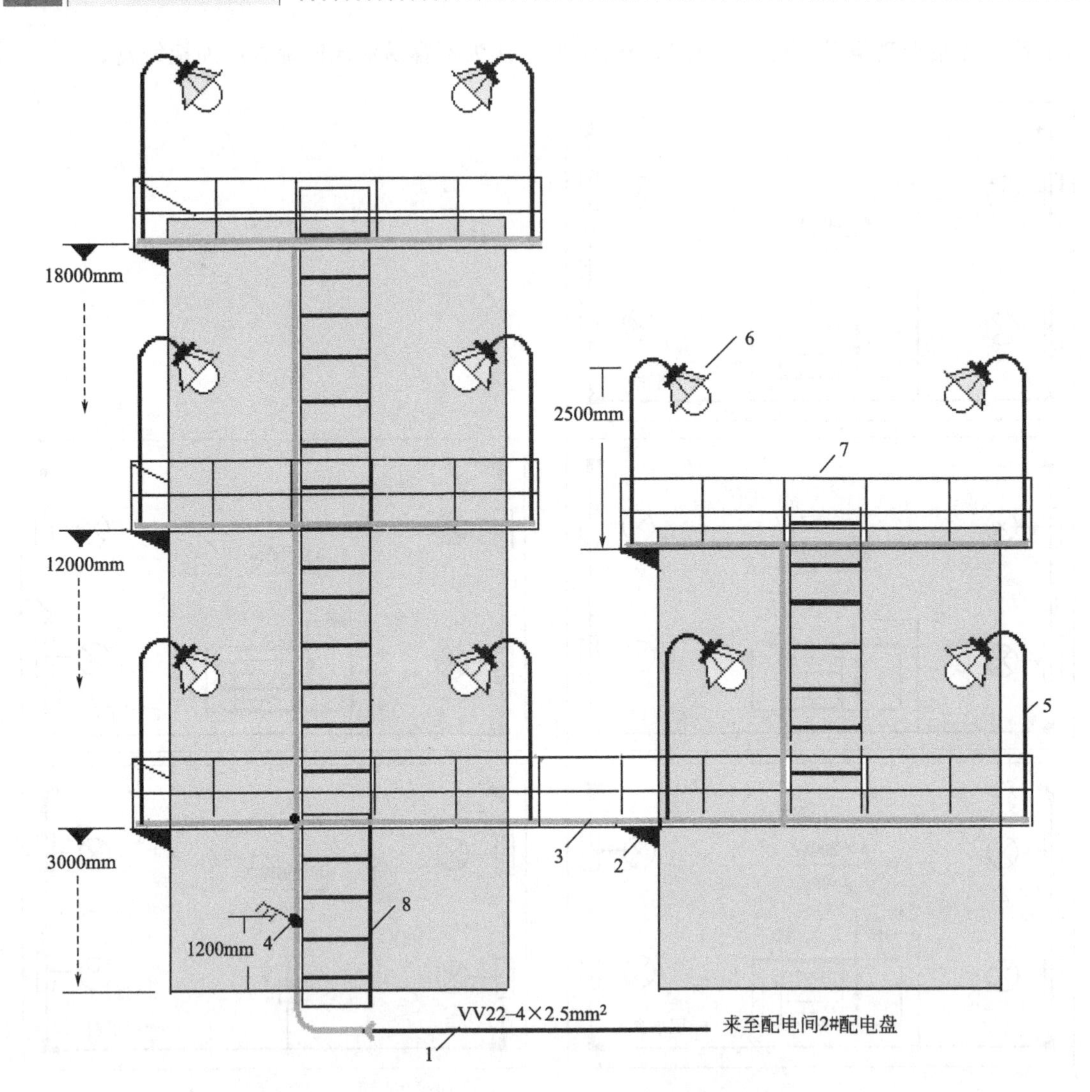


图 3-25 加热炉平台及风冷平台照明配线立面图

1—电缆；2—平台；3—钢管；4—气密式转换开关；5—立杆；6—防爆灯；7—栏杆；8—梯子

看空冷平面图 3-24 中，第一层平台梯子边上的图形，表示由此引向第二平台，看第二平台梯子边上的图形，表示导线由下引来（即第一层平台），看风冷第二层平台有灯 4 盏。

看加热炉第二层平台 12000mm，表示加热炉第二层平台距地面 12m。看梯子边上的图形，表示导线由下引来又引上第三层平台，看图形，知道有灯 8 盏，安装高度 2.5m。

看第三层平台照明平面图，梯子边上有图形，表示第三层平台的灯线，电源由下引来。第三层平台有灯 4 盏，每盏 200W，安装高度 2.5m。

钢管穿线（斜线表示管内导线根数）的图形符号见图 3-26。在实际配线中要注意导线截面的选择，主线路的导线截面相线相同，零线应比相线的截面小一点（可选颜色不同的线），这样在接线中是容易分清楚的，安装完毕应对线路进行检查，有无短路、接地等，一直到灯亮为止。

图 3-26 钢管穿线的图形符号

# 第4章 电气动力系统图和动力配置图识读

电气动力配置图是表示电气设备与机器设备配置关系的图，在许多场所下只表示设备之间相互连接线的配置。

配置图有如下内容：

① 配置图的名称（工程名称如 3 号泵房电气配置图）；

② 配置图的作用（用于电气安装工程）。

动力配置图应能看出给定容量（kW）的电动机所在的位置，该电机所传动的机械类型，控制盘、配电盘所在的位置以及它们之间配线情况。

总之配置图应能反映安装电气设备与敷设线路的参考位置，施工人员在施工过程中，根据图上所示位置，结合实际，统筹考虑电气设备安装位置，优化安装方法。对于电气设备的具体接线，还要看具体的接线图。

## 4.1 配置图中表示电气设备的图形符号

动力配置图中表示电气设备的图形符号如表 4-1 所示。

表 4-1 动力配置图中表示电气设备的图形符号

| 图形符号 | 代表的电气设备名称 | 图形符号 | 代表的电气设备名称 |
|---|---|---|---|
| 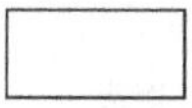  | 启动器一般符号 | 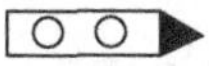  | 防爆型按钮盒 |
|   | 阀的一般符号 | 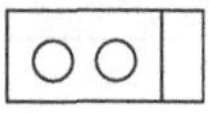  | 密闭型按钮盒 |
| 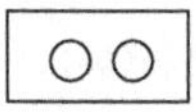  | 按钮盒<br>一般或保护型按钮盒<br>示出一个按钮<br>示出两个按钮 | 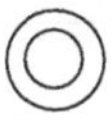  | 按钮，一般按钮 |
|   | 鼓形控制器 |   | 电磁阀 |

续表

| 图形符号 | 代表的电气设备名称 | 图形符号 | 代表的电气设备名称 |
|---|---|---|---|
| | 电动阀 | | 电磁分离器 |
| | 电磁制动器 | | 带指示灯的按钮 |
| | 限制接近的按钮 | | 电锁 |
| | 自动开关箱<br>刀开关箱 | | 室外分线箱<br>壁盒分线箱 |
| | 熔断器箱 | | 分线盒的一般符号<br>室外分线盒 |
| | 盘柜台箱一般符号 | | 电缆交接间 |
| | 带熔断器的刀开关箱 | | 信号板<br>信号箱(屏) |
| | 电阻箱 | | 交流配电盘(屏) |
| | 壁盒交接箱 | | 多种电源<br>配电箱(屏) |
| | 直流配电盘(屏) | | 组合开关箱 |
| | 落地交接箱 | | 事故照明配电箱(屏)<br>架空交接箱 |
| | 动力或照明配电箱 | | 照明配电箱(屏) |
| | 电源自动切换箱(屏) | | 柱上变压器 |

续表

| 图形符号 | 代表的电气设备名称 | 图形符号 | 代表的电气设备名称 |
|---|---|---|---|
| | 分线箱 | | 自耦变压器式启动器 |
| | 启动器 | | 带自动释放的启动器 |
| | 调节启动器 | | 逆变器 |
| | 步进启动器 | | 电动机启动器一般符号 |
| | 带可控整流器的调节-启起器 | | 星三角启动器 |

## 4.2 电缆型号中各字母的含义

电缆产品型号采用大写的汉语拼音字母和阿拉伯数字组成，用字母表示电缆的类别、导体材料、绝缘种类、特征，用数字表示铠装层类型和外被层类型。

(1) 型号含义

① 类别：K—控制电缆；P—信号电缆；B—绝缘电线；R—绝缘软线；Y—移动式电缆。

② 导体：T—铜线（一般不表示）；L—铝线。

③ 绝缘：Z—纸绝缘，X—天然橡胶；(X) D—丁基橡胶；(X) E—乙丙橡胶；V—聚氯乙烯；Y—聚乙烯；YJ—交联聚乙烯。

④内护套材料：Q—铅包；L—铝包；H—橡套，(H) P—非燃性橡套。

V—聚氯乙烯护套；Y—聚乙烯护套。

⑤特征：D—不滴油；P—分相金属护套；P—屏蔽。

(2) 外护套代号含义

1—裸金属护套；2—双钢带；11—裸金属护套，一级外护层（麻）12—钢带铠装，一级外护层；

21—钢带加固麻外套层；22—钢带铠装，二级外护套。

# 4.3 动力系统图

图 4-1 表示的是电动机的供电关系的系统图（一般称动力系统图或主回路图），动力系统图表达的内容是概括性的。动力系统图与其他系统图一样采用单线图表示的方法。

从图中可以看出电动机的供电电源为交流三相 380V，经过动力配电箱闸刀开关 QS 到母线上，然后每台电动机回路分别经空气断路器 QF1～QF5，接触器 KM1～KM5，热继电器 EH1～EH5，电流互感器 TA1～TA5 的一次绕组送到电动机 M1～M5。本图能表示电动机的供电关系。

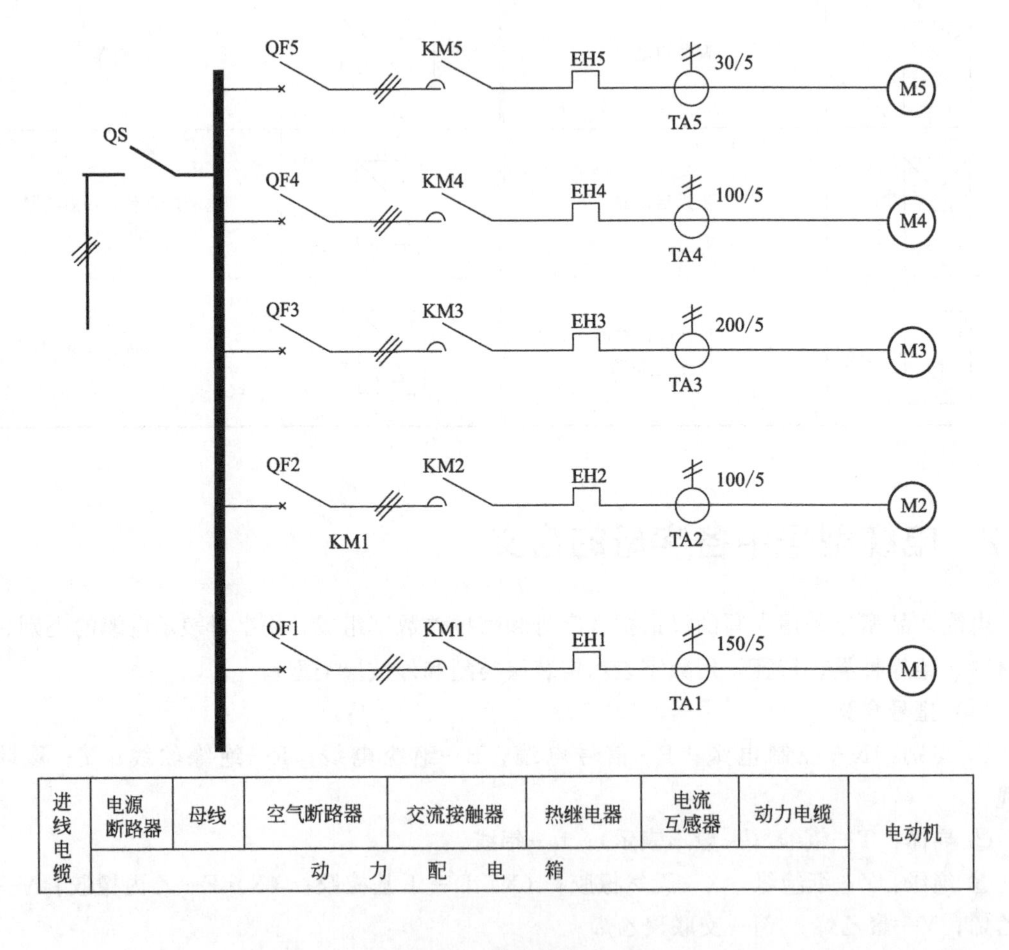


图 4-1 动力系统图

注：在动力系统图（各种不同系统图）中统一使用的图形符号见第 1 章。

图 4-2 所示的是安装在成品油输转泵房机电设备平面布置图（简要的框图，没有具体标注出建筑物平面图的定位轴线及尺寸）。从中也能直观看出机电设备布置及电缆引入泵房内的要求，电力电缆、控制电缆的型号与规格。图中的 1 为电动机主回路电缆穿过地墙的保护管，图中的 2 为电动机控制回路电缆穿过地墙的保护管，还能看到控制按钮固定在墙面上，参照此图即可进行电缆的敷设。

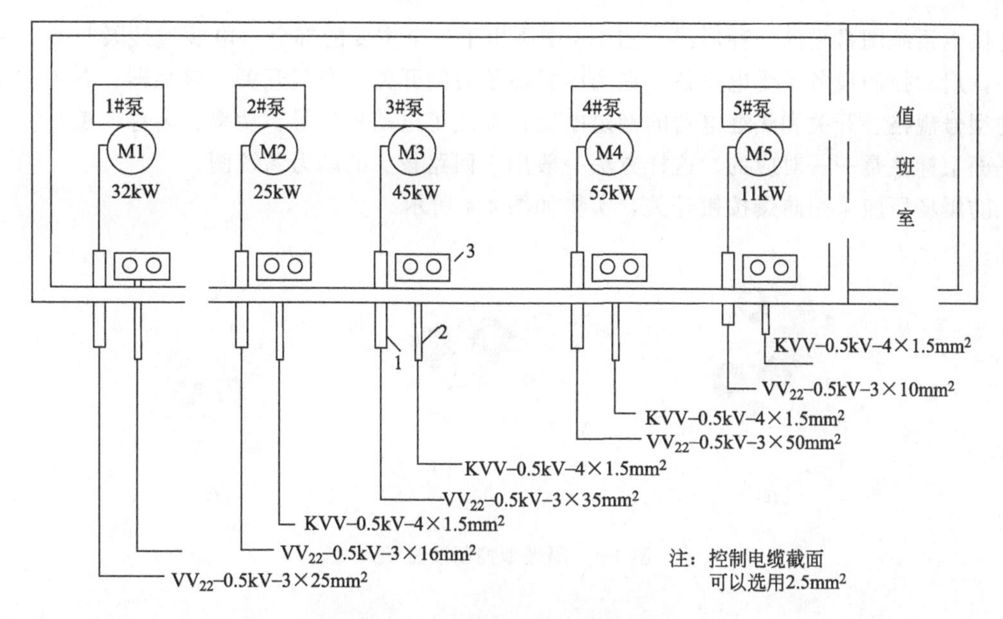


图 4-2　动力设备平面配置图

若在图 4-1 所示的动力系统图基础上，在图形符号的边上直接标注设备型号、规格，就构成系统图新的表达方法如图 4-3 所示，该图优点是层次分明，表达内容清晰，它也是目前

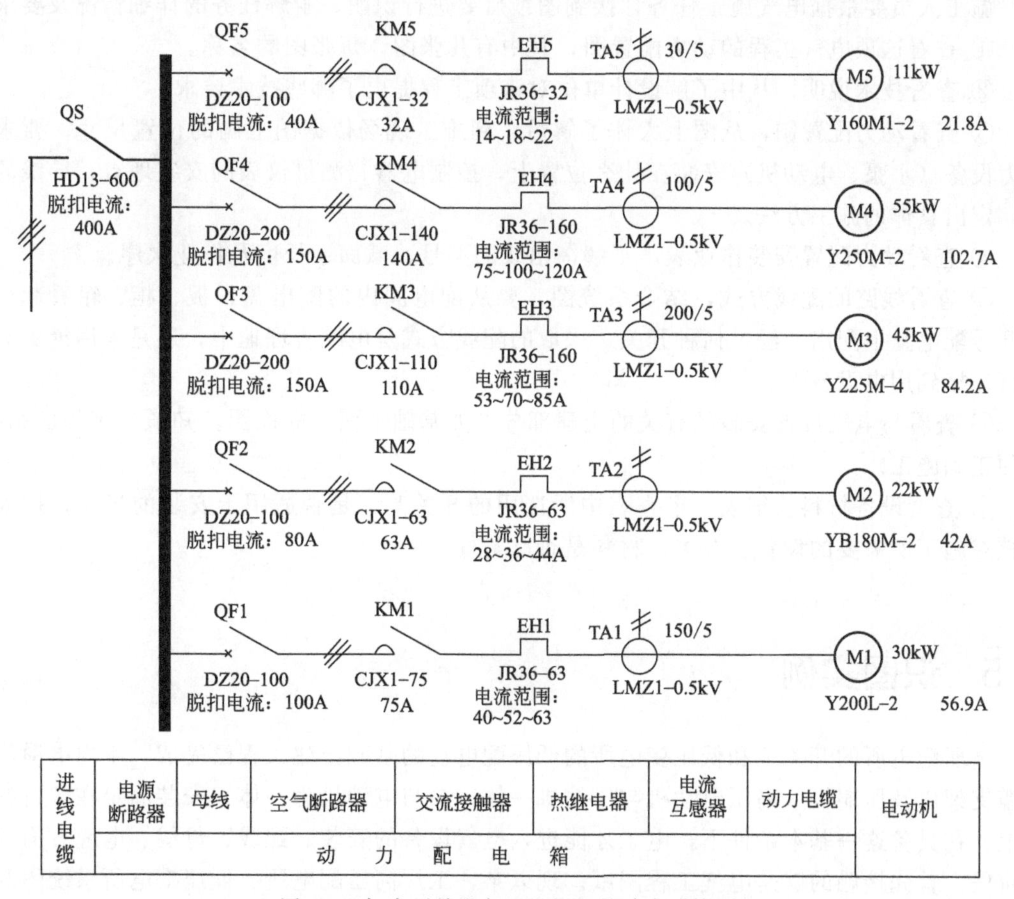


| 进线电缆 | 电源断路器 | 母线 | 空气断路器 | 交流接触器 | 热继电器 | 电流互感器 | 动力电缆 | 电动机 |
|---|---|---|---|---|---|---|---|---|
| | 动　力　配　电　箱 | | | | | | | |

图 4-3　加有开关设备型号规格的动力系统图

动力供电系统图常见的一种形式。图 4-3 中画出了三个主要的部分：电源进线及母线、配电线路，启动控制设备，受电设备。在图中标注了刀闸开关、空气开关、接触器、各种控制设备的型号规格、开关和热继电器的额定电流；标注了电动机型号、功率、名称、编号。这些与平面上标注是一一对应的。这样方法一般用于回路较少的动力系统图。

防爆场所应采用防爆按钮开关，实物如图 4-4 所示。

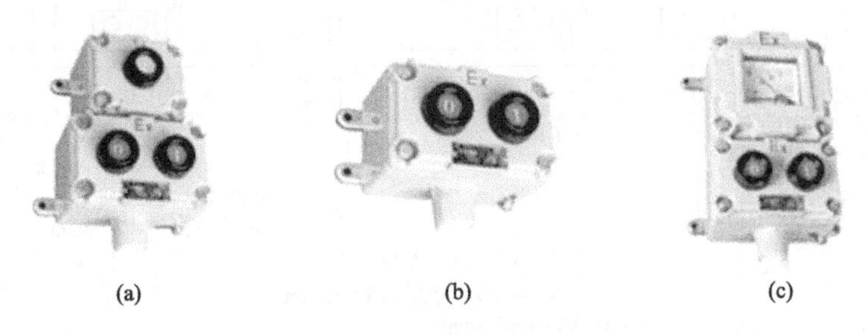

(a) (b) (c)

图 4-4 隔爆型控制按钮开关

## 4.4 查看动力系统图与动力配置图的顺序

施工人员要根据电气施工任务，接到图纸后要进行识图，了解任务的详细情况及要求。

① 查看这项电气工程的动力配置图，其中有几张图，每张图的名称。

② 查看技术说明，从中了解设计单位对该项工程提出了哪些技术要求。

③ 查看动力配置图，从图上大体了解后，到施工现场依据图上画的位置尺寸，要求看动力设备（水泵、电动机）安装在什么位置上，控制电器、测量仪表的安装地点，导线的走向，定出具体的施工方法。

④ 查看动力配置安装作业表，了解馈出线的型号、截面、长度及作业次序。

⑤ 查看线路的配线方式，结合系统图，要从配电间内的配电盘、板、柜、箱看起。看由几号配电盘上配出，经过何种开关，采取的配线方式是电缆直埋地中，还是采用绝缘导线穿管连接到用电设备上。

⑥ 查看与电气设备安装的有关的土建部分，如基础平面、立面图，知道建筑物的结构，以便正确施工。

⑦ 查看设备材料明细表，审查表中所选用的开关等，是否适用于安装的场所，按表进行核对施工所需要的设备、开关、材料是否已备好。

## 4.5 识图实例

高压配电所的开关柜和低压变电所的低压配电盘的基础土建工程已完成，室内电缆沟与电缆支架以及压缩机（高压电动机与压缩机一体，泵与电动机为一体）安装固定在各自的基础上。在具备这一基本条件下，电工才能进入电气设备的安装、配线、母线、电缆方面的施工阶段。首先接触的就是电气工程图纸。现以某一工厂高压配电所、低压变电所系统图及平面布置图为例来简要介绍系统图、平面布置图、电缆施工作业表的看图方法。

（1）平面布置图

将系统图按照一定的比例表示建筑物外部或者内部的电源及电器布置情况的图纸称为电气平面图。变电所 6kV 部分电气平面布置如图 4-5 所示。

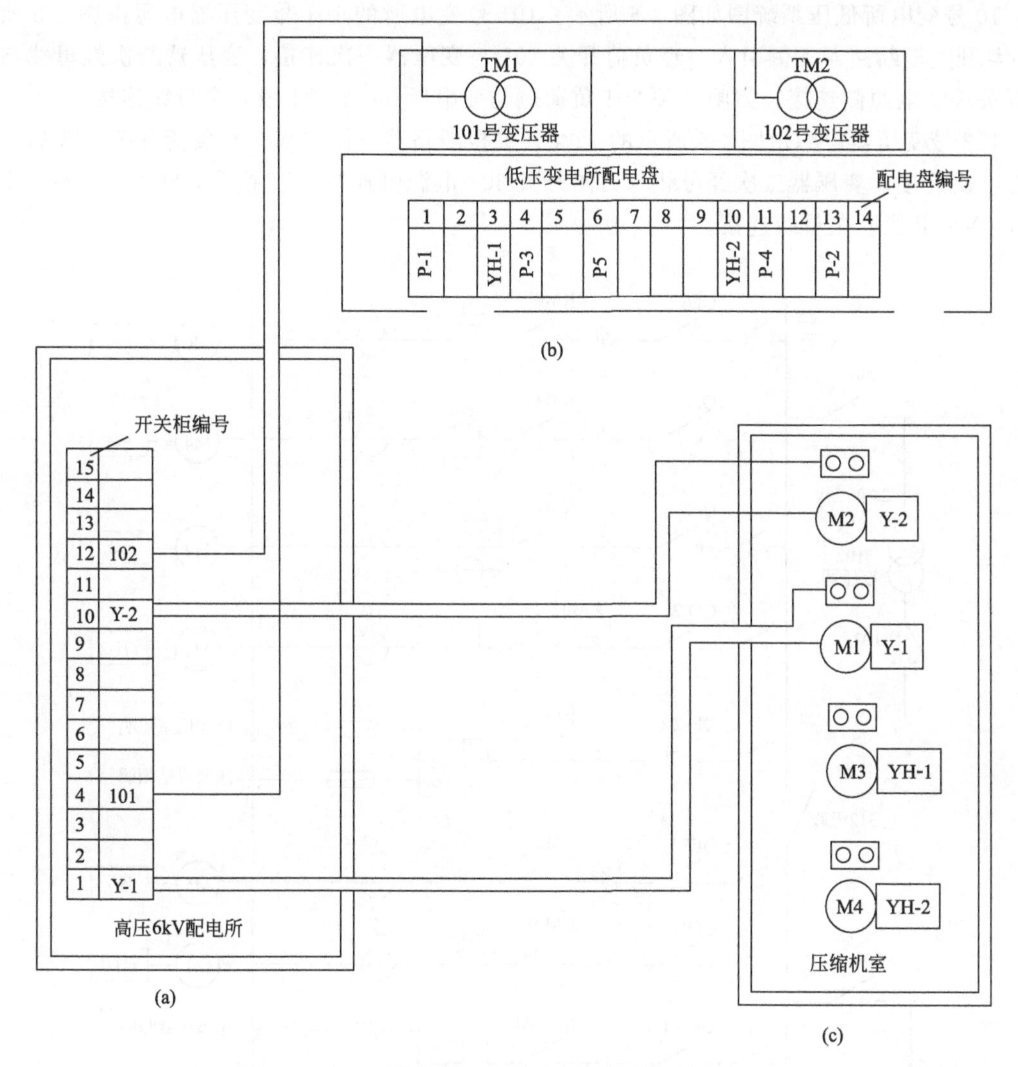


图 4-5 高压开关柜低压盘压缩机电气设备平面布置图

在这一平面布置图中同时反映出如下三个部分。

①图 4-5（a）：高压配电所开关柜的位置排列顺序及回路编号；

②图 4-5（b）：10 号低压变电所两台变压器及与变电所内配电盘的平面布置情况，配出回路的编号；

③图 4-5（c）：压缩机室内安装的压缩机与润滑油泵的排列位置及设备名称编号。

为保持图面的清晰，高压开关柜、低压配电盘、导线（电缆）的型号、截面积及每回线路的根数及电缆施工作业等，通过表格形式反映出来即设备材料表、电缆施工作业表。

从图 4-5 中看到 6kV 配电所到 10 号低压变电所、从 6kV 配电所到压缩机室、10 号低压变电所到输油泵房的电动机动力电缆、控制电缆线路的平面图。这就是电缆线路工程用图。它能表示各单元电气之间外部电缆的配置情况，一般只表示出电缆的种类、路径、敷设方式等。它是进行敷设电缆施工的基本依据。当一个电气工程敷设电缆数量较多时，一般采用表格形式反映出敷设电缆施工作业顺序。

(2) 变电所的电源进线

10 号变电所低压系统图如图 4-6 所示。101 号变电所的 101 号变压器电源由图 4-5 所示的 4＃开关柜断路器下侧引入，经负荷开关 101 与变压器一次连接，变压器二次经母线与刀闸开关 301 电源侧连接，刀闸开关 301 负荷侧与变电所 380V（Ⅰ段）主母线连接。

102 号变压器电源由图 4-5 所示的 12＃开关柜断路器下侧引来，经负荷开关 102 后与变压器一次连接，变压器二次经母线与刀闸开关 302 电源侧连接，刀闸开关 302 负荷侧与变电所 380V（Ⅱ段）主母线连接。

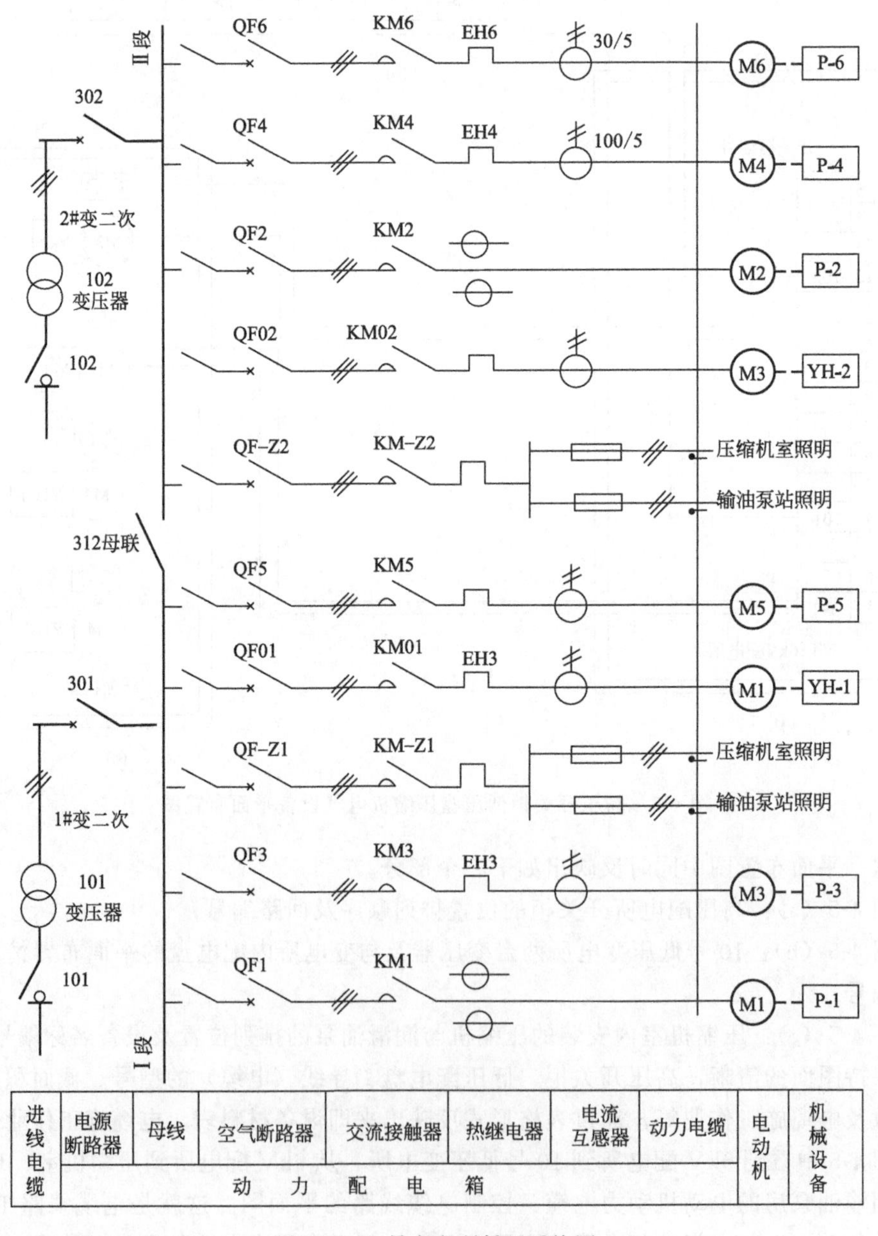


| 进线电缆 | 电源断路器 | 母线 | 空气断路器 | 交流接触器 | 热继电器 | 电流互感器 | 动力电缆 | 电动机 | 机械设备 |
|---|---|---|---|---|---|---|---|---|---|
| | 动力配电箱 | | | | | | | | |

图 4-6 10 号变电所低压系统图

Ⅰ段主母线与Ⅱ段主母线之间安装有刀闸开关312，作为母线间联络之用。母线下的低压配电盘内有根据不同需要安装的开关设备回路，向用电设备供电。

变压器的型号为S7，容量为1000 kV·A,变压器的一次电压为6kV，二次侧电压为0.4kV。一次电流96.3A，二次电流1445A。

变压器、电动机线路（电缆）施工作业表见表4-2。

**表4-2　变压器、电动机线路（电缆）施工作业表**

| 配出 | 启动设备 | 电力线路 | 控制线路 | 受电设备 |
|---|---|---|---|---|
| 编号 | 断路器型号规格 | 高压开关柜到变压器 | 开关柜到变压器气体温控器件 | 受电设备图上标号 |
| 1 | ZN-10(630A) | DYFBVV-10kV-3×50mm$^2$ | DYFBKVV-0.5kV-6×2.5mm$^2$ | 101号变压器　TM1 |
| 2 | ZN-10(630A) | DYFBVV-10kV-3×50mm$^2$ | DYFBKVV-0.5kV-6×2.5mm$^2$ | 102号变压器　TM2 |
| 编号 | 断路器型号规格 | 高压开关柜到电动机 | 高压开关柜到机前控制按钮 | 受电设备图上标号 |
| 3 | ZN-10(630A) | DYFBVV-10kV-3×50mm$^2$ | DYFBKVV-0.5kV-6×2.5mm$^2$ | 1#压缩机　Y-1 |
| 4 | ZN-10(630A) | DYFBVV-10kV-3×50mm$^2$ | DYFBKVV-0.5kV-6×2.5mm$^2$ | 2#压缩机　Y-2 |

（3）输油泵房动力配电的基本情况

图4-5、图4-6是某石化炼油厂的一个输转泵房动力设备平面布置图和动力供电系统图。动力设备平面布置图主要表示电动机的安装位置、动力线路的敷设方式。动力供电系统图主要表示电动机的供电方式、供电线路及控制方式。在一个动力供电工程中一般采用三相供电，配线要根据实际需要选择合适配线方式。动力配线施工作业表见表4-3。

**表4-3　动力配线施工作业表**

| 配出 | 启动设备 | 动力线路 | 控制线路 | 电动机　传动机械 |
|---|---|---|---|---|
| 编号 | 接触器型号规格 | 变电所配电盘到电动机 | 变电所配电盘到控制按钮 | 受电设备图上标号 |
| 1 | CJ12-250(250A) | DYFBVV-1kV-3×120mm$^2$ | DYFBKVV-1kV-6×2.5mm$^2$ | M1 90kW 原料油泵 P-1 |
| 2 | CJ12-250(250A) | DYFBVV-1kV-3×120mm$^2$ | DYFBKVV-1kV-6×2.5mm$^2$ | M2 90kW 原料油泵 P-2 |
| 3 | CJ20-160(160A) | DYFBVV-1kV-3×70mm$^2$ | DYFBKVV-1kV-6×2.5mm$^2$ | M3 55kW 成品油泵 P-3 |
| 4 | CJ20-160(160A) | DYFBVV-1kV-3×70mm$^2$ | DYFBKVV-1kV-6×2.5mm$^2$ | M3 55kW 原料油泵 P-4 |
| 5 | CJ10X-60(60A) | DYFBVV-1kV-3×16mm$^2$ | DYFBKVV-1kV-3×2.5mm$^2$ | M5 22kW　通风机　P-5 |

（4）压缩机室设备概况

图4-5（c）是压缩机室平面布置图，安装6kV三相交流异步电动机2台（压缩机Y-1、Y-2用），安装三相低压交流异步电动机2台（润滑油泵YH-1、YH-2用）。两台润滑油泵YH-1、YH-2电缆敷设作业表见表4-4。

**表4-4　两台润滑油泵YH-1、YH-2电缆敷设作业表**

| 配出 | 启动设备 | 动力线路 | 控制线路 | 电动机　传动机械 |
|---|---|---|---|---|
| 编号 | 接触器型号规格 | 变电所配电盘到电动机 | 变电所配电盘到控制按钮 | 受电设备图上标号 |
| 1 | CJ10-40(40A) | DYFBVV-1kV-3×10mm$^2$ | DYFBKVV-0.5kV-3×2.5mm$^2$ | M1 7.5kW 润滑油泵 YH-1 |
| 2 | CJ10-40(40A) | DYFBVV-1kV-3×10mm$^2$ | DYFBKVV-0.5kV-3×2.5mm$^2$ | M2 7.5kW 润滑油泵 YH-2 |

(5) 输油泵房电气设备概况

输油泵房安装三相交流异步电动机 5 台，其中电动机 90kW、2 台，55kW、2 台，22kW、1 台。被驱动的机械设备 P-1、P-2 原料泵，P-3、P-4 成品油泵，P-5 为通风机。

各电动机的控制保护除了采用空气断路器 QF 作（短路）过流保护外，用交流接触器作为主电路中的控制设备，还采用了热继电器作过负荷保护，机前采用防爆按钮带电流表［防爆按钮带电流表外形图 4-4（c）所示］。

5 台低压电动机的电力电缆及控制电缆都从 10 号变电所低压配电盘，通过高空电缆桥架引来，90kW 电动机 M1、M2，采用的电缆型号为 DYFBVV-1kV-3×120mm$^2$-110m。

55kW 电动机采用的电缆型号为 DYFBVV-1kV-3×70mm$^2$-110m。1 台 22kW 电动机采用的电力电缆型号为 DYFBVV-1kV-3×16mm$^2$-125m，进入室内电缆桥架引至电动机接线盒和防爆操作柱并分别穿保护钢管。5 台低压电动机的控制电缆相同即控制电缆型号为 $KVV_{22}$-0.5kV-6×2.5mm$^2$-110m。图 4-7 所示是安装结束并投入生产后的输油泵房平面布置图，图 4-8 为泵房内的设备位置示意图。

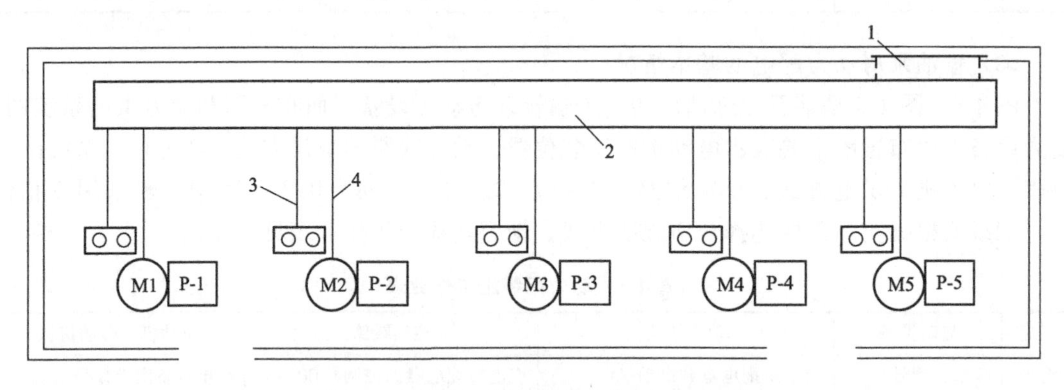


图 4-7 输油泵房机电设备安装平面布置图

1—桥架入口；2—桥架；3—主电缆保护管；4—控制电缆保护管

图 4-8 泵房内的设备位置示意图

1—进入泵房内的电缆桥架；2—电动机主电缆保护管；3—控制电缆保护管；4—控制按钮；5—电动机；6—连接对轮护罩；7—泵；8—防爆灯；9—电动机主电缆

# 第5章 电气设备接线图与配线连接

## 5.1 电气设备接线图

接线图是电气设备施工过程中的电气图纸中的一种。什么是接线图？接线图就是能够表示成套装置设备和装置的连接关系的一种简图，用于电气设备的安装接线、线路检查、线路维修和故障处理。

接线图分为如下三种。

（1）单元接线图

单元接线图和单元接线表是表示成套装置或设备中一个结构单元件内的连接关系的一种接线图或接线表，表示单元内部的连接情况，通常单元接线图通常应大体按各个项目的相对位置进行布置如图 5-1 所示。不包括单元之间的外部连接，但可给出与之有关的互连图的图号。

单元接线表一般包括线缆号、线号、导线的型号、规格、长度、连接点号、所属项目的

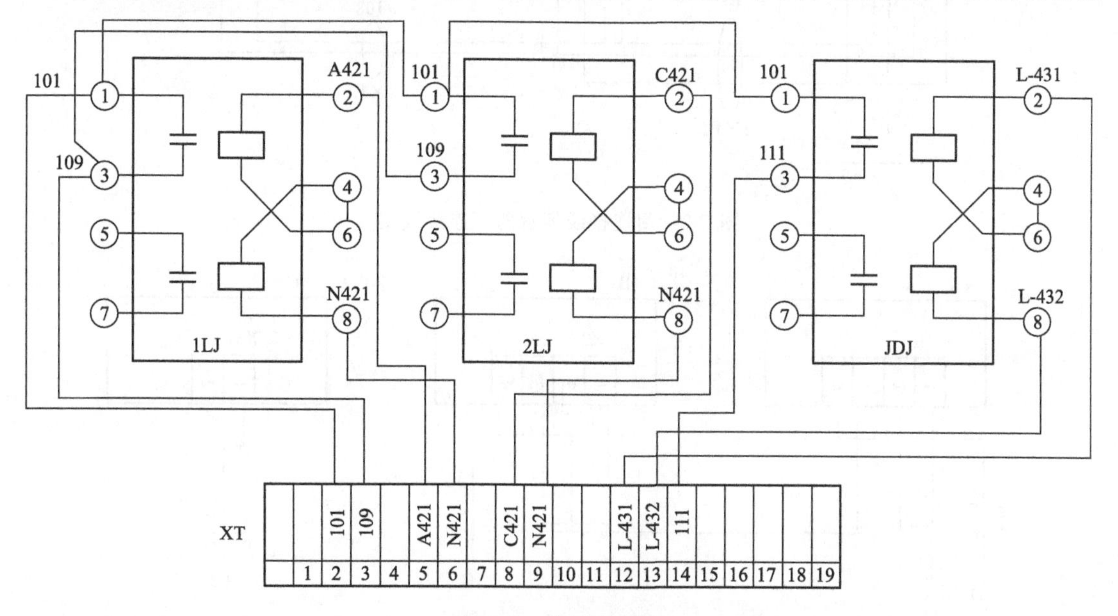


图 5-1 单元接线图

代号和其他说明等内容。表 5-1 给出了单元接线表的一般格式。

**表 5-1 单元接线表的一般格式**

| 线缆号 | 线号 | 线缆型号及规格 | 连接点Ⅰ | | | 连接点Ⅱ | | | 附注 |
|---|---|---|---|---|---|---|---|---|---|
| | | | 项目代号 | 端子号 | 参考 | 项目代号 | 端子号 | 参考 | |
| | 101 | | 1LJ | 1 | | XT | 2 | | |
| | 109 | | 1LJ | 3 | | XT | 3 | | |
| | A421 | | 1LJ | 2 | | XT | 5 | | |
| | N421 | | 1LJ | 8 | | XT | 6 | | |
| | 101 | | 2LJ | 1 | | 1LJ | 1 | | |
| | 109 | | 2LJ | 3 | | 1LJ | 3 | | |
| | C421 | | 2LJ | 2 | | XT | 8 | | |
| | N421 | | 2LJ | 8 | | XT | 9 | | |
| | L-431 | | JDJ | 2 | | XT | 12 | | |
| | L-432 | | JDJ | 8 | | XT | 13 | | |
| | 111 | | JDJ | 3 | | XT | 14 | | |

(2) 互连接线图

互连接线图或互连接线表是表示成套设备或不同单元之间连接关系的一种接线图或接线表。图 5-2 是用连接线表示的互连接线图。图 5-3 是部分用中断线表示的互连接线图。表5-2 表示互连接线表。

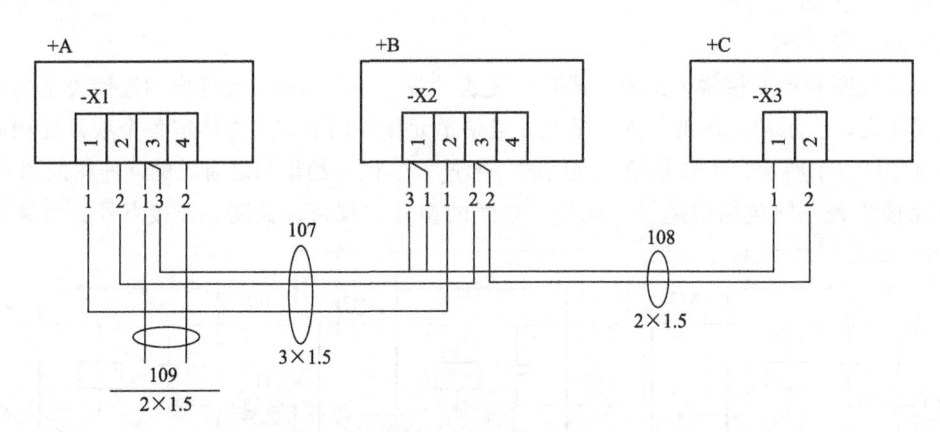


图 5-2 用连接线表示的互连接线图

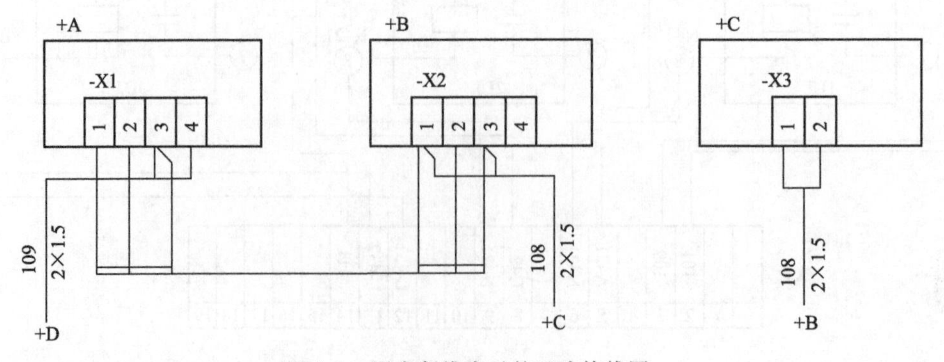


图 5-3 用中断线表示的互连接线图

表 5-2　互连接线表

| 线缆号 | 线号 | 线缆型号及规格 | 连接点Ⅰ | | | 连接点Ⅱ | | | 附注 |
|---|---|---|---|---|---|---|---|---|---|
| | | | 项目代号 | 端子号 | 参考 | 项目代号 | 端子号 | 参考 | |
| 107 | 1 | | ＋A-X1 | 1 | | | | | |
| | 2 | | ＋A-X1 | 2 | | | | | |
| | 3 | | ＋A-X1 | 3 | 109.1 | | | | |
| 108 | 1 | | ＋B-X2 | 1 | 107.3 | | | | |
| | 2 | | ＋B-X2 | 3 | 107.2 | | | | |
| 109 | 1 | | ＋A-X1 | 3 | | | | | |
| | 2 | | ＋A-X1 | 4 | | | | | |

单元接线图和互连接线图中的导线表示方法：

导线在接线图中可用连续线表示见图 5-4（a）和用中断线表示见图 5-4（b）在中断线的中断处必须标识导线的趋向。

导线、电缆、缆形线束等可用加粗的线条表示，在不致引起误解的情况下也可部分加粗。单线表示法见图 5-4（c）。

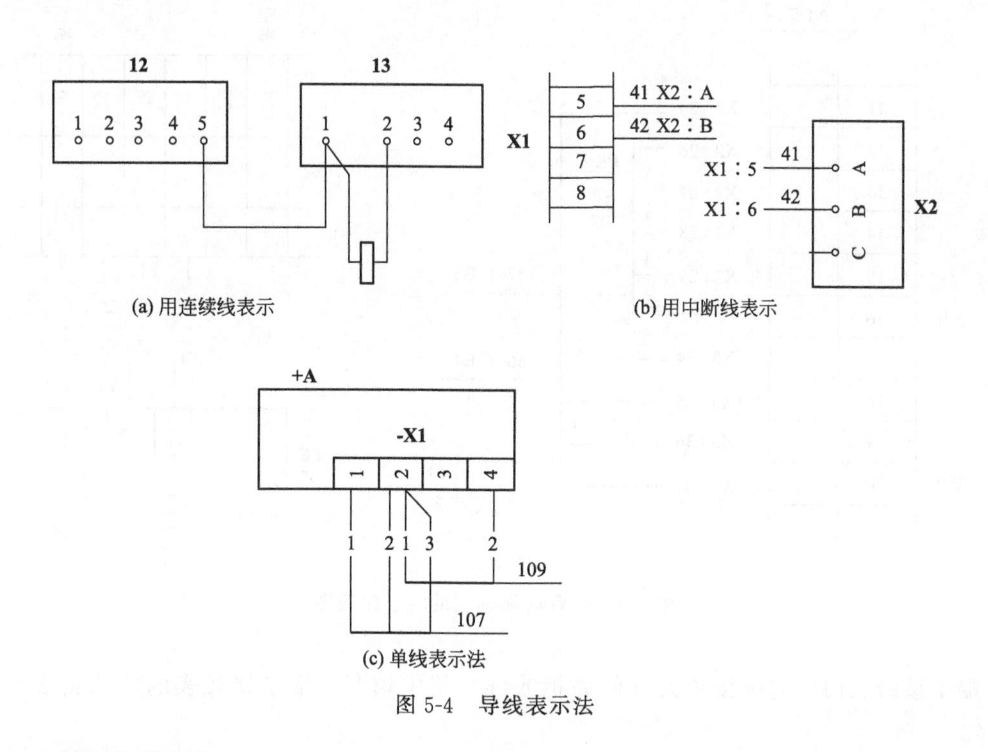


图 5-4　导线表示法

（3）端子接线图

端子接线图和端子接线表是表示成套装置或设备的端子用以主接在端子上的外部接线的一种接线图或接线表。端子接线图或端子接线表表示单元和设备的端子与外部导线的连接关系，通常不包括单元或设备的内部连接，但可提供与之有关的图号。端子接线图的视图应与接线图视图一致，各端子应基本按其相对位置表示。带有本端标记的端子接线图，如图 5-5 所示。带有远端标记的端子接线图，如图 5-6 所示。

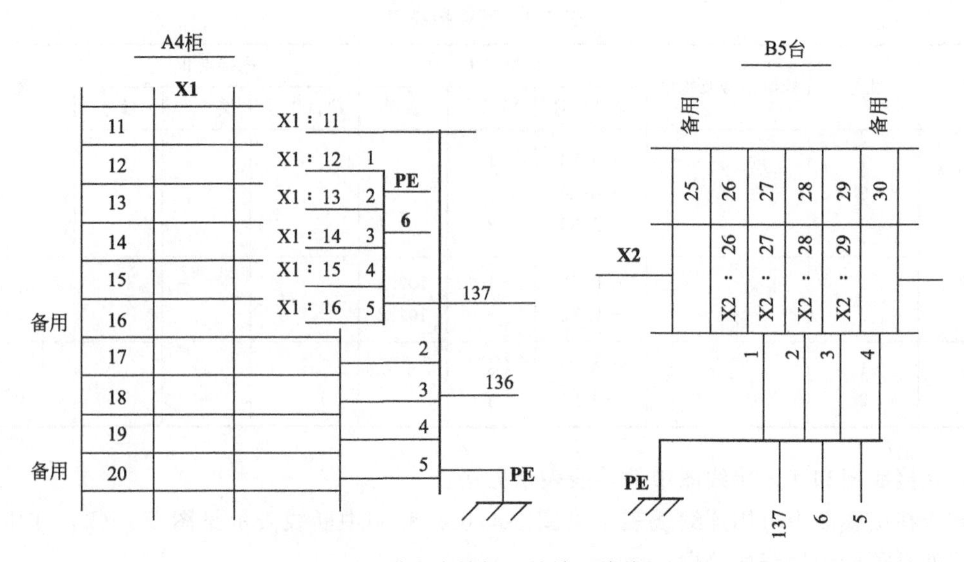


图 5-5　带有本端标记的端子接线图

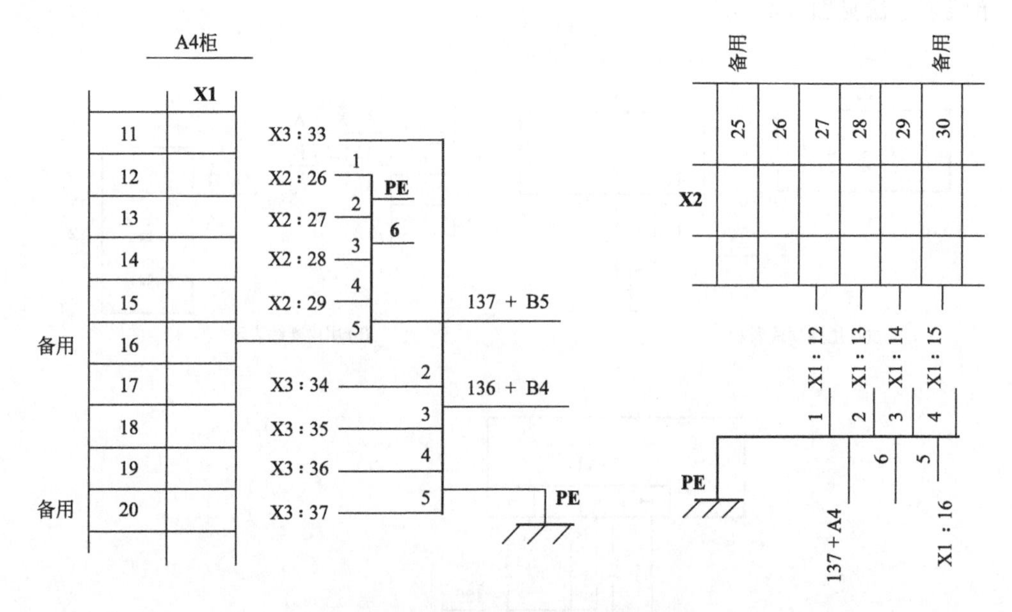


图 5-6　带有远端标记的端子接线图

端子接线表内电缆应按单元（例如柜或屏）集中填写。端子接线表的格式见表 5-3 和表5-4。

**表 5-3　带有本端标记的端子接线表**

| A4 柜 | | | B5 台 | | |
|---|---|---|---|---|---|
| 136 | | A4 | 137 | | B4 |
| | PE | 接地线 | | PE | 接地线 |
| | 1 | X1：11 | | 1 | X2：26 |

续表

| A4 柜 | | | B5 台 | | |
|---|---|---|---|---|---|
| | 2 | X1：17 | | 2 | X2：27 |
| | 3 | X1：11 | | 3 | X2：28 |
| | 4 | X1：11 | | 4 | X2：29 |
| 备用 | 5 | X1：11 | 备用 | 5 | |
| | PE | (—) | 备用 | 6 | |
| | 1 | X1：12 | | | |
| | 2 | X1：13 | | | |
| | 3 | X1：14 | | | |
| | 4 | X1：15 | | | |
| 备用 | 5 | X1：16 | | | |
| 备用 | 6 | — | | | |

**表 5-4 带有远端标记的端子接线表**

| A4 柜 | | | B5 台 | | |
|---|---|---|---|---|---|
| 136 | | A4 | 137 | | B4 |
| | PE | 接地线 | | PE | 接地线 |
| | 1 | ×3=33 | | 2 | ×1=12 |
| | 2 | ×3=34 | | 2 | ×1=13 |
| | 3 | ×3=35 | | 3 | ×1=14 |
| | 4 | ×3=36 | | 4 | ×1=15 |
| 备用 | 5 | ×3=37 | 备用 | 5 | ×1=16 |
| 137 | | B5 | | | |
| | PE | 接地线 | | | |
| | 1 | ×2=26 | | | |
| | 2 | ×2=27 | | | |
| | 3 | ×2=28 | | | |
| | 4 | ×2=29 | | | |
| 备用 | 5 | | | | |
| 备用 | 6 | | | | |

(4) 接线图的使用

在应用中接线图通常与电路图和位置图一起使用，接线图可单独使用也可组合使用。接线图能够表示出项目的相对位置、项目代号、端子代号、导线号、导线的型号规格，以及电缆敷设方式等内容。

① 项目：在图上通常用一个图形符号表示的基本件、部件、组件、功能单元设备、系统等。如继电器、电阻器、发电机、开关设备等都可以称为项目。

② 项目代号：用来识别图、图表、表格和设备上的项目种类并提供项目的层次关系、实际位置等信号的一种特定的代码，如用 KM 表示交流接触器、SB 表示按钮开关、TA 表示电流互感器。

在接线图中完整的项目代号包括 4 个代号段，即高层代号、位置代号、种类代号和端子代号。

项目代号分解如下：

| –P1(M1)- | +A- | KM- | ⑨ | 5 |
|---|---|---|---|---|
| –P1(M1)-<br>高层代号<br>(电动机泵) | +A-<br>位置代号<br>单元或安装地点 | KM-<br>项目代号<br>项目名称<br>(设备名称) | ⑨<br>端子代号<br>接线端子的<br>排列序号 | 5<br>回路标号<br>电路图中的线号 |

③ 高层代号：系统或设备中任何较高层次（对给予代号的项目而言）的项目代号。如石化企业生产装置中的泵、电动机、启动器和控制设备的泵装置。

④ 种类代号：主要用以识别项目种类的代号。

种类代号中项目的种类同项目在电路中的功能无关，如各种接触器都可视为同一种类的项目。

组件可以按其在给定电路中的作用分类，如可根据开关在电力电路（作断路器）或控制电路（作选择器）中的不同作用而赋予不同的项目种类字母代码。

⑤ 位置代号：项目在组件、设备系统或建筑物中的实际位置的代号。

## 5.2 通用的电动机基本接线图

图 5-7 为各种工厂中驱动不同用途的泵、风机、压缩机等生产机械设备的三相交流 380V 异步电动机的基本的电气原理图，这种图也可称之原理接线展开图。

主回路和控制回路中的电气设备，按现场实际需要选型安装的。如电气设备的安装地点，主回路、继电保护、控制器件一般安装在变配电所的低压配电盘上，操作器件、监视信号安装在机前或生产装置操作室（集中控制室）的控制操作屏（台）上。

图 5-7 所示电路中的主回路，三相刀闸 QS、空气断路器 QF、交流接触器 KM、热继电器 FR、接线端子 XT，安装在低压配电盘上，主回路设备之间的连接采用铜或铝母线。

电气设备安装地址及接线示意图如图 5-8 所示。电动机 C 安装在泵与电动机的基座上，控制按钮 SB1、SB2 安装在机前方便操作的位置，信号灯安装在操作室的操作屏台上。

低压配电盘上的设备、控制线路与配电盘以外的设备，如控制按钮的连接要经过接线端子排 XT。实际接（配）线时，要敷设两条控制电缆和一条电力电缆。

① 从低压配电盘到机前控制按钮敷设一条控制电缆（ZRKVV-0.5kV-4×1.5mm$^2$-100m）。

② 从低压配电盘到生产装置控制屏一条控制电缆（ZRKVV-0.5kV-4×1.5mm$^2$-60m）。

③ 从低压配电盘到电动机前敷设一条电力电缆（ZRVV-0.5kV-3×35mm$^2$-100m）。

电缆敷设后并经认真校线，然后按电路图的标号接线。将安装在三处的电气设备按图5-7所示的电路图，连接成完整的控制线路。

图 5-7 中的线条表示的就是导线。要弄清哪些线是低压配电盘内设备器件之间的接线，哪些线需要经过端子排后再与盘外设备相连接。

将盘内设备器件之间的线连接好后，凡是要与盘外设备进行连接的线，都要先引至端子排 XT 上，然后通过电缆再与盘外设备连接。

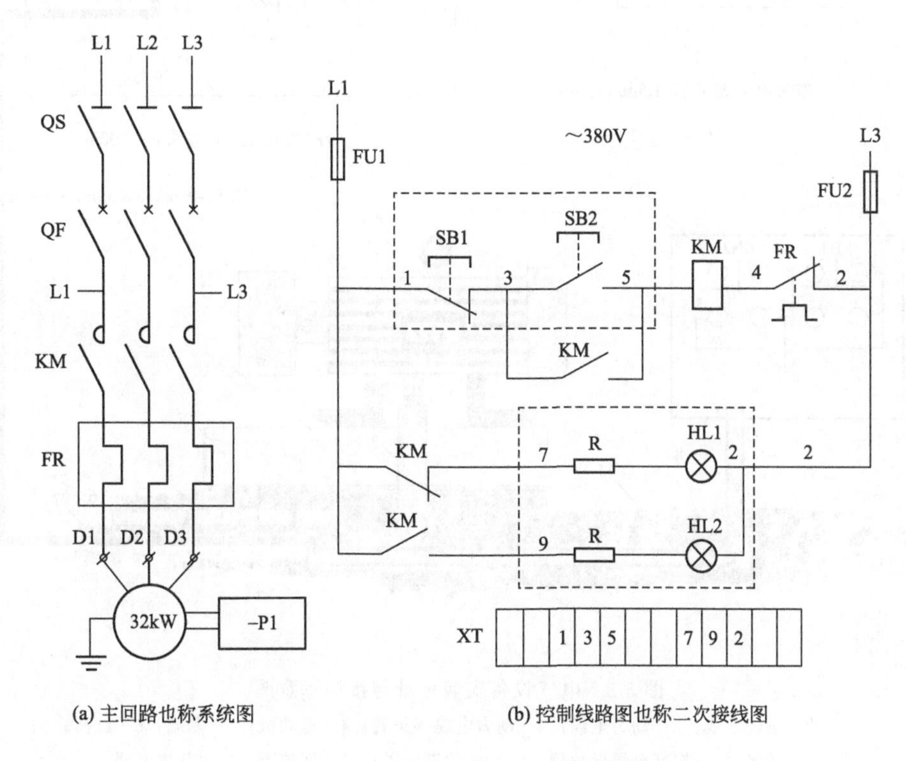

(a) 主回路也称系统图 (b) 控制线路图也称二次接线图

图 5-7 泵机电气原理基本接线图

看接线图的方法如下。

① 看图上说明技术要求。

② 在电路图中看到用虚线框起来的图形符号，所示出的设备是配电盘外设备，如图 5-7 中的控制按钮 SB1、SB2，在端子排图形中给出的标号，上面的标号 1、3、5 就是与外部设备进行连接的线号。

## 5.3 看图分线配线与连接

下面以图 5-7 为例介绍分线配线与连接的方法。

(1) 盘内设备器件相互连接的线

盘内设备器件相互连接的线有 1、2、3、4、5、9、7 号线，看接触器 KM 电源侧 L3 端子引出的一根线与控制熔断器 FU2 上侧连接 L3 相上。控制熔断器 FU2 下侧引出的一根线与热继电器 FR 的常闭触点一侧端子相连接（2 号线），从这个常闭触点的另一侧端子引出的

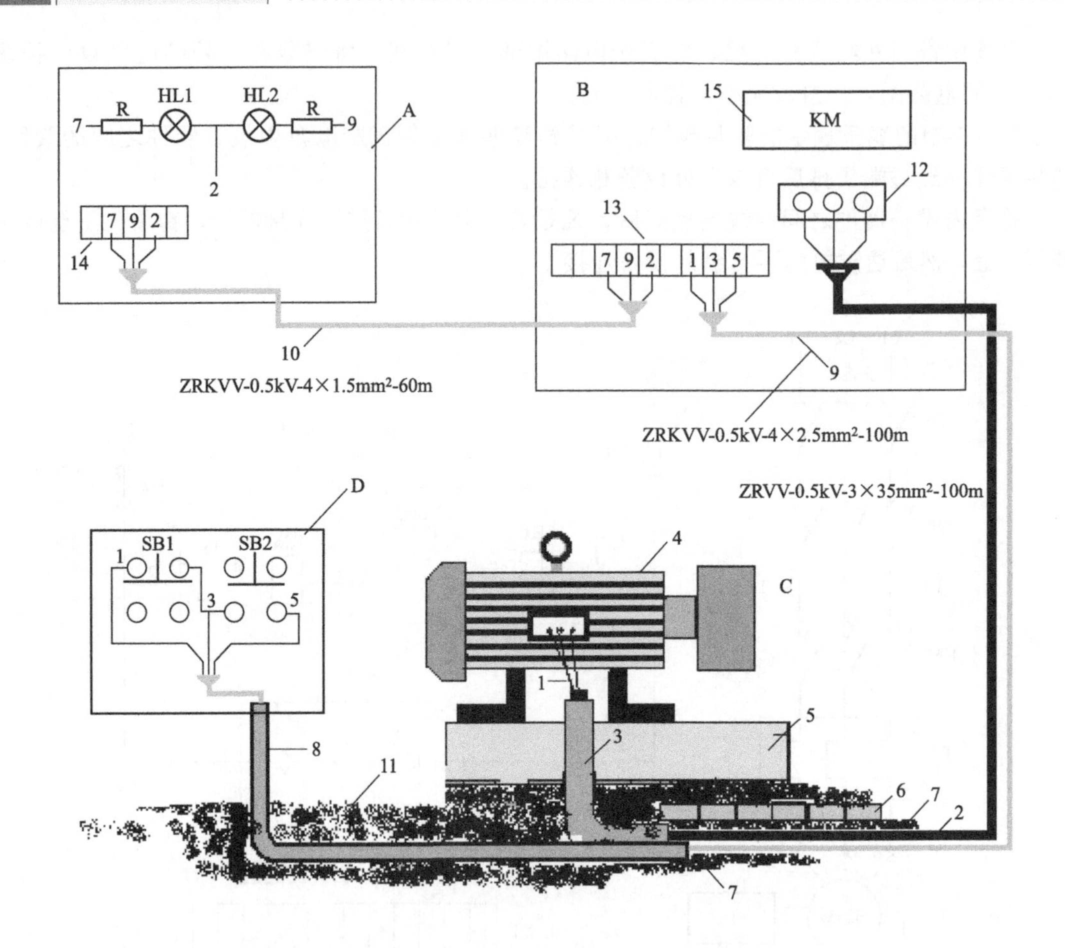


图 5-8 电气设备安装地址与接线示意图

1—动力电缆芯线；2—动力电缆；3—动力电缆保护管；4—电动机；5—基础；6—红砖；
7—砂子；8—控制电缆保护管；9,10—控制电缆；11—回填土；12—热继电器；
13,14—端子排；15—接触器

一根线与接触器 KM 线圈的两个线头中的任意一个端子连接，这根线是 4 号线。从线圈的另一个线头端子引出的一根线就是 5 号线。看接触器 KM 电源侧 L1 端子引出的一根线与控制熔断器 FU1 的上侧连接，这根线是 1 号线（也可称电源线）。

（2）引至端子排的线

图 5-7 电路图中，有哪些导线需要先引到端子排上后，再与外部器件相连接，有经验的师傅看到原理接线图时一眼就能看出盘上设备需要与外部设备相连接的线，有 1、3、5、2、7、9 号线。

图 5-7 中虚线框内的部分，线号为 1、3、5、2、7、9，其中 1、3、5 号线，去电动机前的控制按钮的线。2、7、9 号线是去控制室信号灯的线。

① 从盘上熔断器 FU1 下侧引出的一根线先接到端子排 1 号端子上。

② 从接触器 KM 辅助常开触点引出两根线：线的两头分别先穿上写有 5 的端子号。一根与接触器 KM 线圈的 5 号线相连接。另一根线接到端子排写有 5 的端子上，这时就会看到常开触点端子上为两个线头，如果这个 5 号线头压在线圈端子上，同样看到线圈这个端子上有两个线头。接触器 KM 辅助常开触点的另一侧引出的一根线（两头分别穿上写有 3 的端

子号）接到端子排 3 号端子上，到此完成了由配电盘上设备到端子排上的 1、3、5 号线的连接。

## 5.4 外部设备的连接

图 5-8 为施工示意图。

（1）主回路电缆的连接

低压盘到电动机前敷设一条 3 芯的电力电缆。如果是 4 芯电缆其中 1 芯为保护接地。选用 3 芯线电缆时不用校线，将变电所内的一头分别与热继电器负载侧端子相连后，电缆的另一端与电动机绕组引出线端子相连接。

（2）控制电缆走向

低压盘到机前按钮，敷设两条 4 芯的控制电缆，先将电缆芯线校出，同一根线的两端穿上相同的端子号，打开控制按钮的盖，穿进电缆。

①将穿有 1 的端子号的线头，接在停止按钮 SB1 的常闭触点一侧端子上。

②将穿有 5 的端子号的线头，接在停止按钮 SB2 的常开触点一侧端子上。

③将停止按钮的另一侧端子和启动按钮的另一侧端子，先用导线连接后，把穿有 3 号端子号的线头，接到其中任意一个端子上即可。

④信号灯的连接：先将电缆的芯线校出穿好线号，从控制熔断器 FU1 下侧再引出一根线（1 号线）引到接触器 KM 的辅助触点上，首先确定接触器上的一对常开、一对常闭作为信号触点使用，将两个触点的一侧用线并联。

常开触点的另一侧端子引出的 9 号线，接到端子排 9 号端子上，常闭触点的另一侧引出的 7 号线接到端子排 7 号端子上。控制熔断器 FU2 下侧再引出一根线（2 号线），与端子排上的 2 号端子连接。

在端子排 2 号端子上引出的一根线，通过电缆接到操作室控制屏上的端子排 2 号端子上，把操作室控制屏上两个信号灯的一侧用线并联（平时把这种接法称之跨接）。然后用线与端子排 2 号端子连接好，再与电缆芯线 2 号线连接。

由端子排 7 号端子和 9 号端子引出的（两根）线，分别与电缆芯线中的 7 号线和 9 号线连接，电缆芯线 7 号线和 9 号线的分别接到操作室控制屏端子排 7 号端子和 9 号端子上。从操作室控制屏端子排 7 号端子引出的一根线接到绿色信号灯 HL1 的电阻 R 上。从操作室控制屏端子排 9 号端子引出的一根线接到接到红色信号灯 HL2 的电阻 R 上。到此这台电动机的接线全部完成。

## 5.5 接线图不同的表达形式

图 5-7 电路原理展开图也可画成另一种实际接线的形式，这就是平常所说的实际接线图，如图 5-9 所示。这种图用于简单的电路中是明显直观的。能够看清线路的走向，方便接线，虽然具有直观的优点，但对于回路设备较多，构成复杂的线路时会显得图面上都是线条，重复交叉、零乱，容易看花眼也难看懂。

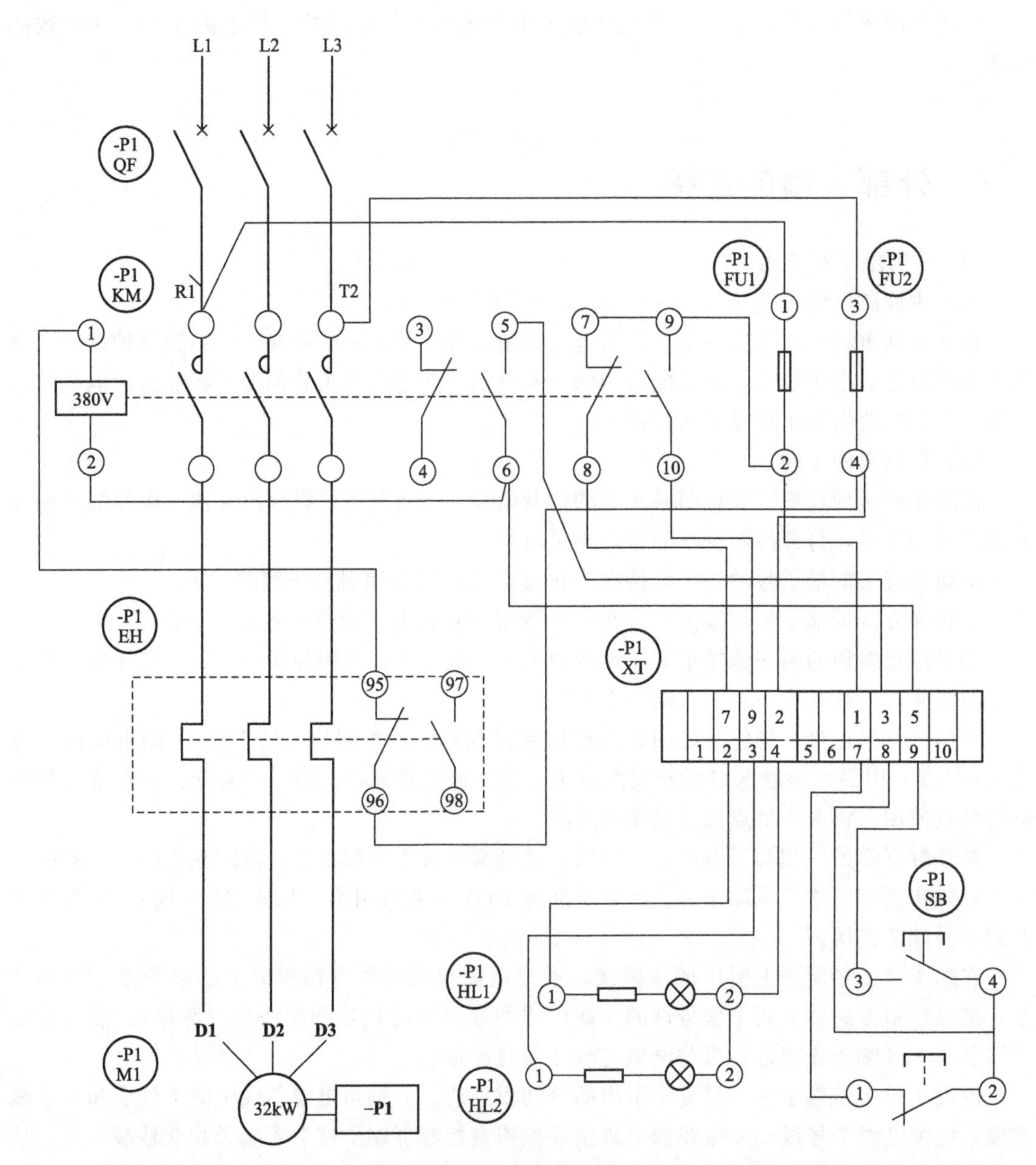


图 5-9 实际接线图

图 5-9 还可以画成另一种接线图，如图 5-10 所示，是采用中断线表示的互连接线图，这种接线图也称配线图，使用相对编号法，不具体画出各电气元件之间的连线而是采用中断线和用文字，数字符号表示导线的来龙去脉。

只要能认识元件名称、触点的性质、排列编号，不用理解其电路工作原理就可进行接线（配线）。

相对编号的方法：

如图 5-10 中按钮开关 SB 的动断触点①边上的“-P1：XT：7-1”，表示由停止按钮端子①端引出的线，要与低压配电盘上的端子排 XT 的 7 号端子的 1 连接。这个 1 是回路标号 1 号线。那么在端子排 XT 上的 1 号线，下面的 7 是端子排列顺序号。

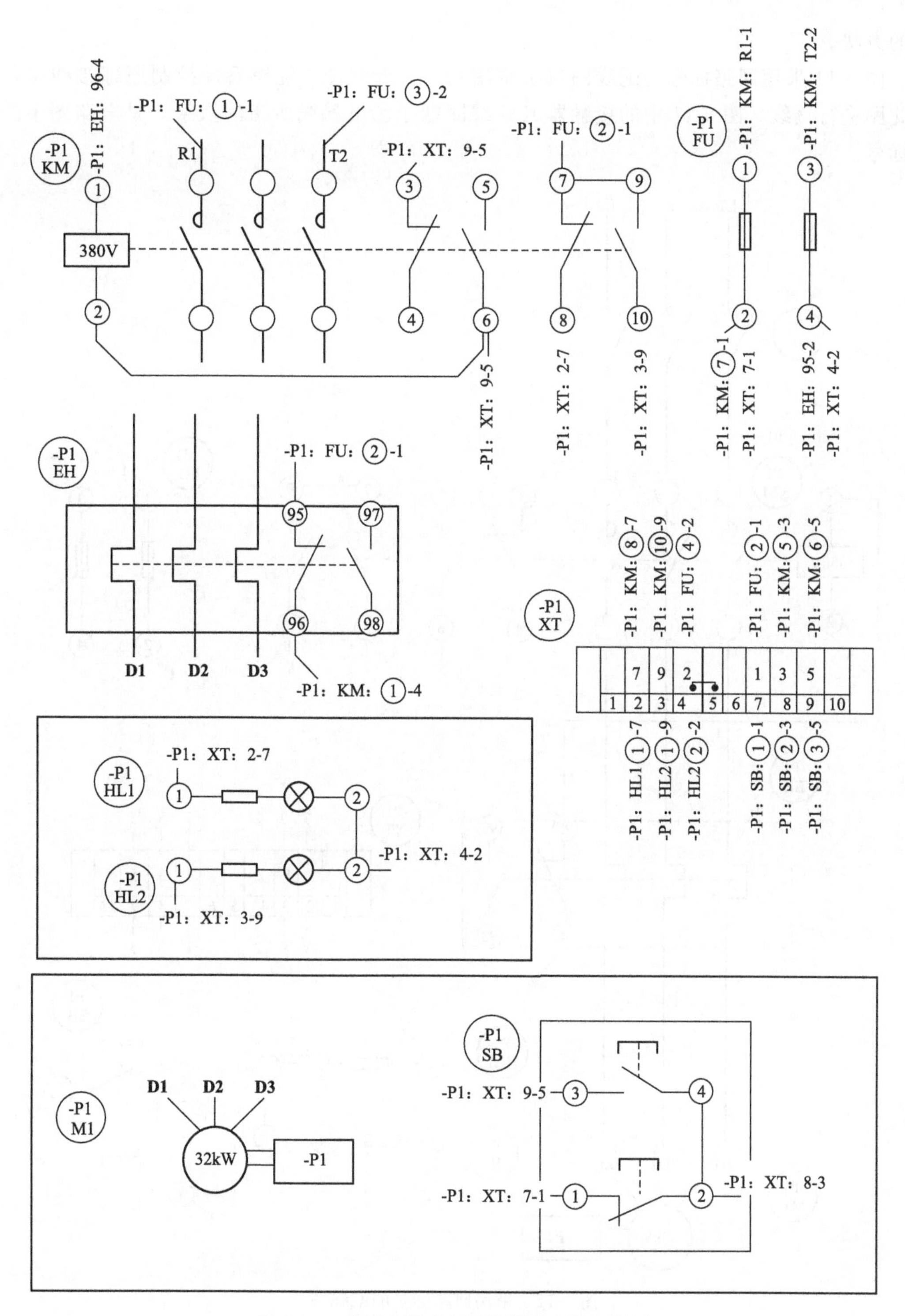


图 5-10　采用中断线表示线路走向的接线图

7 号端子下面的编号“-P1：SB：①-1”，表示由端子排 7 号端子引出的线接到停止按钮 SB 动断触点一侧端子①上（连接）。从中看出-P1-SB：①-1 和-P1：XT：7-1 是一根线，在线的两端（线头，分别穿上写有 1 的端子号。一端接在端子排 7 号端子上（1 号线），另一端（头）接到停止按钮端子①上（1 号线），其他依此类推，直到把线接完。这就是相对编号的方法。

图 5-11 采用回路标号的配线图也是常用的一种配线图，能够看懂控制原理接线图就能按此图进行接线。图 5-11 中的接触器 KM 线圈端子②下斜线所指的数字 5 是电路图中的回路标号。

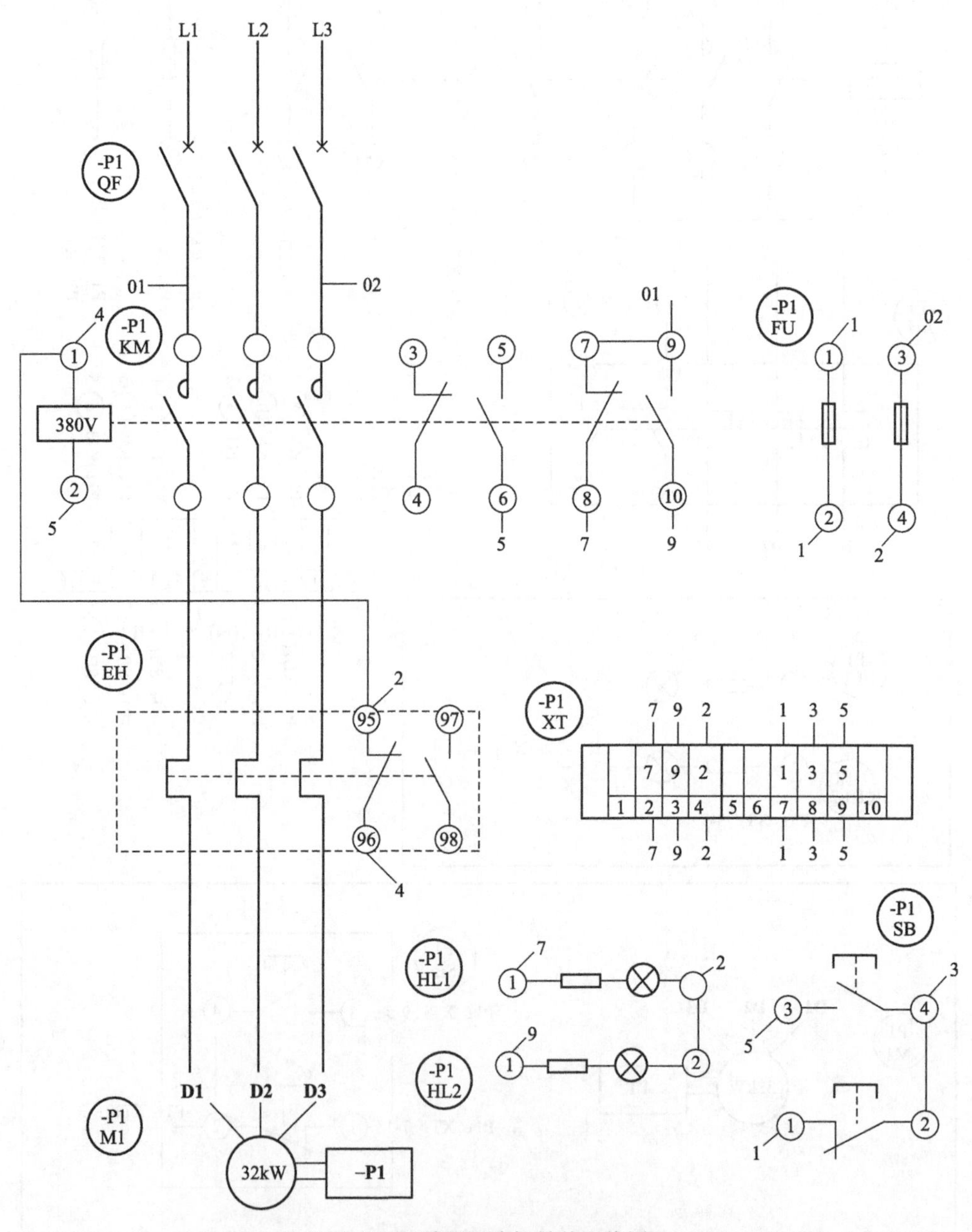


图 5-11　采用回路标号的配线图

看图中接触器 KM 线圈端子②下有数字 5，接触器 KM 辅助触点端子⑥下也有数字 5，这是一根导线，表示导线一头接在接触器 KM 线圈端子②上，导线的另一头接到辅助触点端子⑥上。

看接触器 KM 辅助触点端子⑥下数字 5，端子排 9 号端子上有 5，这又是一条导线，表示用一根导线一头接在辅助触点端子⑥上，导线的另一头接到端子排 9 号端子上。其他依此类推，直到把线接完。

# 5.6 识图实例

## 5.6.1 没有信号灯的电动机 380V 控制电路

本节介绍没有信号灯的电动机 380V 控制电路工作原理、电动机安装配线、接线的过程。其控制电路原理图如图 5-12 所示。电路中设备有三相闸刀开关 QS、断路器 QF、交流接触器 KM、热继电器 EH 发热元件接入主电路中，上述设备安装在低压配电盘上，主回路设备之间的连接采用铜母线。控制回路的断路器或熔断器、端子排，一般固定在方便布线、接线的位置，电动机与机械，控制按钮 SB1、SB2 安装在机前，方便操作的位置，交流接触器 KM 线圈工作电压为交流 380V。

（1）电动机主回路送电操作

电动机主回路与控制电路送电操作操作顺序如下：

① 合上三相刀闸开关 QS；

② 合上主回路断路器 QF；

③ 合上控制回路熔断器 FU1、FU2。

（2）启动运转

按下启动按钮 SB2，电源 L1 相→控制回路熔断器 FU1→1 号线→停止按钮 SB1 常闭触点→3 号线→启动按钮 SB2 常开触点（按下时闭合）→5 号线→接触器 KM 线圈→4 号线→热继电器 EH 的常闭触点→2 号线→控制回路熔断器 FU2→电源 L3 相，构成 380V 电路。

接触器 KM 线圈得到交流 380V 的工作电压动作，接触器 KM 常开触点闭合（将启动按钮 SB2 常开触点短接）自保，接触器 KM 三个主触点同时闭合，通过热继电器 EH 的三相发热元件，电动机 M 绕组获得三相 380V 交流电源，电动机 M 得电启动运转，所驱动的机械设备工作。

当松开启动按钮 SB2 后，自保电路工作过程是这样的：

电源 L1 相→控制回路熔断器 FU1→1 号线→停止按钮 SB1 常闭触点→3 号线→接触器 KM 常开触点（闭合中）→5 号线→接触器 KM 线圈→4 号线→热继电器 EH 的常闭触点→2 号线→控制回路熔断器 FU2→电源 L3 相，构成 380V 电路。这样依靠自身的触点，维持接触器 KM 的工作状态。

（3）正常停机与过负荷停机

① 停机操作　按下停止按钮 SB1，常闭触点 SB1 断开，切断接触器 KM 线圈电路，接触器 KM 线圈断电释放，接触器 KM 三个主触点同时断开，电动机 M 绕组脱离三相 380V 交流电源，停止转动，驱动的机械设备停止运行。

② 电动机过负荷停机　电动机 M 过负荷时，主回路中的热继电器 EH 动作，热继电器 EH 的常闭触点断开，切断接触器 KM 线圈电路，接触器 KM 线圈断电释放，接触器 KM 的三个主触点同时断开，电动机 M 绕组脱离三相 380V 交流电源，停止转动，所拖动的机械设备停止工作。

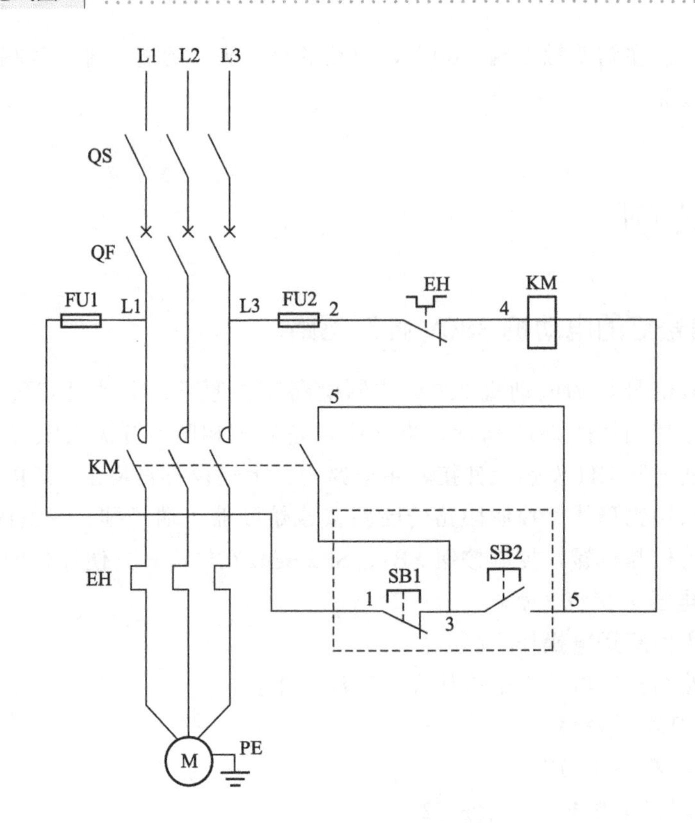


图 5-12 控制电路原理图

注：接触器 KM 线圈工作电压交流 380V。

(4) 看图分配线与连接

接线前，首先要弄清哪些导线是低压配电盘内设备器件之间的连线，哪些导线需要经过端子排后与盘外部设备相连接。

将盘内设备器件之间控制的线连接好后，凡是要与盘外部设备进行连接的线，都要先引至端子排 XT 上，如图 5-13 所示，然后通过电缆再与盘外部设备连接。

在图 5-12 中看到用虚线框起来的图形符号所示出的设备是配电盘外部设备，图 5-13 中端子排图形中，给出的 1、3、5 就是与外部设备进行连接的线号。

为能清楚看出设备器件相互连接关系，根据图 5-12 画出的实际接线图如图 5-13 所示。

① 盘内设备器件相互连接的线

a. 盘内设备器件相互连接的线有 L1、1、3、5、4、2、L3 号线；

b. 接触器 KM 电源侧端子引出的一根线（L3 号线）与控制回路熔断器 FU2 上端连接；

c. 控制回路熔断器 FU2 下端引出的一根线（2 号线）与热继电器 EH 的常闭触点端子 2 相连接，这根线是 2 号线。

d. 热继电器 EH 常闭触点端子 4 引出一根线与接触器 KM 线圈端子 4 连接，这根线是 4 号线。

e. 接触器 KM 线圈的端子 5 引出的一根线与接触器 KM 常开触点的端子 5 相连接，这根线是 5 号线。

f. 接触器 KM 电源侧端子 L1 引出的一根线与控制回路熔断器 FU1 的上端 L1 连接，这根线是 L1 号线。

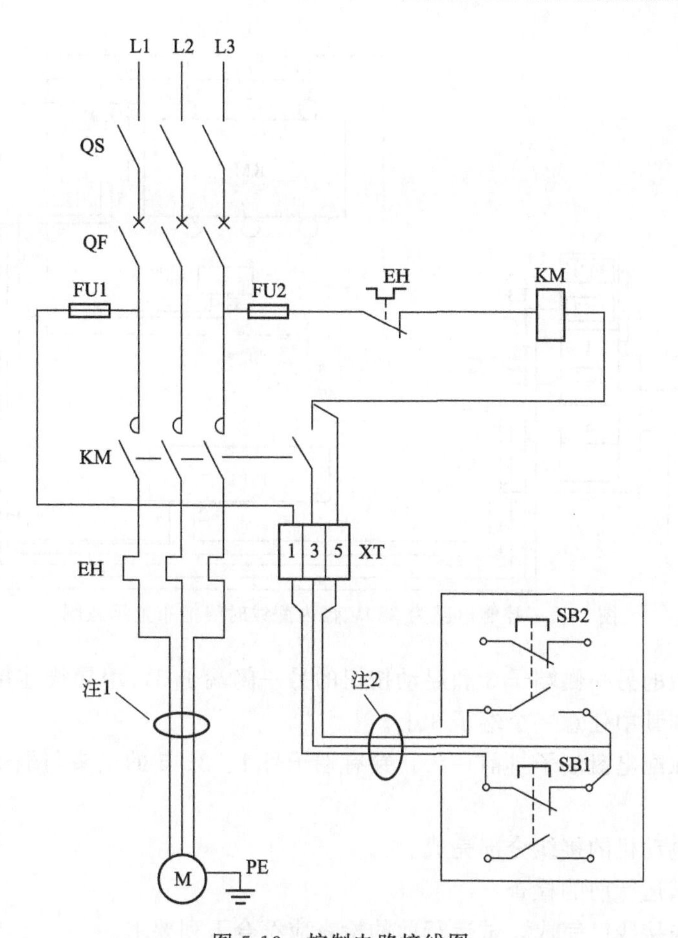


图 5-13 控制电路接线图

注 1—电动机用电力电缆；注 2—控制按钮用控制电缆

② 引至端子排上的线

a. 盘上控制回路熔断器 FU1 下端 1 引出的一根线与端子排上的 1 连接；

b. 接触器 KM 常开触点引出两根线：线的两头分别先穿上写有 5 的端子号。一根线与接触器 KM 线圈的端子 5 号连接；另一根线接到端子排端子 5 上，这时看到常开触点端子上有两个线头，如果这个 5 号线头压在线圈端子上，同样看到这个端子上有两个线头。

c. 接触器 KM 常开触点的端子 3 引出一根线与端子排 XT 端子 3 连接，到此完成了由配电盘上设备到端子排上的 1、3、5 号线的连接；

在接线前，要先把弯曲的导线抻直，每根线的两头穿上相同的导线标号。然后打成线把，固定在适当的位置上，如图 5-14 所示。

③ 外部设备的连接

a. 主回路电缆的连接　接线前，对电力电缆（三芯）进行了相间、对地的绝缘检测合格。

看图 5-13，低压配电盘到电动机前敷设一条 3 芯的电力电缆。将变电所内的一头分别与热继电器 EH 负载侧的三相端子连接后，电缆的另一端与电动机三相绕组的引出线端子连接。

b. 控制按钮的接线　低压配电盘到机前按钮，敷设一条 4 芯的控制电缆，校线，同一根线的两端穿上相同的端子号，打开控制按钮的盖，穿进电缆。

- 穿有 1 的端子号的线头，接在停止按钮 SB1 的常闭触点一侧端子 1 上；
- 穿有 5 的端子号的线头，接在启动按钮 SB2 的常开触点一侧端子 5 上；

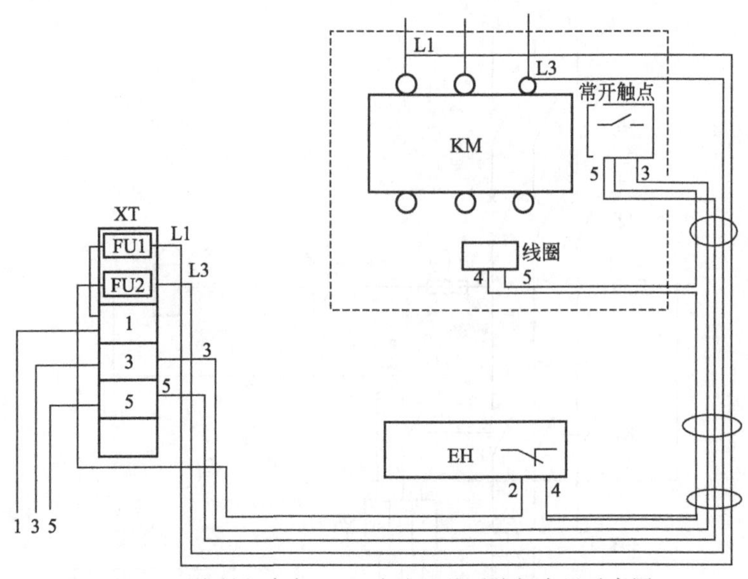


图 5-14 控制电路为 380V 盘内配线时线把布置示意图

•将停止按钮的另一侧端子 3 和启动按钮的另一侧端子 3，用导线连接后，把穿有端子号 3 的线头，接到其中任意一个端子 3 上。

•控制电缆在配电盘端子排前一头，穿有端子号 1、3、5 的线头与端子排 XT 上的端子 1、3、5 连接。

到此，这台电动机的接线全部完成。

(5) 电动机试运行前的检查

电动机安装与接线已完成，试运行前的检查应符合下列要求。

① 现场清扫整理完毕。

② 电动机本体安装检查结束，启动前应进行的试验项目已按现行国家标准《电气装置安装工程电气设备交接试验标准》试验合格。

③ 冷却、调速、润滑、水、氢、密封油等附属系统安装完毕，验收合格，水质、油质或氢气质量符合要求，分部试运行情况良好。

④ 电动机的保护、控制、测量、信号、接线正确。

⑤ 测定电动机定子绕组的绝缘电阻，应符合要求；有绝缘的轴承座的绝缘板、轴承座及台板的接触面应清洁干燥，使用 500V 或 1000V 兆欧表测量，绝缘电阻值不得小于 0.5MΩ。

⑥ 盘动电动机转子时，应转动灵活。

⑦ 控制电路接线正确，电动机引出线，相序正确。固定牢固，连接紧密。

⑧ 电动机外壳油漆应完好，接地良好。

电动机宜在空载（未与机械设备连接，如泵、风机等）情况下做第一次启动，空载运行时间宜为 2h，并记录电动机的空载电流。

(6) 试车步骤与要求

在完成上述工作后，对接触器动作情况进行校验，确认接线是否有误，对电动机进行空载试运行。以检查电动机的旋转方向是否和机械设备旋转方向一致。

将配电盘去电动机的电力电缆，从热继电器 EH 发热元件端子上拆下，放在一边并固定。检查回路具备空载试车条件。在送电后，用万用表检查电路接线是否正确。

万用表置于交流电压 500V 挡位，万用表的正、负表笔分别触之端子排上的 3 号线和 5 号线，万用表的表针，所指示的数值为 380V，说明控制电路接线是对的。可以对接触器 KM 进行空载试车。

① 接触器动作的验证　按启动按钮 SB2，接触器 KM 得电动作，并能保持在工作状态；按停止按钮 SB1，接触器 KM 断电释放，这样证明这一电路接线是正确的。如果异常说明接线有误，重新校线，改正。

② 空载试车，这里指单独试验电动机运转情况　将电动机与机械连接的对轮拆开。接上电动机负荷电缆。按启动按钮 SB2，接触器 KM 动作，并能保持在工作状态；电动机运转。按停止按钮 SB1，接触器 KM 断电释放，电动机停止运转。

③ 电机试运行中的检查　电动机宜在空载（未与机械设备连接，如泵，风机等）情况下做第一次启动，空载运行时间宜为 2h，并记录电动机的空载电流。电动机试运行中的检查应符合下列要求：

a. 电动机的旋转方向符合要求，无异声；

b. 检查电机各部温度，不应超过产品技术条件的规定；

c. 滑动轴承温度不应超过 80℃，滚动轴承温度不应超过 95℃；

d. 电机振动的双倍振幅值不应大于表 5-5 的规定。

**表 5-5　电机振动的双倍振幅值**

| 同步转速/(r/min) | 3000 | 1500 | 1000 | 750 以下 |
|---|---|---|---|---|
| 双倍振幅值/mm | 0.05 | 0.085 | 0.10 | 0.12 |

e. 将电动机与机械泵连接对轮（皮带）接好后，上述工作结束，电工完成电动机安装、接线任务。

## 5.6.2 没有信号灯的电动机 220V 控制电路

没有信号灯的电动机 220V 控制电路原理图如图 5-15 所示。本电路是电动机的基本控制电路，电路中设备有：三相闸刀开关 QS，断路器 QF、交流接触器 KM、控制回路中用了一只熔断器 FU，交流接触器 KM 线圈工作电压为交流 220V。图 5-15 中的 N 表示是从变压器二次（0.4kV）绕组中性点引出的线，也称工作零线或中性线。

（1）回路送电操作顺序

电动机主回路与控制电路送电操作顺序如下：

① 合上三相刀闸开关 QS；

② 合上主回路断路器 QF；

③ 合上控制回路熔断器 FU。

（2）启动运转

① 启动电动机　按下启动按钮 SB2，电源 L1 相→控制回路熔断器 FU→1 号线→停止按钮 SB1 常闭触点→3 号线→启动按钮 SB2 常开触点（按下时闭合）→5 号线→接触器 KM 线圈→4 号线→热继电器 EH 的常闭触点→2 号线→电源 N 极，构成 220V 电路。

接触器 KM 线圈得到交流 220V 的工作电压动作，接触器 KM 常开触点闭合（将启动按钮 SB2 常开触点短接）自保，维持接触器 KM 的工作状态。接触器 KM 三个主触点，同时

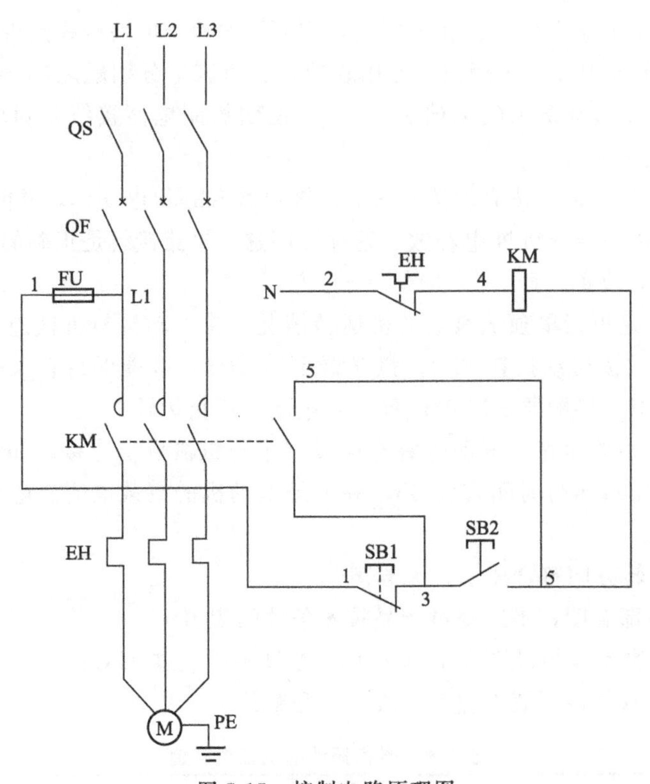


图 5-15 控制电路原理图

注：图中的断路器 QF 也可用熔断器。

闭合，通过热继电器 EH 的三相发热元件，电动机 M 绕组获得三相 380V 交流电源，电动机 M 启动运转，所驱动的机械设备工作。

② 电路自保 当松开启动按钮 SB2 后，电源 L1 相→控制回路熔断器 FU→1 号线→停止按钮 SB1 常闭触点→3 号线→接触器 KM 常开触点（闭合中）→5 号线→接触器 KM 线圈→4 号线→热继电器 EH 的常闭触点→2 号线→电源 N 极，构成 220V 电路。依靠自身触点，维持接触器 KM 的工作状态。

(3) 正常停机与过负荷停机

① 正常停机 按下停止按钮 SB1，常闭触点 SB1 断开，切断接触器 KM 线圈电路，接触器 KM 线圈断电释放，接触器 KM 三个主触点同时断开，电动机 M 绕组脱离三相 380V 交流电源，停止转动，驱动的机械设备停止工作。

② 电动机过负荷停机 电动机 M 过负荷时，主回路中的热继电器 EH 动作，热继电器 EH 的常闭触点断开，切断接触器 KM 线圈控制电路，接触器 KM 线圈断电，接触器 KM 释放，接触器 KM 的三个主触点同时断开，电动机 M 绕组脱离三相 380V 交流电源，停止转动，所拖动的机械设备停止运行。

(4) 看图分线配线与连接

为能清楚看出设备器件相互连接关系，根据图 5-15 画出的实际接线图如图 5-16 所示。看图 5-15 分线，看图 5-16 接线，盘内设备器件相互连接的线有 L1、1、3、5、4、2、N 号线。

① 盘内设备器件相互连接的线

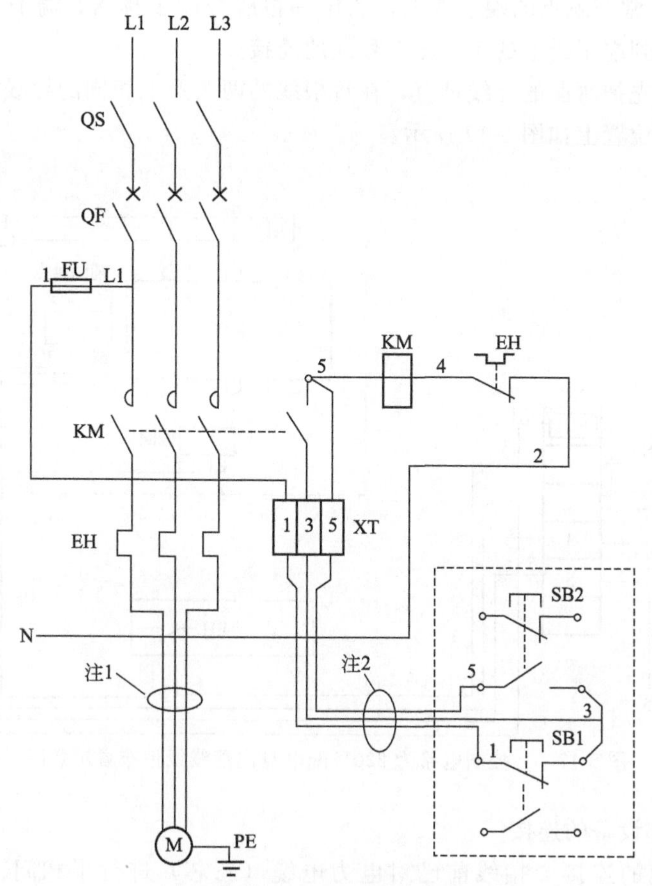


图 5-16 控制电路接线图

注 1—电力电缆；注 2—控制电缆；XT—端子排

a. 零母线引出的一根线 N 线与热继电器 EH 的常闭接点一侧端子 2 相连接，N 线和 2 线是一根线。

b. 热继电器 EH 常闭触点的端子 4 引出一根线，与 KM 线圈的端子 4 连接，这根线是 4 号线。

c. KM 线圈的端子 5 引出一根线与接触器 KM 常开触点的端子 5 连接，这根线是 5 号线。

d. 看接触器 KM 电源侧端子引出的一根线与控制回路熔断器 FU1 的上端连接，这根线是 L1 号线。

② 引至端子排的线　看图 5-15 电路图中，有哪些导线需要先引到端子排上后，再与外部器件相连接，图 5-15 中看不出来的，这就依靠经验，看图 5-16 电路图时，一眼就能看出盘上设备与外部设备相连接的线，有 1、3、5 号线，这 3 根线是去电动机控制按钮的线。

a. 控制回路熔断器 FU 下侧端子 1 上，引出的一根线接到端子排 XT 端子 1 上。

b. 接触器 KM 常开触点端子 5 上，再引出一根线：线的两头分别穿上写有 5 的端子号。这根线接到端子排 XT 端子 5 上，就会看到常开触点端子 5 上为两个线头，把这个 5 号线头压在线圈端子上，同样看到线圈端子 5 上有两个线头。

c. 接触器 KM 常开触点的端子 3 上，引出一根线与端子排 XT 端子 3 连接；到此完成了由配电盘上设备到端子排上的 1、3、5 号线的连接。

在接线前，要先把弯曲的导线抻直，在每根线的两头穿上相同的导线标号，然后打成线把，固定在适当的位置上如图 5-17 所示。

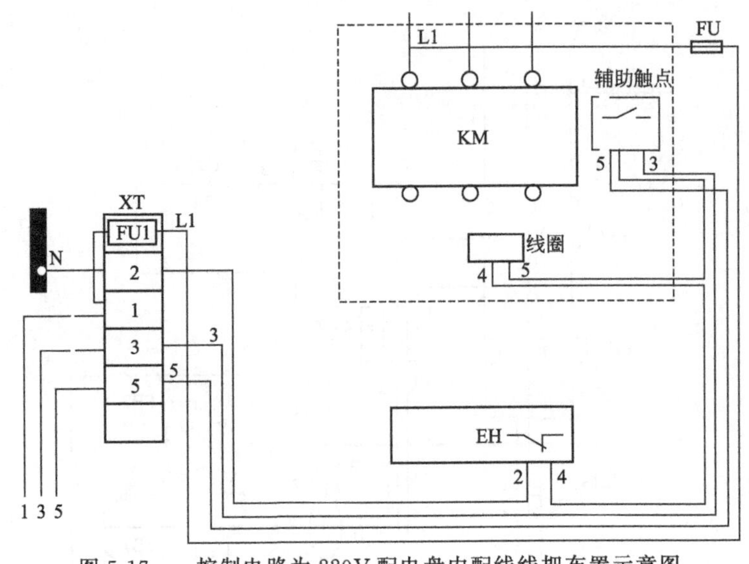


图 5-17　控制电路为 220V 配电盘内配线线把布置示意图

③ 配电盘外部设备的连接

a. 主回路电缆的连接　接线前已对电力电缆（三芯）进行了相间、对地的绝缘检测合格。

看图 5-16，低压配电盘到电动机前敷设一条 3 芯的电力电缆。如果是 4 芯电缆，其中 1 芯可作为保护接地。选用 3 芯线电缆时不用校线，将变电所内的一端分别与热继电器 EH 负载侧三相端子连接，电缆的另一端与电动机三相绕组的引出线端子连接。

b. 控制电缆的接线　低压配电盘到机前按钮，敷设一条 4 芯的控制电缆，打开控制按钮的盖，穿进电缆。校线后，同一根线的两端穿上相同的端子号：

· 穿有 1 的端子号的线头，接在停止按钮 SB1 的常闭触点端子 1 上；

· 穿有 5 的端子号的线头，接在启动按钮 SB2 的常开触点端子 5 上；

· 停止按钮 SB1 常闭触点端子 3 与启动按钮 SB2 常开触点端子 3，用线短接后，把控制电缆中，穿有 3 号端子号的线头，接到其中任意一个端子 3 上即可；

· 控制电缆的另一端，穿有端子号 1、3、5 的线头分别与配电盘上的端子排 XT 端子 1、3、5 连接。

到此，按图 5-16 接线图进行的电动机接线全部完成。

(5) 采用开关箱时的配线

同样是图 5-16 所示的三相交流电动机 220V 控制电路如果，电动机的开关设备安装在电动机前的开关箱内。安装位置变了，如图 5-18 所示，那么配线的方式就不一样了。控制电路的工作原理与图 5-16 是相同的，故省略。

① 配线　按图 5-18 控制电路图的线条和标号，确定有多少根线，从图 5-18 上看：

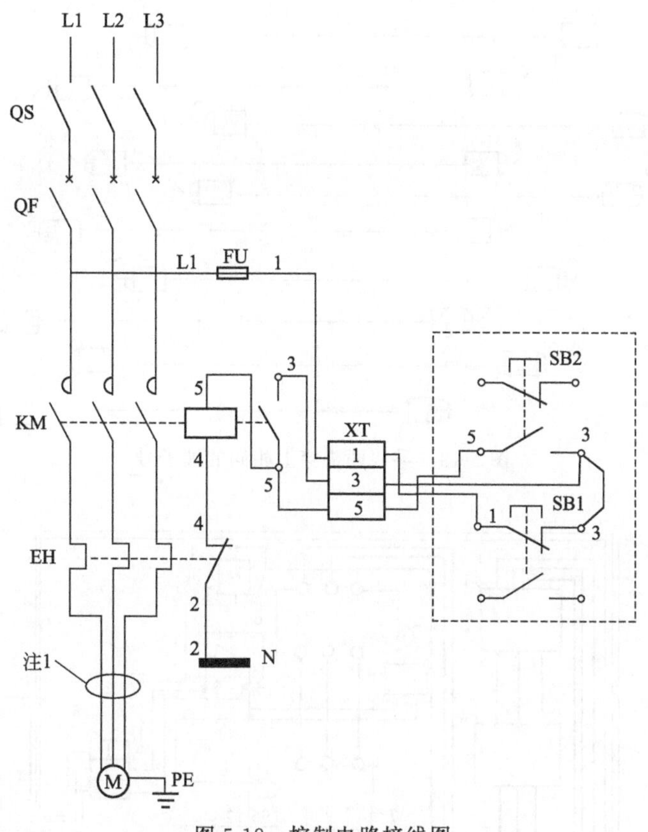


图 5-18　控制电路接线图

注 1—电动机负荷电缆

a. L1 到熔断器 FU 的上端，是一根线；

b. 熔断器 FU 下端 1 号线到端子排 XT 上的 1 是一根线；

c. 端子排 XT 上 1 到停止按钮常闭触点 SB1 上的 1 是一根线；

d. 按钮常闭触点 SB1 上的 3 到按钮常开触点 SB2 端子 3 是一根跨线；

e. 按钮常开触点 SB2 上的 3 到端子排 XT 上的 3 是一根线；

f. 按钮常开触点 SB2 上的 5 到端子排 XT 上的 5 是一根线；

g. 端子排 XT 上的 5 到接触器 KM 常开触点上的 5 是一根线；

h. 接触器 KM 常开触点上的 5 到接触器 KM 线圈上的 5 是一根线；

i. 接触器 KM 线圈上的 4 到热继电器 EH 常闭触点 4 是一根线；

j. 热继电器 EH 常闭触点下的 2，是通过控制电缆连接到低压配电盘零母线（N）的线。

通过这样的查看，看出箱内需要 10 根线。一般选择塑料绝缘线，线的截面积为 $1.5mm^2$，作为二次回路的连接用线。按测量好的连接器件相互间的距离（尺寸），把线剪断，把线一根一根的抻直，用剥线钳剥出线头，把一根线的两头穿上相同的端子号如图5-19所示。然后打成线把，按图 5-18 进行接线，开关箱内配线线把布置如图 5-20 所示。

② 开关箱与外部设备的连接

a. 主回路电缆的连接　从变电所到机前的开关箱，敷设一条 4 芯的电力电缆作为开关箱的电源，由开关箱到电动机敷设一条（3 芯）电力电缆，接线前，对 3 芯电力电缆、4 芯电力电缆分别进行了相间、对地的绝缘检测合格。

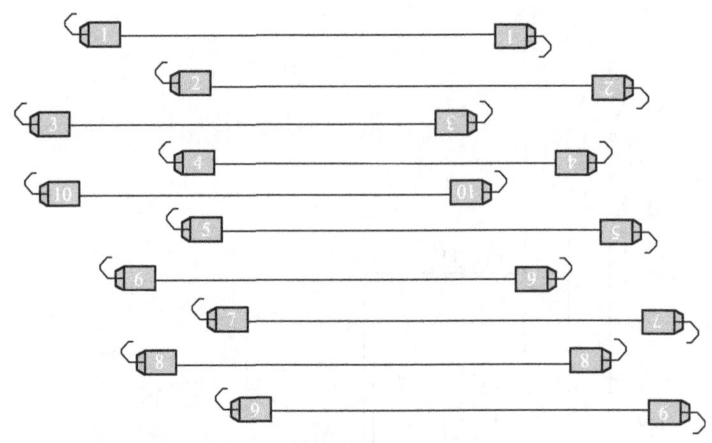


图 5-19 导线两头穿上相同的端子号

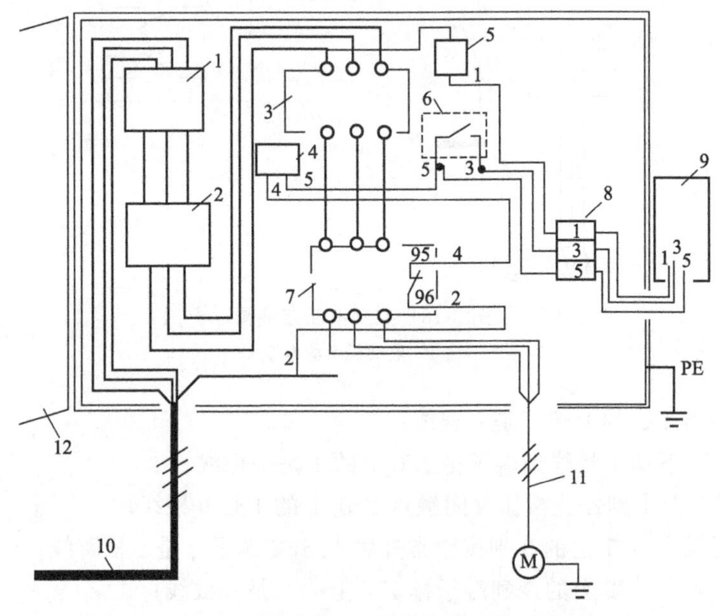


图 5-20 开关箱内配线线把布置示意图

1—三相负荷开关；2—低压断路器；3—交流接触器；4—线圈；5—控制回路熔断器；6—辅助触点；7—热继电器；8—端子排；9—控制按钮；10—电源电缆；11—电动机电缆；12—开关箱门

看图 5-18，将开关箱一侧的电缆与开关箱内的热继电器负载侧端子相连后，电动机前的电缆的与电动机接线盒内的绕组引出线端子相连接。

b. 试车前重新校线 最快的方法就是用万用表检查电动机控制回路接线是否正确（在电动机的负荷线未接前），送电，万用表置于交流电压 500V 挡位，万用表的正、负表笔分别接触端子排上的 3 号线和 5 号线，万用表的表针所指示的数值为 220V 电压，说明控制电路接线基本是对的，然后对接触器 KM 进行动作检验。

(6) 试车步骤与要求

在完成上述工作后，对接触器动作情况进行校验，确认接线是否有误，对电动机进行空载试运行。以检查电动机的旋转方向是否和机械设备旋转方向一致。

① 变电所内配电盘配接线时 将配电盘去电动机的电力电缆，从热继电器 EH 发热元

件端子上拆下，放在一边并固定。检查回路具备空载试车条件。在送电后，用万用表检查电路接线是否正确：万用表置于交流电压500V挡位，万用表的正、负表笔分别触之端子排上的3号线和5号线，万用表的表针所指示的数值为220V，说明控制电路接线是对的。可以对接触器KM进行空试。

② 开关箱内配线时　将开关箱去电动机的电力电缆，从热继电器EH发热元件端子上拆下，放在一边并固定。检查回路具备空载试车条件。在送电后，用万用表检查电路接线是否正确：万用表置于交流电压500V挡位，万用表的正、负表笔分别触之端子排上的3号线和5号线，万用表的表针，所指示的数值为220V，说明控制电路接线是对的。可以对接触器KM进行空载试车。

a. 接触器动作的验证：按启动按钮SB2，接触器KM得电动作，并能保持在工作状态；按停止按钮SB1，接触器KM断电释放。这样证明这一电路接线是正确的。如果异常说明接线有误，重新校线，改正。

b. 空载试车，这里指单独试验电动机运转情况：将电动机与机械连接的对轮拆开，接上电动机负荷电缆。按启动按钮SB2，接触器KM动作，并能保持在工作状态，电动机运转。按停止按钮SB1，接触器KM断电释放，电动机停止运转。

## 5.6.3 行程开关直接启停电动机380V控制电路

通过井（水罐容器）内的浮筒上升与下降（至规定位置时），而使行程开关动作控制水泵的启动与停止，是最简单的控制方法，水位高排水还是水位低补水，取决于实际需要，控制电路接线方式是根据现场情况设计的。

采用行程开关控制水泵的启动与停止控制电路如图5-21所示。水位高排水、水位低停用泵的控制，多用于锅炉冷凝水回收泵或变电所电缆沟防洪井抽水泵等。

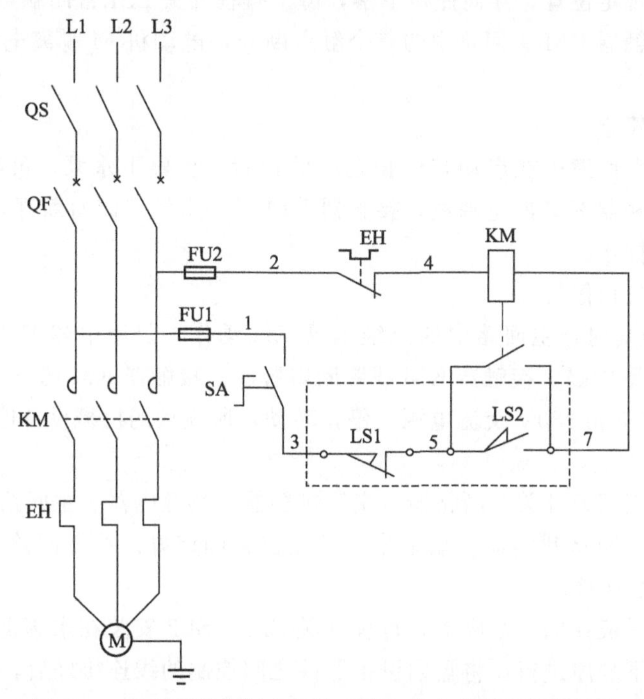


图5-21　行程开关控制水泵的启动与停止控制电路原理图

(1) 回路送电操作顺序

电动机主回路送电与控制电路，送电操作操作顺序如下：

① 合上三相刀闸开关 QS；

② 合上主回路断路器 QF；

③ 合上控制回路熔断器 FU1、FU2；

④ 合上控制开关 SA。

(2) 水泵自动运转

当水位上升到规定位置时，浮筒撞板顶上行程开关 LS2 时，常开触点 LS2 闭合，电源 L1 相→控制回路熔断器 FU1→1 号线→控制开关 SA 触点→3 号线→行程开关 LS1 常闭触点→5 号线→行程开关 LS2 常开触点→7 号线→接触器 KM 线圈→4 号线→热继电器 EH 的常闭触点→2 号线→控制回路熔断器 FU2→电源 L3 相，构成 380V 电路。

接触器 KM 线圈得到交流 380V 的工作电压动作，接触器 KM 常开触点闭合（将启动按钮 SB2 常开触点短接）自保，维持接触器 KM 的工作状态。接触器 KM 三个主触点同时闭合，电动机 M 绕组获得按 L1、L2、L3 相序排列的三相 380V 交流电源，电动机 M 启动运转，所驱动的机械设备水泵投入工作。当水位下降时，浮筒撞板随之下落。

(3) 自保电路

浮筒撞板下落，离开行程开关 LS2 时，常开触点 LS2 断开，由于接触器 KM 常开触点闭合，电源 L1 相→控制回路熔断器 FU1→1 号线→控制开关 SA 触点→3 号线→行程开关 LS1 常闭触点→5 号线→接触器 KM 常开触点→7 号线→接触器 KM 线圈→4 号线→热继电器 EH 的常闭触点→2 号线→控制回路熔断器 FU2→电源 L3 相，构成 380V 电路，维持接触器 KM 控制电路接通，实现自保。

(4) 水泵自动停止

当水位下降到规定位置，浮筒撞板下落，碰上行程开关 LS1 常闭触点断开，接触器 KM 电路断电释放，接触器 KM 主回路中的三个触点断开，电动机 M 脱离电源停止运转，水泵停止工作

(5) 水泵手动停止

水泵运转中，浮筒撞板在启动与停止之间的位置，要停下水泵，可断开控制开关 SA，切断控制电路，接触器 KM 断电释放，接触器 KM 三个主触点同时断开，电动机 M 断电停止运转，水泵停止抽水。

(6) 电动机过负荷停机

电动机 M 过负荷时，主回路中的热继电器 EH 动作，热继电器 EH 的常闭触点断开，切断接触器 KM 线圈电路，接触器 KM 线圈断电释放。接触器 KM 的三个主触点同时断开，电动机 M 绕组脱离三相 380V 交流电源，停止转动，所拖动的机械设备停止工作。

(7) 安装配线

盘上设备，三相闸刀开关、断路器、交流接触器、热继电器、主回路设备之间的连接采用铜或铝母线，控制回路断路器、端子排，已按位置固定好。控制回路一般采用塑料绝缘 1.5mm$^2$ 的独芯电线连接。

电动机与水泵一般在同一基座上，行程开关 SL1、SL2 安装在水罐上，如图 5-24 所示。回路安装配线按以下顺序进行：将盘内设备器件之间控制的线连接好后，凡是要与盘外设备进行连接的线，都要先引至端子排 XT 端子上，如图 5-22 所示，然后通过电缆与盘外设备

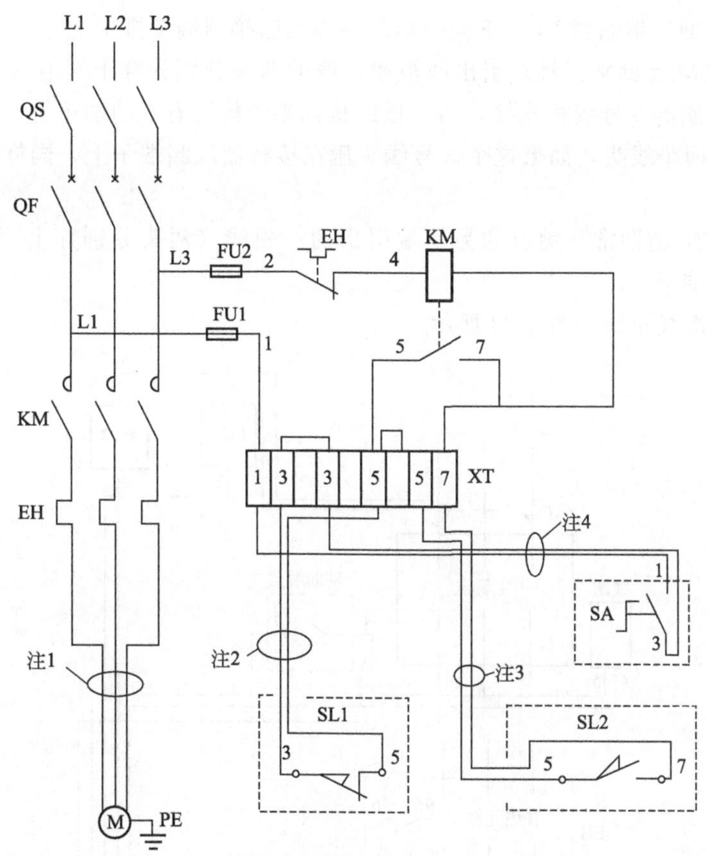


图 5-22 行程开关控制水泵的启动与停止控制电路接线图

注 1—电动机主回路电缆；注 2—行程开关控制电缆；注 3—控制开关电缆；注 4—控制开关电缆

连接，敷设一条控制电缆，电缆敷设后并经认真校线，然后按电路图中的回路标号，穿上端子号。在图 5-22 中，端子排图形上面的 1、3、5、7 是与外部设备进行连接的线号。

（8）看图分线配线与连接

为能清楚看出设备器件相互连接关系，根据图 5-21 画出的实际接线图如图 5-22 所示。盘内设备器件相互连接的线有 L1、1、3、5、7、4、2、L3 号线。

① 盘内设备器件相互连接的线

a. 接触器 KM 电源侧端子 L3 引出的一根线与控制回路熔断器 FU2 上侧连接。

b. 控制回路熔断器 FU2 下侧 2 引出的一根线与热继电器 EH 的常闭触点一端端子 2 相连接。

c. 接触器 KM 常闭触点的另一端端子引出的一根线与接触器 KM 线圈的两个线头中的任意一个端子连接，这根线是 4 号线。

d. 接触器 KM 线圈的另一个线头端子引出的一根线与接触器 KM 辅助常开触点的一侧端子相连接，这根线是 5 号线。

e. 接触器 KM 电源侧端子引出一根线与控制回路熔断器 FU1 的上侧连接，这根线是 L1 号线。

② 引至端子排的线　盘上设备需要与外部设备相连接的 1、3、5、7 号线，都要引到端子排 XT 上。其中 3 号线是控制开关返回的线。

a. 盘上控制回路熔断器 FU1 下侧引出的一根线已接到端子排 1 上。

b. 接触器 KM 辅助常开触点引出两根线，线的两头分别先穿上写有 5 的端子号。一根与接触器 KM 线圈的 5 号线相连接，另一根线接到端子排写有 5 的端子上，这时就会看到常开触点端子上有两个线头，如果这个 5 号线头压在接触器线圈端子上，同样看到线圈这个端子上有两个线头。

c. 接触器 KM 辅助常开触点的另一端引出的一根线（两头分别穿上写有 7 的端子号）接到端子排 7 号端子上。

盘内开关二次线布线如图 5-23 所示。

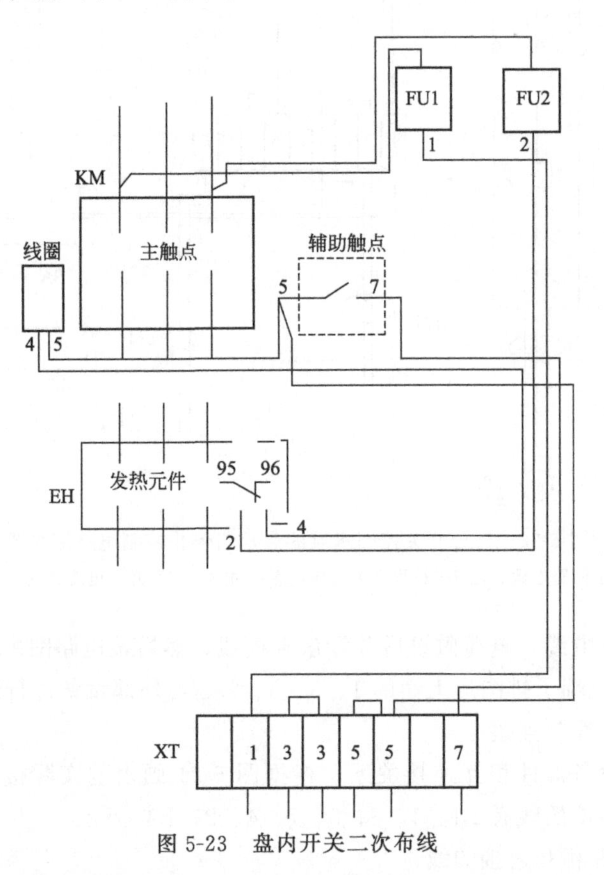


图 5-23　盘内开关二次布线

③ 外部设备的连接

a. 主回路电缆的连接　接线前，对电力电缆（三芯）进行了相间、对地的绝缘检测合格。

看图 5-22，低压配电盘到电动机前敷设一条 3 芯的电力电缆。选用 3 芯线电缆时不用校线，将变电所内的一头分别与热继电器 EH 负载侧三相端子连接，电缆的另一端与电动机三相绕组引出线端子连接。

b. 控制电缆　敷设三条控制电缆：

• 低压配电盘到机前控制开关 KA 敷设一条 3 芯的控制电缆。敷设后，打开控制开关的外盖，穿进电缆。校对出两根线，同一根线的两端穿上相同的端子号 1、1，3、3。配电盘一端电缆芯线 1、3 分别与端子排上的 1、3 连接，控制开关侧电缆芯线 1、3，分别与控制开关的 1、3 连接。

· 低压盘到行程开关 LS1，敷设一条 3 芯的控制电缆，其中 1 芯作备用。敷设后，打开行程开关 LS1 的盖板，穿进电缆。然后进行校线，同一根线的两端穿上相同的端子号 3、3，5、5。配电盘一端电缆芯线 3、5 分别与端子排上的 3、5 连接，行程开关 LS1 侧电缆芯线 3、5，分别与行程开关的常闭触点 3、5 连接，如图 5-24 所示。

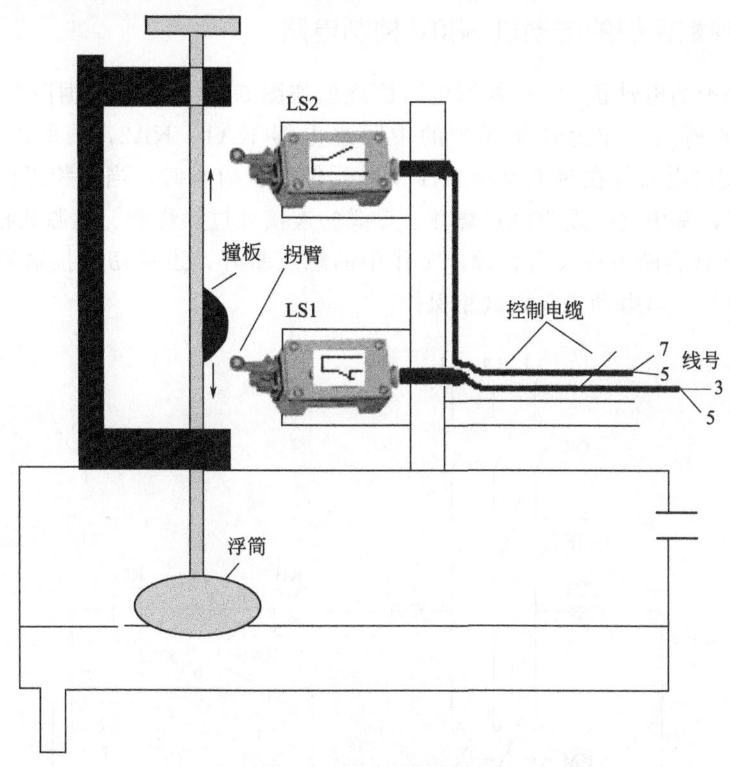


图 5-24 行程开关安装与内部接线示意

↑ ↓ 表示移动方向

· 低压盘到行程开关 LS2，敷设一条 3 芯的控制电缆，同样 1 芯作备用。敷设后，打开程开关 LS2 的盖板，穿进电缆。校对出两根线，同一根线的两端穿上相同的端子号 5、5，7、7。配电盘一端电缆芯线 5、7 分别与端子排上的 5、7 连接，行程开关 LS2 侧的电缆芯线 5、7，分别与行程开关的常开触点 5、7 连接，如图 5-24 所示。

到此，这台电动机的接线全部完成。

(9) 试车前的校线

① 在回路没有送电时，合上控制开关 SA。万用表置于 Ω 挡×100 位置，(+) 表笔接触接触器 KM 电源端子 L1 上，(−) 表笔接触端子排上的 5，表针指为 0 值，说明这一部分没有问题。

(+) 表笔接触端子排上的 7，(−) 表笔接触接触器 KM 电源端子 L3 上，表针指为 0 值，有一点电阻值 (接触器 KM 线圈的电阻值)，说明这一部分线路和接触器 KM 线圈是完好的。

② 在回路送电时，合上控制开关 SA。万用表置于交流电压 500V 挡位，万用表的正、负表笔分别接触端子排上的 5 号线和 7 号线，万用表的表针所指示的数值为 380V 电压。说明控制电路接线基本是对的，可以对接触器 KM 进行动作的检测。

用手推动行程开关 LS2 的拐臂，接触器 KM 得电动作吸合，并能保持在工作状态。推动行程开关 LS1 的拐臂，接触器 KM 断电释放。这样证明这一电路接线是正确的。如果异常说明接线有误，重新校线，改正。

到此，这台电动机的接线全部完成。

### 5.6.4 加有缺相保护的电动机 380V 控制电路

加有缺相保护的电动机 380V 控制电路原理图如图 5-25 所示，根据图 5-25 画出的实际接线图如图 5-26 所示。作为缺相保护的中间继电器 KA1、KA2，线圈的工作电压交流 380V，两只中间继电器接在热继电器 KH 发热元件的负荷端时，当三相刀闸，断路器、接触器、热继电器，其中之一发生触点烧坏、母线的连接处过热烧断、电源缺相，中间继电器 KA1、KA2 线圈就会断电或欠压释放，工作中的触点断开，迅速切断接触器控制电路，而使接触器断电释放，对电动机起到缺相保护。

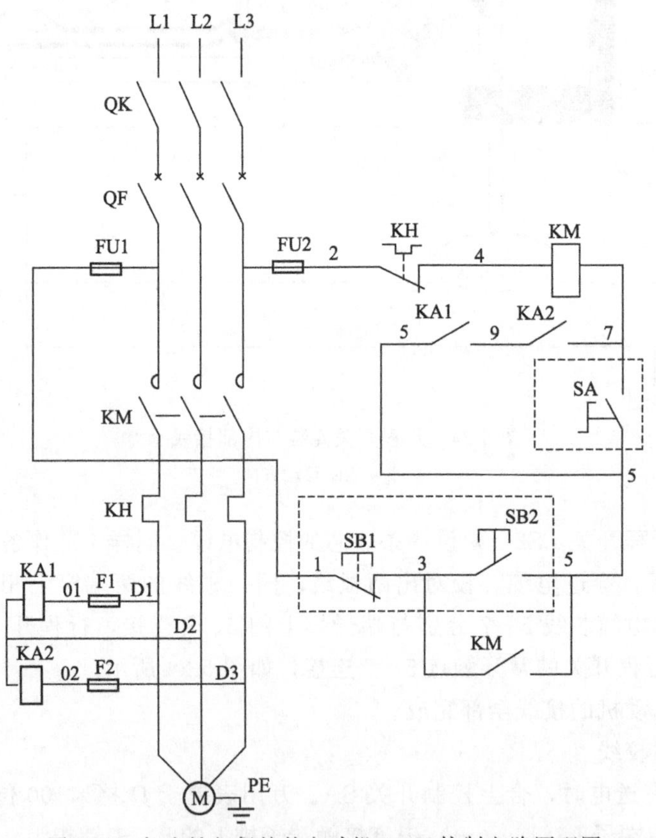


图 5-25 加有缺相保护的电动机 380V 控制电路原理图

(1) 回路送电操作顺序

电动机主回路送电与控制电路，送电操作操作顺序如下：

① 合上三相刀闸开关 QK；

② 合上主回路断路器 QF；

③ 合上控制回路熔断器 FU1、FU2。

(2) 电路工作原理

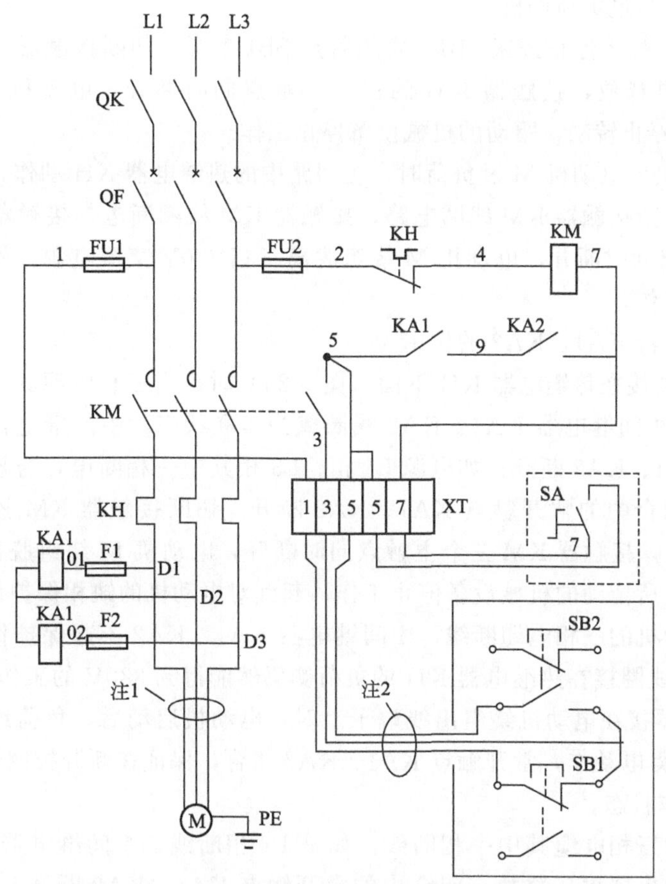


图 5-26 加有缺相保护的电动机 380V 控制电路接线图

注 1—电动机进线电缆；注 2—按钮开关电缆

合上控制开关 SA，按下启动按钮 SB2，电源 L1 相→控制回路熔断器 FU1→1 号线→停止按钮 SB1 常闭触点→3 号线→启动按钮 SB2 常开触点（按下时闭合）→5 号线→控制开关 SA 触点→9 号线→接触器 KM 线圈→4 号线→热继电器 KH 的常闭触点→2 号线→控制回路熔断器 FU2→电源 L3 相，构成 380V 电路。

接触器 KM 线圈得到交流 380V 的工作电压动作，接触器 KM 常开触点闭合（将启动按钮 SB2 常开触点短接）自保，维持接触器 KM 的工作状态。接触器 KM 三个主触点同时闭合，电动机 M 绕组得电启动运转，电动机 M 所驱动的机械设备运行。

接触器 KM 动作时，中间继电器 KA1、KA2 同时得电动作，中间继电器 KA1、KA2 常开触点闭合，与控制开关 SA 触点形成并联关系。电动机正常运转后，要及时将控制开关 SA 断开。

控制开关 SA 断开后，接触器 KM 控制电路工作原理是这样的：

电源 L1 相→控制回路熔断器 FU1→1 号线→停止按钮 SB1 常闭触点→3 号线→接触器 KM 常开触点（闭合中）→5 号线→中间继电器 KA1 常开触点→9 号线→中间继电器 KA2 常开触点→7 号线→接触器 KM 线圈→4 号线→热继电器 KH 的常闭触点→2 号线→控制回路熔断器 FU2→电源 L3 相，构成 380V 电路。通过中间继电器 KA1、KA2 闭合的常开触点，维持接触器 KM 的工作状态。

(3) 正常停机与过负荷停机

① 正常停机　按下停止按钮 SB1，常闭触点 SB1 断开，切断接触器 KM 线圈电路，接触器 KM 线圈断电释放，接触器 KM 的三个主触点同时断开，电动机 M 绕组脱离三相 380V 交流电源，停止转动，驱动的机械设备停止工作。

② 过负荷停机　电动机 M 过负荷时，主回路中的热继电器 KH 动作，热继电器 KH 的常闭触点断开，切断接触器 KM 线圈电路，接触器 KM 线圈断电，接触器 KM 释放，接触器 KM 三个主触点同时断开，电动机 M 绕组脱离三相 380V 交流电源，停止转动，所拖动的机械设备停止工作。

(4) 中间继电器 KA1、KA2 的作用

① 中间继电器接在热继电器 KH 下面（图 5-25）时，当三相电源其中一相断电：如电源 L2 相断电后，中间继电器 KA1、KA2 线圈成为串联状态，中间继电器欠压释放，闭合中的常开触点 KA1、KA2 断开；如电源 L1 相、L3 相其中一相断电，与该相连接的中间继电器失压释放，闭合中的常开触点 KA1、KA2 断开，切断接触器 KM 控制电路，接触器 KM 线圈断电释放，接触器 KM 三个主触点同时断开，电动机 M 绕组脱离三相 380V 交流电源，停止转动，所拖动的机械设备停止工作，起到对电动机的缺相保护作用。

如果是到电动机的三相电缆断线，中间继电器 KA1、KA2 不起保护作用。因为中间继电器 KA1、KA2 线圈接在热继电器 KH 的负荷侧仍然能得到 380V 的工作电压。

② 中间继电器接在电动机绕组出线端子上时，电动机启动后，负荷线路有电，中间继电器 KA1、KA2 得电动作，常开触点 KA1、KA2 闭合，保证在断开控制开关 SA 后，维持接触器 KM 的工作状态。

如到电动机的三相电缆其中一相断线：如是 L2 相断线，中间继电器 KA1、KA2 线圈变成串联，中间继电器欠压释放，闭合中的常开触点 KA1、KA2 断开；如三相电缆中 L1 相或 L3 相，其中一相断电，则与该相连接的中间继电器失压释放，闭合中的常开触点 KA1 或 KA2 断开，切断接触器 KM 控制电路，电动机 M 绕组脱离三相 380V 交流电源，停止转动，所拖动的机械设备停止运行。这样，三相电缆其中一相断线或电动机电源其中一相无电时，均能起到对电动机的缺相保护。

注意：电动机启动前，合上控制开关 SA，电动机才能启动。电动机正常运转后，控制开关 SA 在断开位置时，才能起到对电动机的缺相保护。而控制开关 SA 在合位时，不能起到对电动机的缺相保护。

(5) 电动机回路安装配线

盘上设备，三相闸刀开关、断路器、交流接触器、热继电器等主回路设备之间的连接，采用铜母线。控制回路断路器、中间继电器，控制开关、端子排之间的连接，采用 500V 的绝缘铜芯线。

电动机与水泵一般在同一基座上，控制按钮 SB1、SB2 安装在机前方便操作的位置，先将盘内设备器件之间的线连接好后，与盘外部设备进行连接的线，都要先引至端子排 XT 上，然后通过电缆再与盘外设备连接，控制电路配线图如图 5-27 所示。敷设一条控制电缆，并经认真校线，然后按电路图中的回路标号，穿上端子号。

(6) 看图分线配线与连接

为能清楚看出设备器件相互连接关系，根据图 5-26 进行分析有多少根线。

① 盘内设备器件相互连接的线

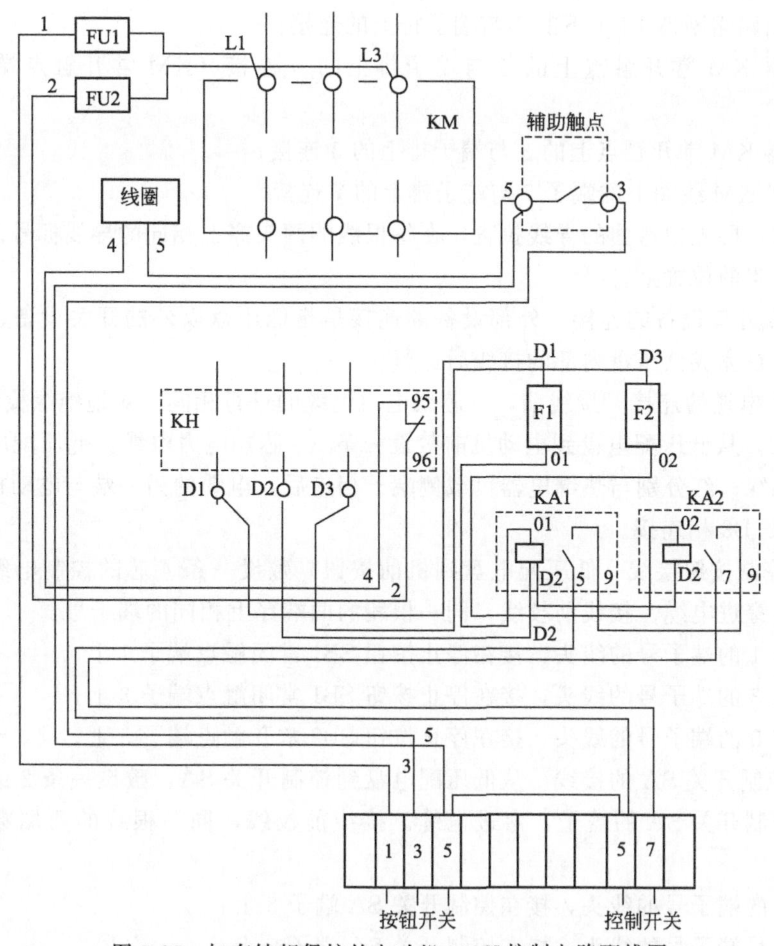


图 5-27　加有缺相保护的电动机 380V 控制电路配线图

a. 盘内设备器件相互连接的线有 L1、1、3、9、7、4、2、L3 号线；

b. 接触器 KM 电源侧端子 L3 与控制回路熔断器 FU2 上端连接；

c. 控制回路熔断器 FU2 下侧的 2 号线与热继电器 KH 常闭接点 2 端子相连接；

d. 常闭触点的另一侧端子 4 与接触器 KM 线圈接线端子 4 连接；

e. 接触器 KM 线圈上的 7 与中间继电器 KA2 常开触点上的 7 连接；

f. 中间继电器 KA2 常开触点上的 9 与中间继电器 KA1 常开触点上的 9 连接；

g. 中间继电器 KA1 常开触点上的 5 与接触器 KM 常开触点上的 5 连接；

h. 接触器 KM 辅助常开触点上的 7 与接触器 KM 线圈上的端子 7 连接；

i. 热继电器 KH 下的 D1 与熔断器 F1 上端连接；

j. 熔断器 F1 下侧的 01 与中间继电器 KA1 线圈上的 01 连接；

k. 中间继电器 KA1 线圈上的 D2 与热继电器 KH 下的 D2 连接；

l. 热继电器 KH 下的 D3 与熔断器 F2 上侧连接；

m. 熔断器 F2 下侧 02 与中间继电器 KA2 线圈上的端子 02 连接；

n. 中间继电器 KA2 线圈的另一端子 D2 与热继电器 KH 下的 D2 连接。

② 引至端子排的线

a. 接触器 KM 电源侧端子 L1 与控制回路熔断器 FU1 上端连接；

b. 控制回路熔断器 FU1 下的 1 与端子排上的连接；

c. 接触器 KM 常开触点上的 5 与端子排上的 5 连接（KM 常开触点端子上有两个线头）；

d. 接触器 KM 常开触点上的 3 与端子排上的 3 连接；

e. 接触器 KM 线圈上的端子 7 与端子排上的 7 连接。

在接线前，要先把弯曲的导线拉直，在每根线的两头穿上相同的导线标号。然后打成线把，固定在适当的位置上。

③ 配电盘外部设备的连接。外部设备的连接是指低压盘以外的开关设备、电缆、电动机等的接线。在完成低压盘内部的接线后进行。

a. 主回路电缆的连接　接线前，三芯线电力电缆的进行相间、对地绝缘检测合格。

看图 5-26，从低压配电盘到电动机前敷设一条（3 芯）电力电缆。低压配电盘一侧的电缆芯线。黄、绿、红分别与热继电器负载侧端子相连后，电缆的另一端与电动机绕组引出线端子 D1、D2、D3 相连接。

b. 机前控制按钮接线　低压配电盘到机前按钮，敷设一条 4 芯的控制电缆，打开控制按钮的盖子，穿进电缆。接线前校线，同一根线的两端穿上相同的端子号。

- 将穿有 1 的端子号的线头，接在停止按钮 SB1 常闭触点端子 1 上；
- 把穿有 3 的端子号的线头，接在停止按钮 SB1 常闭触点端子 3 上；
- 将穿有 5 的端子号的线头，接在停止按钮 SB2 常开触点端子 5 上。

c. 机前控制开关 SA 的接线　从低压配电盘到控制开关 SA，敷设一条 2 或 3 芯的控制电缆，打开控制开关 SA 的盖子，穿进电缆。接线前校线，同一根线的两端穿上相同的端子号。

- 穿有 5 的端子号的线头，接在控制开关 SA 端子 5 上；
- 穿有 7 号端子号的线头，接在控制开关 SA 端子 7 上。

d. 配电盘端子排上的接线　按控制电缆的端子号与低压配电盘的端子排相应的端子标号连接。

- 穿有 5 的端子号的线头，接在端子排 XT 端子 5 上；
- 穿有 7 号端子号的线头，接在端子排 XT 端子 7 上。

到此，这台电动机的主电路和控制电路的接线全部完成。

(7) 校线与电动机试运转

在完成上述工作后，对接触器动作情况进行校验，确认接线是否有误，对电动机进行空载试运行，以检查电动机的旋转方向是否和机械设备旋转方向一致。

将配电盘去电动机的负荷（电力）电缆，从热继电器 EH 端子上拆下，放在一边并固定。检查回路具备空试条件。

① 送电后，用万用表检查电路接线是否正确　万用表置于交流电压 500V 挡位，万用表的正、负表笔分别接触端子排上的 3 号线和 7 号线，万用表的表针所指示的数值为 380V 电压；万用表置于交流电压 500V 挡位，合上控制开关 SA，万用表的正、负表笔分别接触端子排上的 3 号线和 5 号线，万用表的表针所指示的数值为 380V 电压。说明控制电路接线基本是对的。

② 接触器 KM 进行动作检测　按启动按钮 SB2，接触器 KM 得电动作吸合，并能保持

在工作状态；

按停止按钮 SB1，接触器 KM 断电释放，这样证明这一电路接线是正确的。如果异常说明接线有误，重新校线，改正。

③ 电动机试运转 将电动机与机械设备的对轮（皮带）拆（下）开，接上电动机负荷电缆。按启动按钮 SB2，接触器 KM 动作，并能保持在吸合状态，电动机运转。按停止按钮 SB1，接触器 KM 断电释放，电动机停止运转。将电动机与机械泵的对轮重新连接，上述工作结束。

到此，电工完成电动机安装、接线任务。

### 5.6.5 具有信号灯的双重联锁的电动机正反转 380V 控制电路

（1）电路工作原理（见图 5-28）

① 回路送电

a. 合上隔离开关 QS；

b. 合上断路器 QF；

c. 合上控制回路熔断器 FU1、FU2。信号灯 HL1 得电，灯亮表示回路送电。

② 正向启动运转 按下正向启动按钮 SB2，电源 L1 相→控制回路熔断器 FU1→1 号线→停止按钮 SB1 动断触点→3 号线→按钮 SB3 的动断触点→5 号线→启动按钮 SB2 动合触

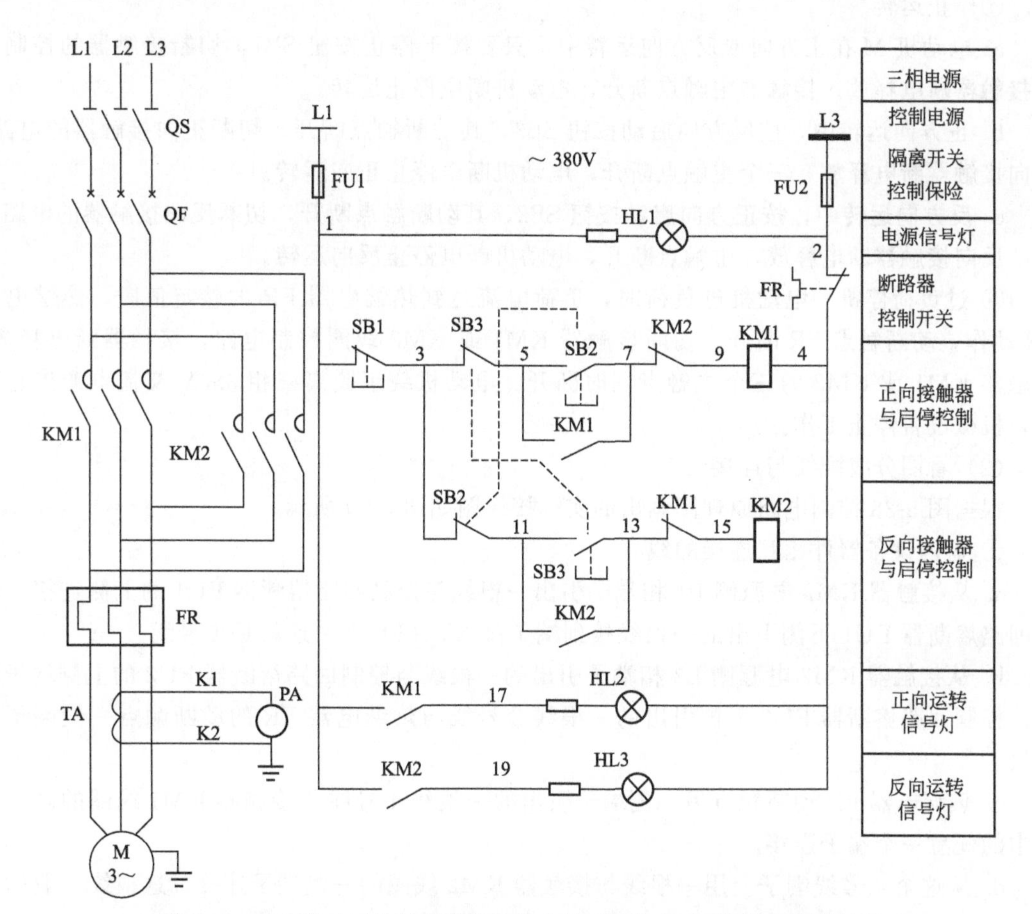


图 5-28 具有信号灯的双重联锁的电动机正反转 380V 控制电路原理图

点（按下时闭合）→7 号线→反向接触器 KM2 动断触点→9 号线→正向接触器 KM1 线圈→4 号线→热继电器 FR 的动断触点→2 号线→控制回路熔断器 FU2→电源 L3 相。电路接通，接触器 KM1 线圈获得交流 380V 电压动作，动合触点 KM1 闭合自保，维持接触器 KM1 工作状态。

正向接触器 KM1 三个主触点同时闭合，电动机绕组获得按 L1、L2、L3 排列的三相 380V 交流电源，电动机正向启动运转。

接触器 KM1 动合触点闭合→17 号线→信号灯 HL2 得电，灯亮表示电动机正向运转。

③反向启动运转　按下反向启动按钮 SB3，电源 L1 相→控制回路熔断器 FU1→1 号线→停止按钮 SB1 动断触点→3 号线→按钮 SB2 的动断触点→11 号线→启动按钮 SB3 动合触点（按下时闭合）→13 号线→正向接触器 KM1 动断触点→15 号线→反向接触器 KM2 线圈→4 号线→热继电器 FR 的动断触点→2 号线→控制回路熔断器 FU2→电源 L3 相。电路接通，接触器 KM2 线圈获得 380V 电压动作，动合触点 KM2 闭合自保，维持接触器 KM2 工作状态。

反向接触器 KM2 三个主触点同时闭合，电动机绕组获得按 L3、L2、L1 排列的三相 380V 交流电源，电动机反向启动运转。

接触器 KM2 动合触点闭合→19 号线→信号灯 HL3 得电，灯亮表示电动机反向运转。

④停止运转

a. 电动机 M 在正方向或反方向运转中，只要按下停止按钮 SB1，切断接触器的控制电路接触器断电释放，接触器主触点断开，电动机断电停止运转。

b. 正方向运转中，按反方向启动按钮 SB3，其动断触点断开，切断正向接触器的电路，正向接触器断电释放，三个主触点断开，电动机断电停止正向运转。

c. 反方向运转中，按正方向启动按钮 SB2，其动断触点断开，切断反向接触器的电路，反向接触器断电释放，主触点断开，电动机断电停止反向运转。

⑤ 过负荷停机　电动机过负荷时，负荷电流达到热继电器 FR 的整定值时，热继电器 FR 动作，动断触点 FR 断开，切断接触器 KM1 或 KM2 线圈控制电路，接触器断电释放，接触器 KM1 或 KM2 的三个主触点同时断开，电动机绕组脱离三相 380V 交流电源停止转动，机械设备停止工作。

（2）看图分线配线与连接

根据图 5-28 控制电路原理图画出的实际接线图如图 5-29 所示。

① 盘内设备器件相互连接的线

a. 从接触器 KM2 电源侧 L1 相端子引出一根线与控制回路熔断器 FU1 的上侧连接。控制回路熔断器 FU1 下侧引出的一根线接到端子排 XT（1）上，这就是 1 号线。

b. 从接触器 KM2 电源侧 L3 相端子引出的一根线与控制回路熔断器 FU2 的上侧端子连接。控制回路熔断器 FU2 下侧引出的一根线 2 号线与热继电器 FR 的动断触点一侧端子相连接。

c. 热继电器 FR 动断触点另一侧端子引出的一根线 4 号线与接触器 KM1 线圈的两个线头中的任意一个端子连接。

d. 从这个 4 号线端子上用一根线与接触器 KM2 线圈的一侧端子连接，这根线一般称之跨接线（4 号线）。

② 相互制约的联锁接线

a. 正向接触器 KM1 与反向接触器 KM2 的互锁的连接　从接触器 KM1 线圈的一侧端

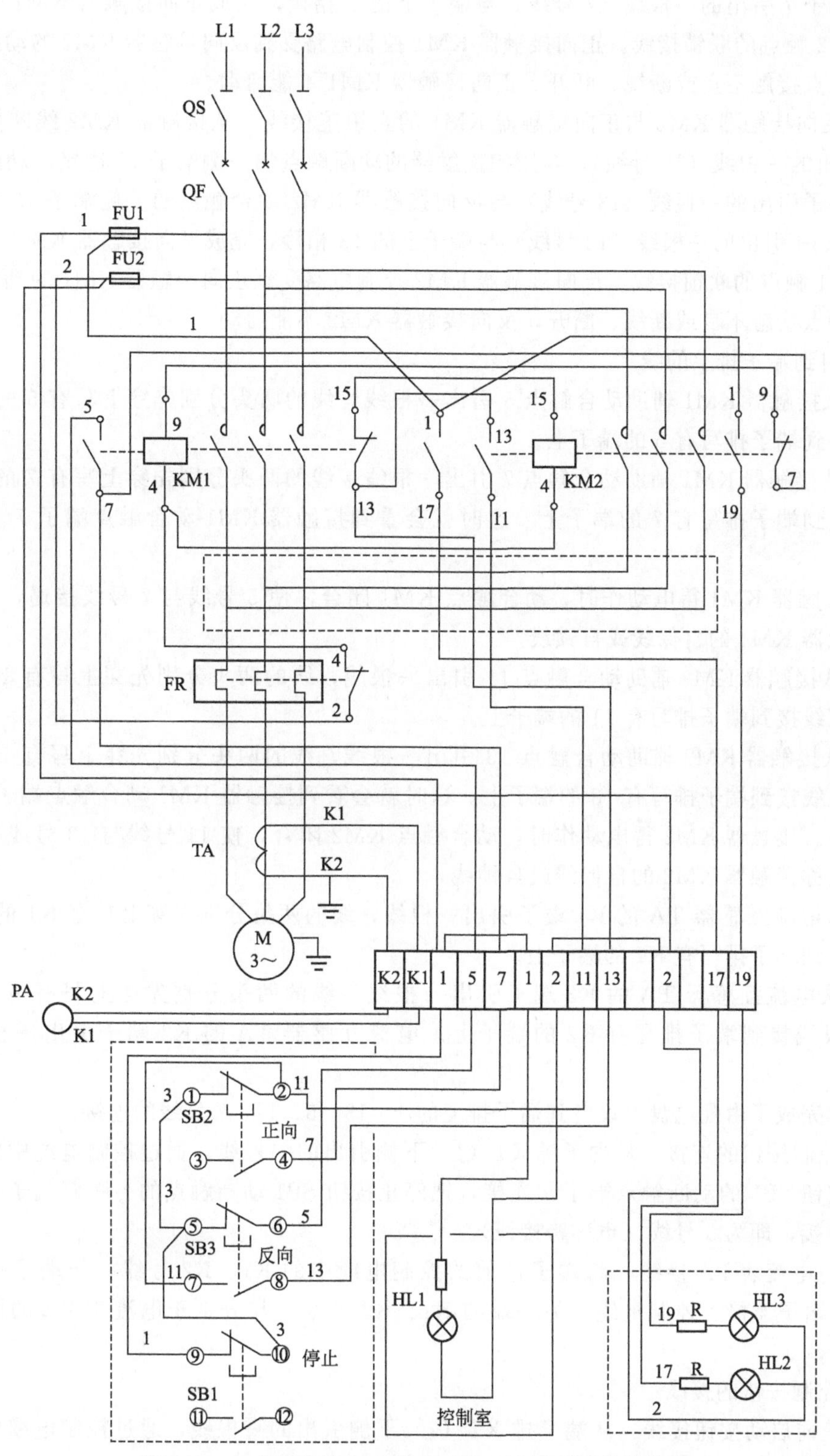


图 5-29　双重联锁的电动机正反转 380V 控制电路接线图

子9引出的一根线（9号线），与反向接触器KM2的动断触点的一侧端子9连接，这个动断触点的另一侧端子引出的一根线（7号线）与正向接触器KM1动合触点的一侧端子7连接，由这个端子7引出的一根线（7号线）与端子上的7相接，完成正向接触器KM1与反向接触器KM2触点的联锁接线。正向接触器KM1控制电路受到反向接触器KM2的动断触点控制，此触点接触不良或断线、断开，正向接触器KM1不能启动。

b. 反向接触器KM2与正向接触器KM1的互锁连接线　从接触器KM2线圈的一侧端子15引出的一根线（15号线），与正向接触器的动断触点的一侧端子15连接，动断触点的另一侧端子引出的一根线（13号线）与反向接触器KM2动合触点的一侧端子13连接，由这个端子13引出的一根线（13号线）与端子上的13相接，完成反向接触器KM2与正向接触器KM1触点的联锁接线。反向接触器KM2控制电路受到正向接触器KM1的动断触点控制，此触点接触不良或断线、断开，反向接触器KM2不能启动。

③ 引到端子排上的线

a. 从接触器KM1辅助动合触点5引出一根线，线的两头分别先穿上写有5的端子号。这根线接到端子排写有5的端子上。

b. 从接触器KM1辅助动合触点7引出一根线，线的两头分别先穿上写有7的端子号。这根线接到端子排写有7的端子上。这时就会看到接触器KM1动合触点端子7上有两个线头。

c. 接触器KM1得电动作时，动合触点KM1闭合，使5号线与7号线接通，5号线一般称接触器KM1的自保线或自锁线。

d. 从接触器KM2辅助动合触点11引出一根线，线的两头分别先穿上写有11的端子号。这根线接到端子排写有11的端子上。

e. 从接触器KM2辅助动合触点13引出一根线，线的两头分别先穿上写有13的端子号。这根线接到端子排写有13的端子上。这时就会看到接触器KM1动合触点端子13上有两个线头。接触器KM2得电动作时，动合触点KM2闭合，使11号线与13号线接通，11号线一般称接触器KM2的自保线或自锁线，

f. 从电流互感器TA的K1端子引出一根线，线的两头分别先穿上写有K1的端子号。这根线接到端子排写有K1的端子上。

g. 从电流互感器TA的K2端子引出一根线，线的两头分别先穿上写有K2的端子号。这根线接到端子排写有K2的端子上。电流互感器TA的K2端子引出一根线与盘体连接。

到此完成了由配电盘上设备到端子排上的1、13、5、11、7号线的连接。

④ 控制按钮的连接　从端子排XT（1）下侧引出的一根线，通过控制电缆中的1号线与停止按钮SB1的动断触点端子⑨连接，把停止按钮SB1动断触点的另一侧端子⑩→⑤→①用线连接，即为3号线（也称跨接线）。

⑤ 与电流表PA接线　将端子排前的控制电缆中的K1、K2号线，与端子排上写有K1、K2端子连接。控制电缆中另一端的K1、K2号线，与分别于电流表PA的两个端子连接。

⑥ 控制按钮的接线

a. 正向启动按钮接线　从端子排XT（7）下侧引出的一根线，通过控制电缆中的7号线与正向启动按钮SB2的动合触点端子④连接，正向启动。

b. 反向启动按钮接线 从端子排 XT（13）下侧引出的一根线，通过控制电缆中的 13 号线与反向启动按钮 SB3 的动合触点端子⑧连接，反向启动。

c. 切断反向运转的联锁 从端子排 XT（11）下侧引出的一根线，通过控制电缆中的 11 号线与正向启动按钮 SB2 的端子②连接，用于切断反向控制电路。

d. 切断正向运转的联锁

从端子排 XT（5）下侧引出的一根线，通过控制电缆中的 5 号线与反向启动按钮 SB3 的动断触点端子⑥连接，用于切断正向控制电路。

注：接线前要把引到端子排上的 1、13、5、11、7 号线的每根导线拉直，两头穿上相同的端子号，然后把 1、13、5、7、11、5 号线排列打成一把并固定，而且要按图进行接线。

⑦ 主回路电缆的连接 接线前，已对三芯的电力电缆进行了相间、对地的绝缘检测并合格。

看图 5-28 低压配电盘到电动机前，敷设一条三芯的电力电缆。不用校线，将变电所内的一头分别与热继电器 FR 负载侧三相端子相连后，电缆的另一端与电动机三相绕组引出线端子连接。

⑧ 盘上设备需要与外部设备相连接的线 盘上设备与外部设备相连接的线，是指电动机、机前控制按钮的接线。去电动机机前控制按钮的线有几根，看端子排上有几个数字，一个数字一根线。去电动机机前控制按钮的线，采用控制电缆，应该选择 6～7 芯控制电缆，校对芯线并穿上端子号，然后按图标号，控制电缆的一端芯线的端子号与端子排上相同的标号连接，控制电缆的另一端芯线的端子号与控制按钮内部连接线端子上相同的标号进行接线。

⑨ 安全接线的方法 在正反转电动机控制接线过程中，在主回路配置连接后，图 5-29 接触器主触点负荷侧至热继电器主端子上的连接线（虚线框内）不要接，热继电器 FR 负荷侧至电动机的负荷线（电缆）可连接上。

在控制线路接线时，首先确定正向接触器 KM1 线圈的两个引出线端子将其中的一个与反转接触器 KM2 线圈的两个引出线中的一个端子连接，由此端子再与热继电器 FR 动断触点的一侧相连即 4 号线，热继电器 FR 的动断触点的另一端与控制熔断器 FU2 下侧连接即 2 号线，熔断器另一侧与接触器的电源侧 L3 相主端子连接，完成了从接触器电源侧端子经热继电器 FR 到接触器线圈的接线。

从接触器电源 L1 侧端子引出的导线经控制熔断器 FU1 后，连接到端子排 1 上，在以下的接线过程中，只要不把控制线路接到主回路中去，即使控制回路接错线，也不会发生短路故障，在控制线路接线结束，并经校线正确无误后，检查接触器上的消弧装置已全部上好，卡簧卡住或螺栓上紧，然后空试接触器 KM1、KM2 动作情况。

两台接触器能够分别按指令动作或释放后，再将拆掉的线重新连接上，进行正式的试车。如果电动机的方向与指令方向相反时，停电后，将热继电器 FR 负荷侧下的接线端子调换一下线头即可。

如果出现按下正转启动按钮 SB2 或反转启动按钮 SB3，电动机的方向不改变（是同一方向），这是因为反转接触器 KM2 负荷侧的母线接错，没有改变电源相序，与接触器 KM2 电源侧的母线相序 L1、L2、L3 相同，改为母线按 L3、L2、L1 顺序连接即可。

⑩ 安全试车方法 在电动机的容量较大时，在主回路及控制回路接线完成后，至电动机的负荷线不要连接，主回路中的电源刀闸开关不要合上，控制熔断器合上，可选择一个

15A以下装有熔丝的三相刀闸，熔丝额定电流为5A，从备用回路取一电源作为空试接触器KM1、KM2的电源，其连接方法如图5-30所示。

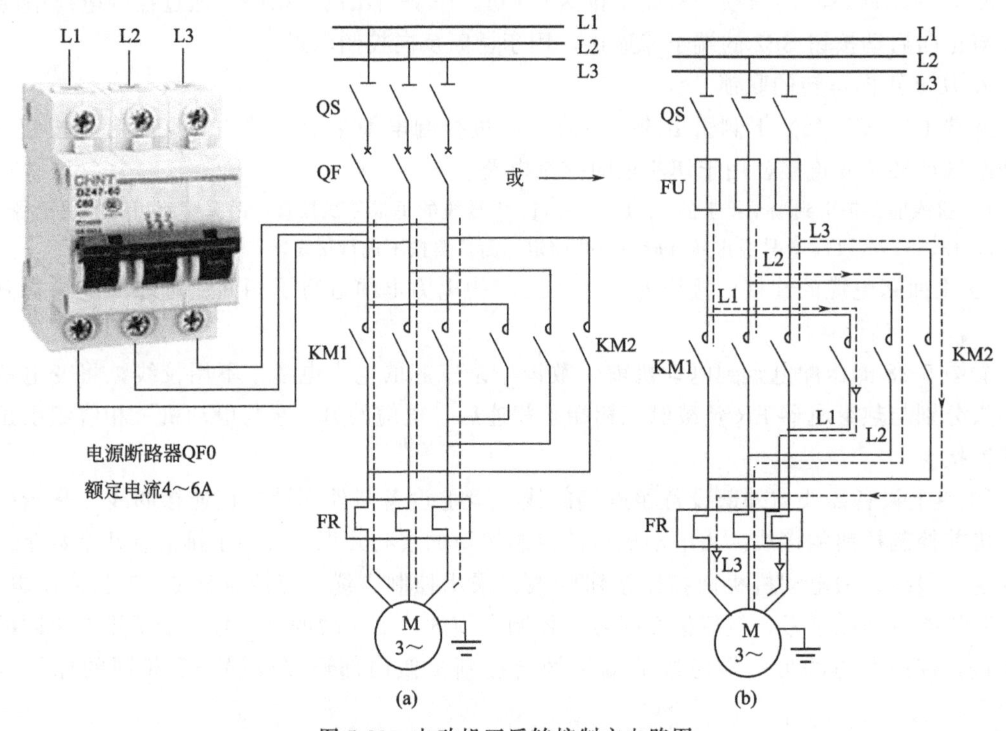


图5-30　电动机正反转控制主电路图

注：(a) 中的虚划线表示正转电流方向；(b) 中的虚划线表示相序改变，电动机反转电流方向

空试接触器KM1、KM2：合上电源断路器QF0，检查两台接触器的主触点电源侧带电，控制熔断器带电，按下正向启动按钮，刚按下时反向接触器释放，再往下按时正向接触器吸合自保。按下反向启动按钮，刚按下时正向接触器释放，再往下按时反向接触器吸合并自保。

同时按下正反向启动按钮，两台接触器均不吸合，经过上述空试接触器动作正确，这时就可以把电动机的负荷线接上。试车前必须用兆欧表检测负荷电缆相间绝缘、电动机绕组绝缘，其绝缘值不得低于0.5MΩ。

如果空试接触器KM1、KM2过程中发生短路故障时，电源断路器QF0立即断开，切断电源，不会损坏设备，起到对电路保护作用，断开断路器QF0后，重新检查接线正确与否，这样做法是安全的。

# 第6章 变配电系统图识读

## 6.1 电气系统图

电气系统图是电工用图中的一种，是用统一规定的符号或有注释的框、线条、简要概略表示系统或分系统的基本组成的相互关系及其主要特征的一种简图。电气系统图能表示出该系统配电设备的供电电压，一次电压和二次电压，电流流过电路的方式，接线方式，连接设备，安装位置以及主要电气设备的型号、规格、数量等。

系统图具有以下作用。

在设计阶段，系统图用于电气设备的设计规划，是编制技术文件的主要依据，另外也是定购设备时，提供使用的说明书，开关厂生产时就按照购方提供的系统图对每个回路的设备进行匹配布置。用图形符号表示电气设备（一般用实线方式），在图形符号的边上附注它的略号，就能简单地了解每个回路所使用设备的种类（刀闸、断路器、交流接触器等），理解系统构成的保护方式，电力系统的总体设备概况。系统图是电力系统的基本接线图，分为：动力系统图、照明系统图、变配电系统图。

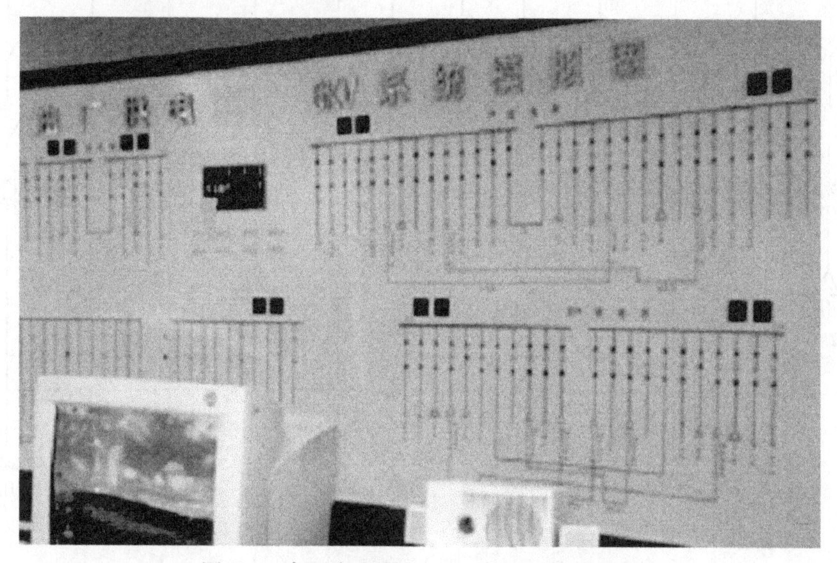

图 6-1　高压变电所的 6kV 高压系统模拟图

在施工阶段，系统图是电气施工人员进行电气设备安装、排列的依据。在变配电所（也称变配电站）投入运行后，系统图用来表示该变电所的运行方式和设备动态。

走进变配所，就看到能墙上挂的系统图。如图 6-1 所示为某一高压变电所的 6kV 高压系统模拟图。

## 6.2 变电所主接线图

变电所供电系统图主要是用来表示从发电、输送、分配过程中一次设备相互连接关系的电路图，一般习惯上称主回路接线图。一般主接线图采用单线图表示，它能反映出不同电压等级的供电系统，从 500kV 到 6～10kV 变电所的供电关系，也可以反映小到一个配电间的

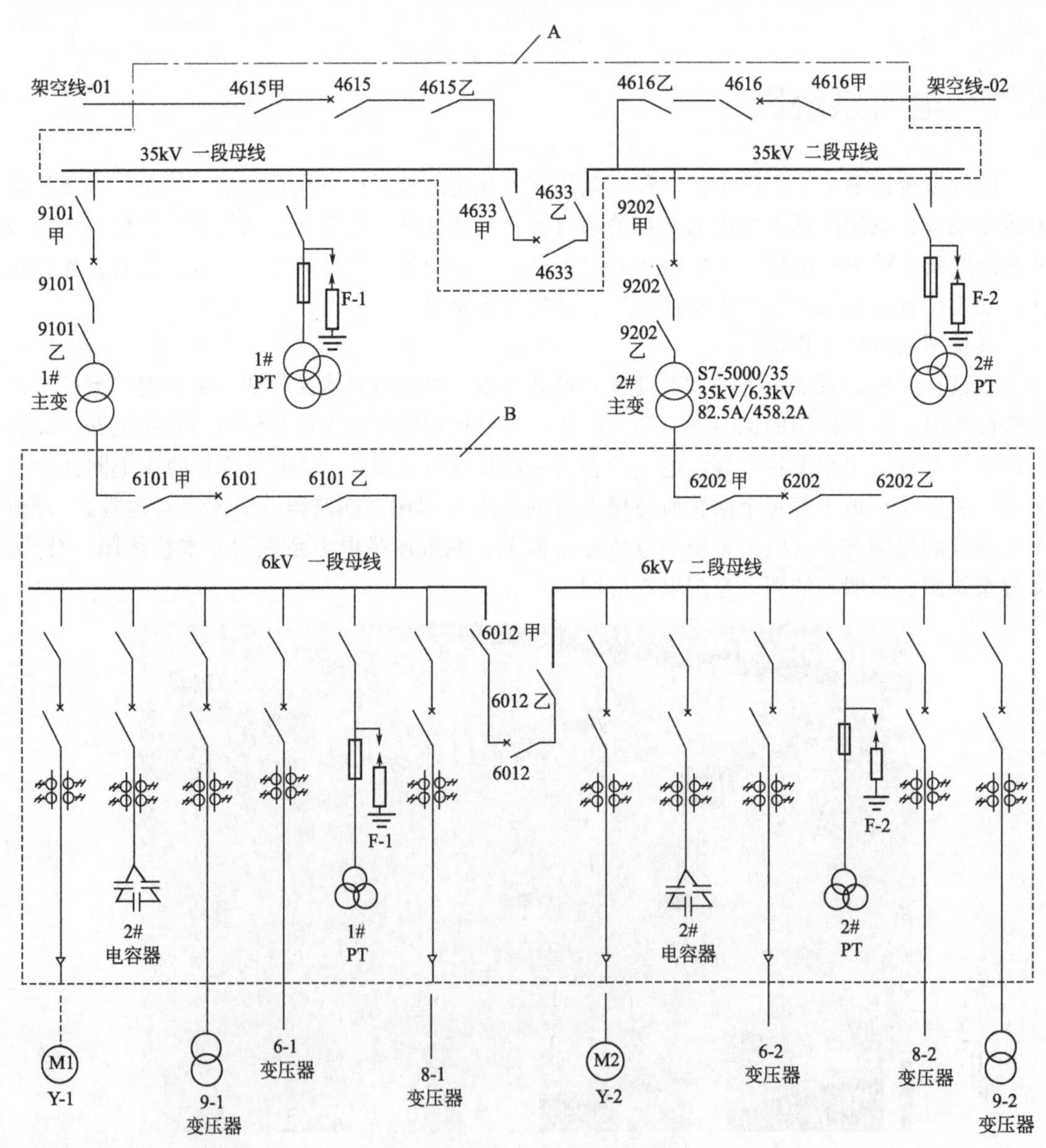

图 6-2 变电所 35kV/6.3kV 系统图

供电关系。图中一般还表示出各种电气设备的规格、型号、数量，母线电压等级，连接方式及各配电设备回路的编号，设备容量，负荷容量等。

图 6-2 为一座 35kV/6.3kV 变电所系统图，图中标注了回路名称符号、回路电气设备的编号。系统图虽然没有标注各回路电气设备的型号、规格，但同样能反映出配电站各回路电气设备的概况，还能表示出一个变配电系统的运行方式。

如果在单线图的图形符号旁边标注的不是设备的型号、规格等参数，而是数字编号（设备名称），并且将开关制成可动（能够明显表示开关的合、断状态或用灯光表示开关断、合位置），这种图就是电力系统运行图，简称模拟图。根据电力调度指令，电力系统运行图担负着指导变电所值班电工进行正确倒闸、操作的重要职能。

图 6-2 虽然没有标注设备型号、容量，只用一些数字或名称代表，但电气工作人员一看就能了解到这一变配电系统的连接情况、设备位置，当电力调度下达某一回路操作时，就按此图上的数字或名称，按操作顺序要求填写倒闸操作票，然后进行倒闸操作。

（1）变电所 35kV/6.3kV 系统概况

图 6-2 中所示的 35kV/6.3kV 变配电系统（单线接线图）图，分为如下三个部分。

① 35kV 电源部分　变配电所 35kV 电源部分从 35kV 架空线引入，开关设备由 35kV 户外型隔离开关、断路器、母线、母线联络断路器构成。

② 变电系统　变电系统由两台主变 35kV/6.3kV 的变压器组成，1 号、2 号主变的高压一次设备均由 35kV 户外隔离开关、断路器、电压互感器构成，主变的二次输出 6kV 电压，经 6kV 三相电缆引进 6kV 变配电所进线高压开关柜。再经高压开关柜内的断路器、隔离开关与 6kV 一段主母线连接，两台主变分别将 6kV 电源送至下级变配电所的 6kV 一、二段主母线上。两台变压器的接线组别相同，该系统中的两台主变压器可以单独运行也可并列运行。

35kV 母线上还各自接有作为计量用的电压互感器和作为防雷保护用的避雷器，提高了变电所供电的灵活性和可靠性。

③ 6kV 配电系统　6kV 配电系统中的各种高压开关柜内的电源都经过高压开关与 6kV 母线连接。在 6kV 一段母线与二段母线之间安装了母联开关柜并通过隔离开关、断路器的分闸和合闸，达到分段或并列运行。

从图 6-2 中看出每一条回路实际上就是一台高压开关柜，6kV 母线下的回路有母联、变压器、进线、PT、电容器、电动机、馈出线。通过操作上述回路中的开关可使回路投入运行或退出运行。

从图 6-2 这一变配电系统图可以看出下列开关：35kV 母线联络开关 4633、6kV 母线联络开关 6012、低压（380V）母联刀闸 312（图 6-4、图 6-5）均处于（分闸）断开状态。这时系统处于阶梯分段运行方式。

进行倒闸操作时：将 35kV 母联开关 4633、6kV 母联开关 6012、低压母联 312 刀闸合闸后的运行方式就暂时变为双电源梯阶环形运行方式。

（2）采用环形接线的方式应注意的问题　电源的负荷容量必须能够满足配电系统用电量，也就是说一条电源能够承担起整个系统的负荷，如主变压器一次电流为 82.5A，这一配电系统运行总电流不应超过 82.5A，即正常运行中，1 号变压器一次电流假如为 40A，2 号变压器为 41A，1 号变压器故障时，合上 6kV 母联开关 6012 时，2 号变压器一次电流为 81A 满负荷运行，此时为防止 2 号主变过负荷跳闸就不应再启动大容量的电动机。

继电保护装置的选择及其动作电流、电压整定值必须与系统匹配，如果整定值有错误或误差较大，一旦线路出现故障，就可能造成越级跳闸，扩大事故停电范围。

采用这种环形接线方式有以下两个优点。

a. 使用电设备提高了供电的可靠性。当一段电源发生故障，进线开关跳闸后，母联开关能够自动投入并带故障段运行，从而保证了向用电设备连续供电。

b. 具有较大的灵活性。根据线路检修的实际需要，可以通过线路中的开关设备（合、断）随时改变供电的运行方式，提高了变电所供电的灵活性。

## 6.3 高压配电所

电源来自于上一级变电所或电厂 6kV 母线，这样的变电所称之为配电所。图 6-3 是一座 6kV 配电所系统图，从图中可以看出配电所只有一条进线，配电所没有母联，如果进线故障停电，就会影响生产或生活用电，只能等待故障消除后恢复送电。单电源配电所母线检修时，首先将 PT、电容器、电动机回路依次将开关分闸后由工作位置拉至试验位置，最后再将进线开关分闸，该配电所全所停电，在实施了安全措施以后，可以进行正常检修。

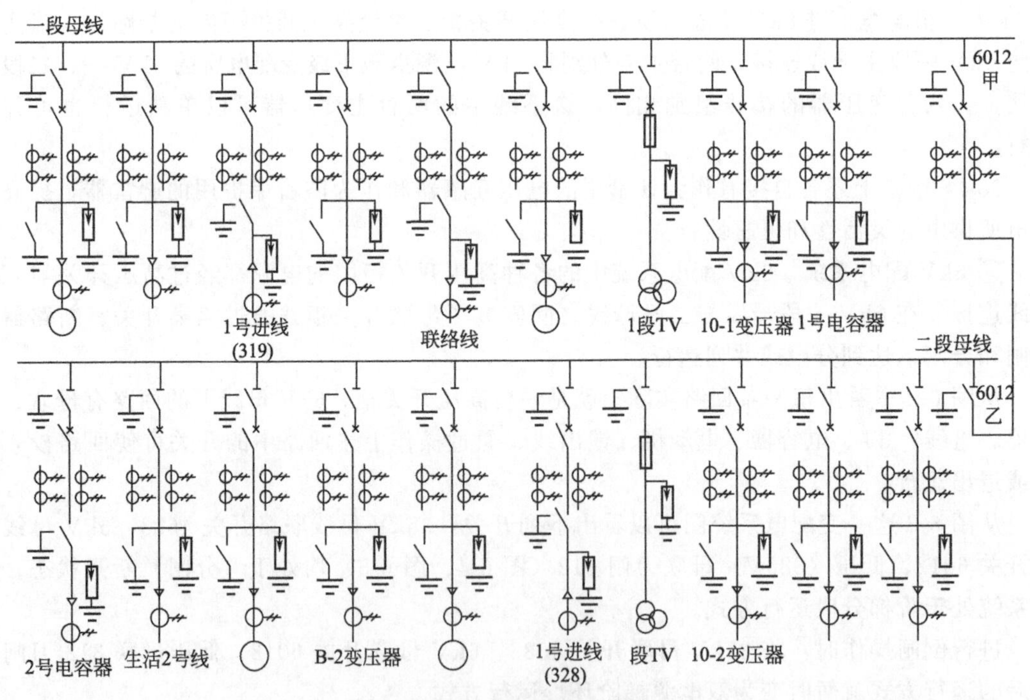


图 6-3　6kV 配电所系统图

一台变压器或一段低压母线的停电操作虽然简单，但操作时也必须按规程进行。简单地说，在 1 号、2 号变压器均投入运行时，停 1 号变压器的操作是：合上低压（380V）母联刀闸 312，拉开 301 开关即可。如果要停一段母线，这些只需将本段的负荷停下，拉开 301 开关即可。

## 6.4 低压变电所与配电所

低压变电所是由一台或两台以上的三相电力变压器（一次电压为6.3～10kV，二次侧电压为400V）及开关设备构成。厂用低压变电所是工厂低压供电系统中的枢纽，占有非常重要的地位。

（1）低压变电所（图6-4、图6-5）

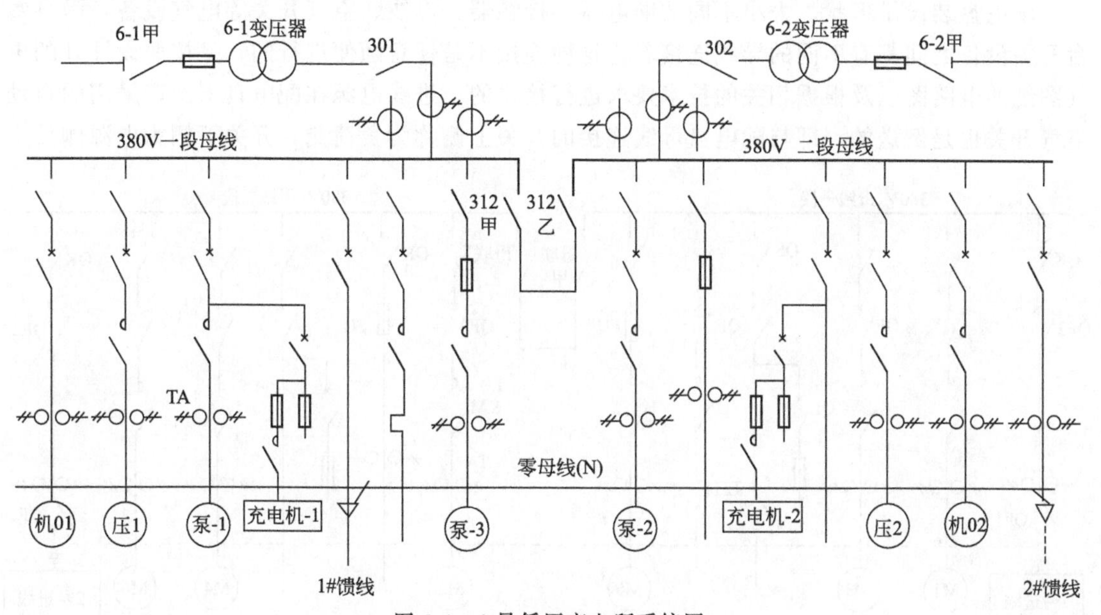


图6-4 6号低压变电所系统图

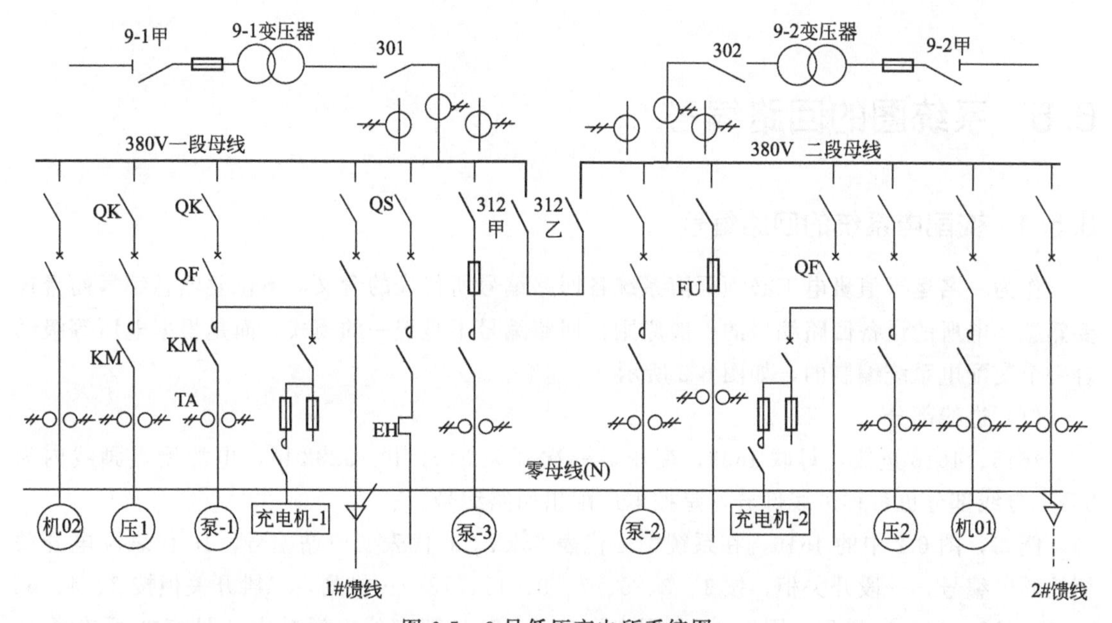


图6-5 9号低压变电所系统图

低压变电所电源引自图 6-2 所示的开关柜内或 6kV 输电线路，经过开关引至变压器高压侧，电气设备的连接均是高压电缆，变压器二次侧母线穿过变压器室连接到低压刀闸（二次开关），然后再接到低压配电盘的主母线上，经配电盘（屏）上的配出开关，分配给用电设备及用户。

（2）低压配电所（图 6-6）

低压配电盘上的主母线电源，不是直接来至变压器的二次母线而是来自于低压配电母线下的开关（通过合闸操作才能使主母线获得电源），再经母线下安装的开关把电供给电动机械设备（电动机、电灯）等用电设备。

配电盘装设了形状、大小不同的继电器、接触器、母线、空气开关等电气设备，而且每台开关设备之间都有不同的导线连接着。这种连接不是任意随便进行的，是按照设计好的电气图纸的电路图以及根据相关的技术要求进行接线的，进线电源在配电盘下部，采用的自动空气开关也是倒送的，即与配电盘母线连接的开关上侧称为负荷侧，开关下侧为电源侧。

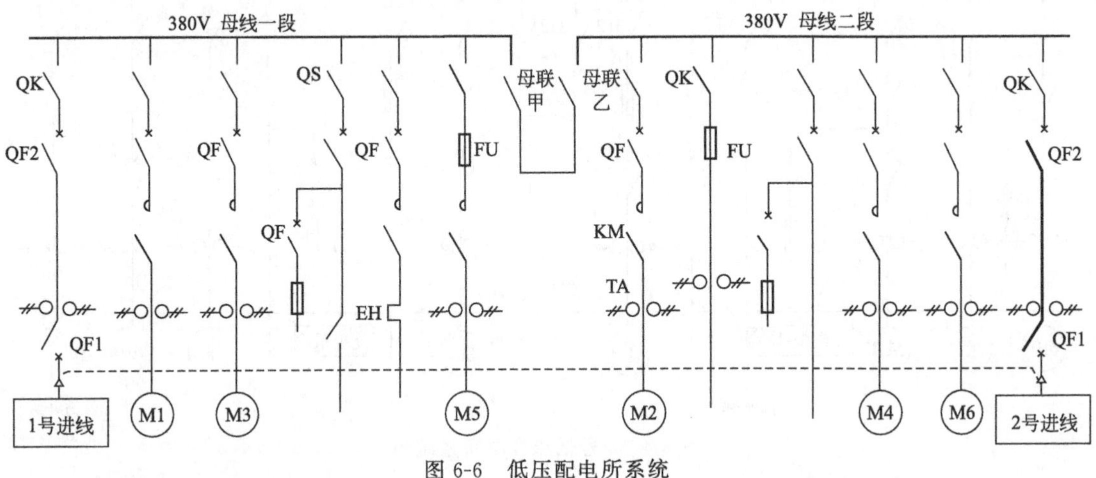

图 6-6 低压配电所系统

# 6.5 系统图的回路编号

## 6.5.1 变配电系统的回路编号

作为一名运行值班电工必须弄清系统各回路编号所代表的含义，不仅要熟悉编号而且还要熟悉变电所的设备回路编号的一般原则，回路编号不是统一的模式，而是根据电压等级结合一个变配电系统编制的，如图 6-2 所示。

（1）进线部分

4615、4616 进线，母联 4633，变压器一次开关 9101 甲、9202 甲，电源侧点画线内为 35kV 母线部分也可称进线部分，是按电厂配出回路编号。

例如，图 6-2 中的 4616，在系统中 4 代表 35kV，6 代表变电站编号，16 代表配电开关柜的顺序编号，一段开关柜，按 1、3、5、7、9、11、13……排列，二段开关柜按 2、4、6、8、10、12、14……排列，因而 4616 则表示这条 35kV 架空线电源是由 6 号变电所的第 16

号开关柜馈出（引来的）。

（2）变压器一次电源开关部分

变压器一次（35kV）侧开关编号，随变压器所在变电所的位置编号。如 9101 其中 9 代表变电所的编号，1 表示为 1 号变压器，01 表示开关柜排列顺序号。

（3）变压器二次编号

6101 其中 6 代表 6kV 电压，1 代表 6kV 一段，01 表示 1 号变压器二次，6kV 开关柜排列顺序号。这里的 6101、6202 可以有两种称呼：第一种称之为变压器二次线路（母线）；第二种称之为 6kV 配电所的电源进线即进入 6kV 配电室的电源，称之为进线。有母线与开关柜构成的能够通过开关的合断，进行负荷分配的场所称之配电所。

（4）配出线部分

图 6-2 中的 6-1 号、6-2 号、8-1 号、9-1 号、9-2 号是配出的变压器代号（编号）。如 6-1 号表示此回路去 6 号低压变电所的 1 号变压器，6-2 号表示此回路去 6 号低压变电所的 2 号变压器。其他依此类推。

在倒闸操作票中所写的开关一般是指断路器，所写的刀闸在高压回路中为隔离开关，如果是具有某些作用的开关，一般按这一开关在这一回路中的作用而定。如用来控制母联开关自动投入的控制开关则简称为母联自投开关 6012 或 6023。

从图 6-2 中看低压环形线路与高压环形线路一样，正常时同样采取“开口”方式运行，通过操作母联开关（或刀闸开关）的合闸构成环形方式，而在平时正常运行时，由于母联开关处在断开位置，这时的运行方式称之分段运行。

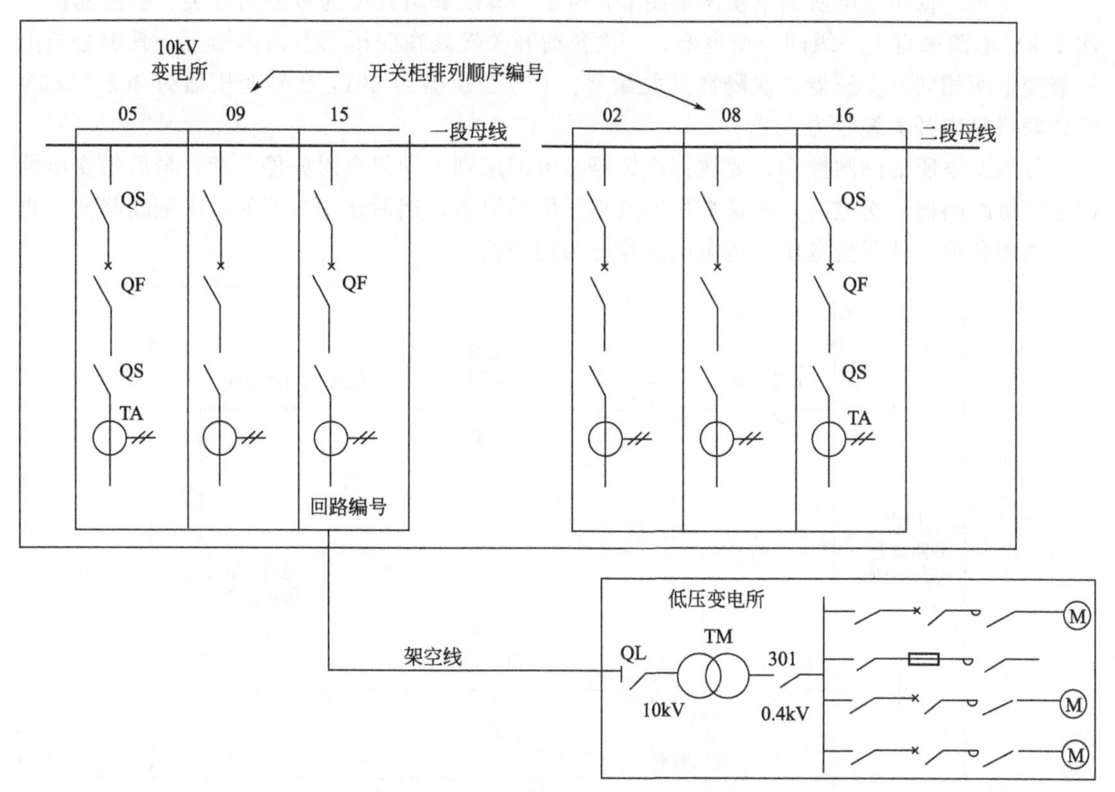


图 6-7 变电所的配出回路编号示意图

### 6.5.2 变电所馈出回路编号

一段母线的馈线为1号，二段母线的馈线为2号。对于电动机回路的编号，如6kV一段母线下的各种回路编号为奇数（单号数字）即所带的压缩机为1号、3号，水泵为1号、3号、5号，变压器为1号、3号，PT为1号；6kV二段母线所带的各种回路编号为偶数（双号数字），压缩机分别为2号、4号，水泵2号、4号，变压器为2号、4号，PT为2号。

变电所的配出回路编号示意图如图6-7所示。

## 6.6 识图实例

低压变电所是指通过10kV/400V变压器，将10kV或6kV的电压变成400V电压的场站。有单台变压器的变电所、两台变压器的变电所、三台变压器的变电所、多台变压器的变电所。

一般低压变电所有两台10kV（6kV）/400V变压器，变压器的一次电源来自上一级变电所或架空线。变压器的二次400V通过对应段母线下的断路器向用户的各种机械设备、照明等供电。这里介绍几种不同的接线方式，即两台变压器组成的低压变电所的接线方式。

### 6.6.1 母线联络开关为单隔离开关的低压变电所

某化肥厂低压变电所的系统图如图6-8所示。母线联络开关为单隔离开关。变压器的一次10kV电源来自上一级同一变电所，一次负荷开关安装在变压器室的内墙上，其编号与上一级变电所相同。变压器二次隔离开关编号：1号变压器为301，2号变压器为302，380V母线联络隔离开关编号为312。

低压变电所的倒闸操作，要执行逐级停送电的原则，即停电时先停负荷，最后停变压器的电源侧断路器；送电时，先送变压器的高压侧断路器，然后送变压器的二次侧断路器，再逐一送出负荷。低压变电所停送电的操作分为两种情况。

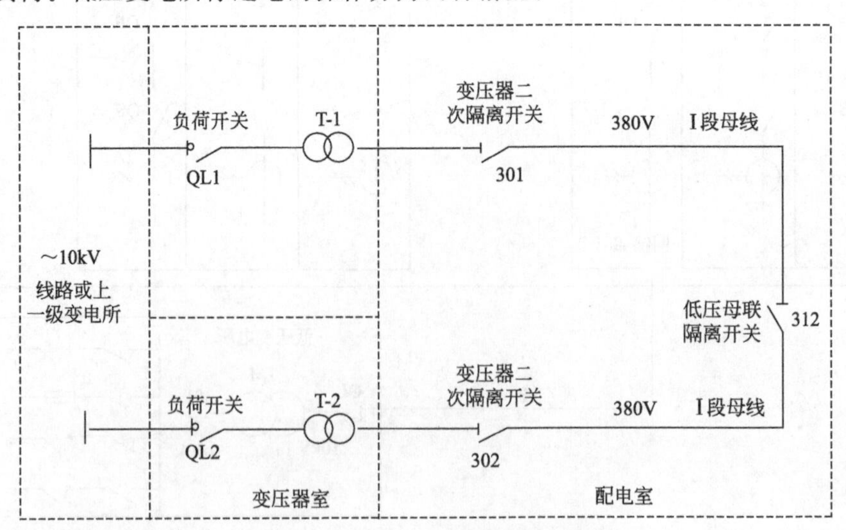


图6-8 化肥厂低压变电所系统图

（1）不用进行倒闸操作的停送电

变电所低压母线所带的用电负荷设备可以随时停电（即停止运转），则不需要倒闸操作。待设备全部停电后并将其隔离开关全部拉开，按下列步骤进行操作。

① 变电所停电操作步骤

a. 检查低压母线电流表指针为“0”；

b. 拉开变压器二次隔离开关 301；

c. 拉开变压器室一次负荷开关 QL1；

d. 布置安全措施。

② 送电时的操作步骤

a. 工作票收回，拆除安全措施；

b. 合上变压器室一次负荷开关 QL1；

c. 合上变压器二次隔离开关 301；

d. 检查低压母线电压表指针为 380V 左右；

e. 合上低压母线下需要热备用的断路器。

（2）需要进行倒闸操作的停送电

由于生产需要，变压器二次侧所对应段母线下的设备不允许停电（停止运转），则送电时需要进行倒闸操作。此时先把低压母线联络隔离开关 312 合闸，带上要停电段母线负荷运行，再将要停的变压器停电，当变压器退出运行后，母线下的负荷设备仍能保持在运转状态。此时运行方式已经发生变化，操作前联系电力调度，在得到允许操作命令后，按下列步骤进行操作。

① 停电操作步骤

a. 检查母线负荷电流允许；

b. 合上低压母线联络隔离开关 312；

c. 拉开变压器二次隔离开关；

d. 拉开变压器室一次负荷开关 QL1；

e. 布置安全措施。

② 送电操作步骤

a. 工作票收回，拆除安全措施；

b. 合上变压器室一次负荷开关 QL1；

c. 合上变压器二次隔离开关；

d. 拉开低压母线联络隔离开关 312；

e. 检查低压母线电压表指针为 380V 左右；

f. 合上低压母线下需要热备用的断路器。

### 6.6.2 母线联络开关为双隔离开关的低压变电所

图 6-9 所示为低压母线间安装有两台隔离开关的低压变电所系统图，该系统的高压变电所与低压变电所在一起，属于一个单位负责倒闸操作。正常运行方式为 10kV 分段运行，母线联络断路器 6012 热备用，低压母线分段。

（1）不用倒闸的变压器停电

如果变电所低压母线下的负荷设备允许停止运转，待设备全部停下后并将其隔离开关全

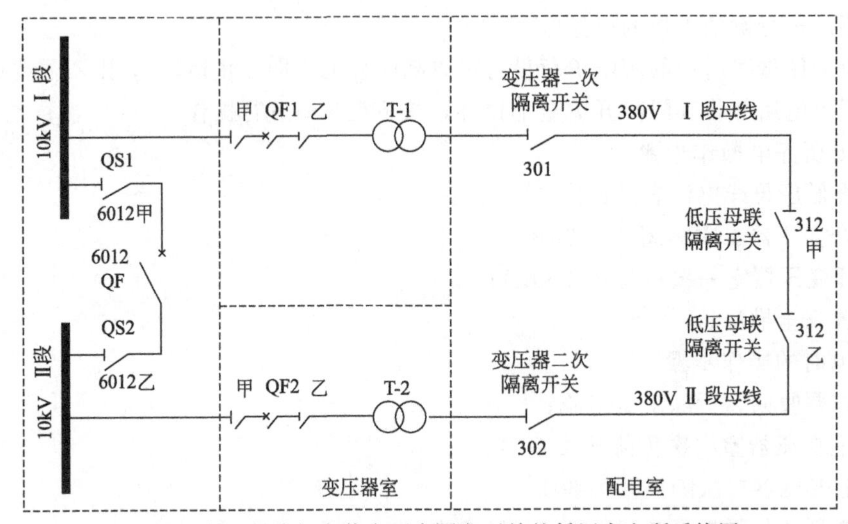


图 6-9 低压母线间安装有两台隔离开关的低压变电所系统图

部拉开，按下列步骤操作。以变压器 T-1 为例介绍。

① 变压器停电操作步骤

a. 检查低压母线电流表指针为“0”；

b. 拉开变压器二次隔离开关 301；

c. 断开变压器 T-1 断路器 QF1；

d. 拉开变压器 T-1、隔离开关乙；

e. 拉开变压器 T-1 隔离开关甲；

f. 拉开变压器 T-1 控制回路熔断器。

② 变压器送电操作步骤

a. 检查安全措施已拆除；

b. 合上变压器 T-1 控制回路熔断器；

c. 合上变压器 T-1 隔离开关甲；

d. 合上变压器 T-1 隔离开关乙；

e. 合上拉开变压器 T-1 断路器 QF1；

f. 合上变压器二次隔离开关 301。

(2) 需要进行倒闸的变压器停电操作

如果由于生产需要，变电所低压母线下的负荷设备不允许停电（停止运转），则停送电时需要进行倒闸操作。在变压器退出运行后，该母线下的设备保持运转状态，就要进行改变运行方式的倒闸操作，联系电调，在得到允许操作命令后，按下列步骤操作。以变压器 T-1 为例介绍。

① 变压器停电操作步骤

a. 检查负荷允许；

b. 拉开高压母线联络断路器 6012 自投开关；

c. 合上高压母线联络断路器 6012；

d. 合上低压母线联络 312 甲隔离开关；

e. 台上低压母线联络 312 乙隔离开关；

f. 拉开变压器 T-1 隔离开关 301；

g. 断开变压器 T-1 断路器 QF1；

h. 拉开变压器 T-1 乙隔离开关；

i. 拉开变压器 T-1 甲隔离开关；

j. 拉开高压母线联络断路器 6012；

k. 合上高压母线联络断路器 6012 自投开关。

② 变压器送电操作步骤

a. 检查工作票收回，安全措施已拆除；

b. 拉开高压母线联络断路器 6012 自投开关；

c. 合上高压母线联络断路器 6012；

d. 合上变压器 T-1 一次甲隔离开关；

e. 合上变压器 T-1 一次乙隔离开关；

f. 合上变压器 T-1 一次断路器 QF1；

g. 合上变压器 T-1 二次隔离开关 301；

h. 拉开低压母线联络 312 甲隔离开关；

i. 拉开低压母线联络 312 乙隔离开关；

j. 拉开高压母线联络断路器 6012；

k. 合上高压母线联络断路器 6012 自投开关。

### 6.6.3 低压不能并列的变电所

有些变电所为了增加供电的可靠性，变压器电源从不同变电站引入，也就是说低压变电所的两台变压器电源来自不同的高压变电所，如图 6-10、图 6-11 所示，从中可以看出，1 号变压器的电源，由 5 号变电所引入。2 号变压器的电源，由 18 号变电所引入。两台变压器的电源，可能由上一级的主变压器的不同组别侧引入，二次存在三相角差，不同引接电源间可能形成电磁环网，因此，低压侧原则上不能并列运行，只能采用两台互为备用的接线方式，即停电时先拉开运行的变压器二次隔离开关，再投入备用变压器二次隔离开关；送电时与此相反。

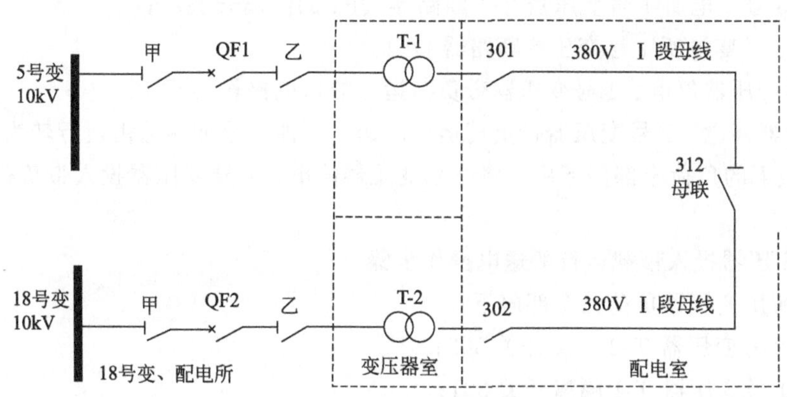


图 6-10　低压不能并列的变电所接线方式（一）

(1) 站用变压器正常运行方式

1 号变压器 T-1 运行，2 号变压器 T-2 充电备用。正常运行时，二次母线联络隔离开关投入。

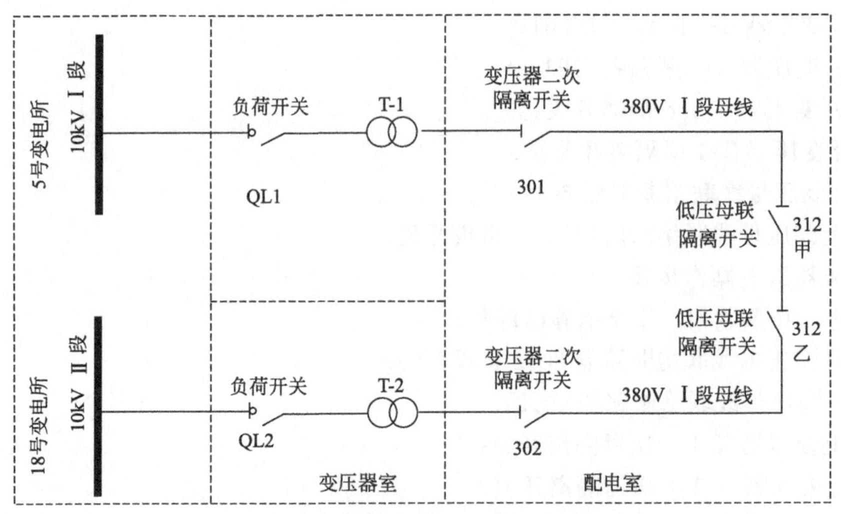


图 6-11 低压不能并列的变电所接线方式（二）

(2) 1 号变压器停电、2 号变压器带负荷运行的送电操作

先将母线下的负荷全部停电后，1 号变压器停电、2 号变压器投入带负荷运行的操作。

① 1 号变压器 T-1 由运行转为检修的操作步骤

a. 检查所用 1 号变压器 T-1 带的负荷已全部停下；

b. 拉开 1 号变压器 T-1 隔离开关 301；

c. 合上 2 号变压器 T-2 隔离开关 302；

d. 拉开 5 号变电所 1 号变压器断路器 QF1；

e. 拉开 5 号变电所 1 号变压器 T-1 断路器 QF1 的隔离开关乙；

f. 拉开 5 号变电所 1 号变压器 T-1 断路器 QF1 的隔离开关甲；

g. 布置安全措施。

② 1 号变压器 T-1 由检修转空载运行的送电操作步骤

a. 检查工作票收回，安全措施已拆除；

b. 合上 5 号变电所 1 号变压器 T-1 断路器 QF1 的隔离开关甲；

c. 合上 5 号变电所 1 号变压器 T-1 断路器 QF1 的隔离开关乙；

d. 合上 5 号变电所 1 号变压器断路器 QF1。

(3) 2 号变压器停电、1 号变压器带负荷运行的送电操作

2 号变压器停电、1 号变压器带负荷运行的送电，即 2 号变压器由运行转为检修的操作。

先将母线下的负荷全部停下后，将 2 号变压器停电、1 号变压器投入带负荷运行的送电操作。

① 1 号变压器投入带载运行的送电操作步骤

a. 检查所用变压器负荷已全部停下；

b. 拉开 2 号变压器 T-2 隔离开关 302；

c. 合上 1 号变压器 T-1 隔离开关 301；

d. 拉开 18 号变电所 2 号变压器断路器 QF2；

e. 拉开 18 号变电所 2 号变压器 T-2 断路器 QF2 的隔离开关乙；

f. 拉开 18 号变电所 2 号变压器 T-2 断路器 QF2 的隔离开关甲；

g. 布置安全措施。

② 2 号变压器由检修转空载运行的送电操作步骤

a. 检查工作票收回，安全措施已拆除；

b. 合上 18 号变电所 2 号变压器 T-2 断路器 QF2 的隔离开关甲；

c. 合上 18 号变电所 2 号变压器 T-2 断路器 QF2 的隔离开关乙；

d. 合上 18 号变电所 2 号变压器断路器 QF2。

③ 2 号变压器投入带负荷运行的送电、保持 1 号变压器备用状态的操作，即先将母线下的负荷全部停下，进行 1 号变压器停电，2 号变压器投入带负荷运行的操作步骤。

a. 检查 1 号变压器负荷已全部停下；

b. 拉开 1 号变压器 T-1 隔离开关 301；

c. 合上 2 号变压器 T-2 隔离开关 302。

(4) 故障下变电所的变压器停送电操作

运行的变压器发生故障跳闸，检查站用变电所母线无电压。送备用变压器二次隔离开关的操作步骤如下。

a. 拉开故障变压器二次隔离开关；

b. 合上备用变压器二次隔离开关；

c. 拉开故障变压器断路器及隔离开关乙、隔离开关甲。

## 6.6.4 低压母联能手动/自动投入的变电所

单母线分段用母线联络断路器的低压变电所所用变压器的电源是从同一变电所引入，高压采用小车式断路器，为了增加供电的可靠性，低压母线联络断路器采用 DW 系列断路器，采用相互备用的接线方式，当其中一台所用变压器故障，二次断路器失压跳闸，低压母线联络断路器自动投入，保证所用电和高压部分的控制，缩短停电时间。低压母联只能手动投入的变电所主接线如图 6-12 和图 6-13 所示，低压母联能自动投入的变电所主接线如图 6-14 所示。

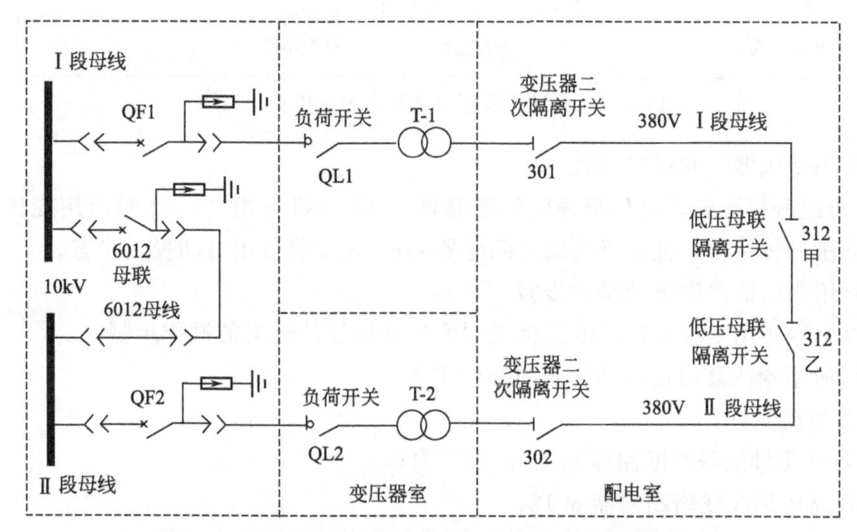


图 6-12 低压母联只能手动投入的变电所主接线（一）

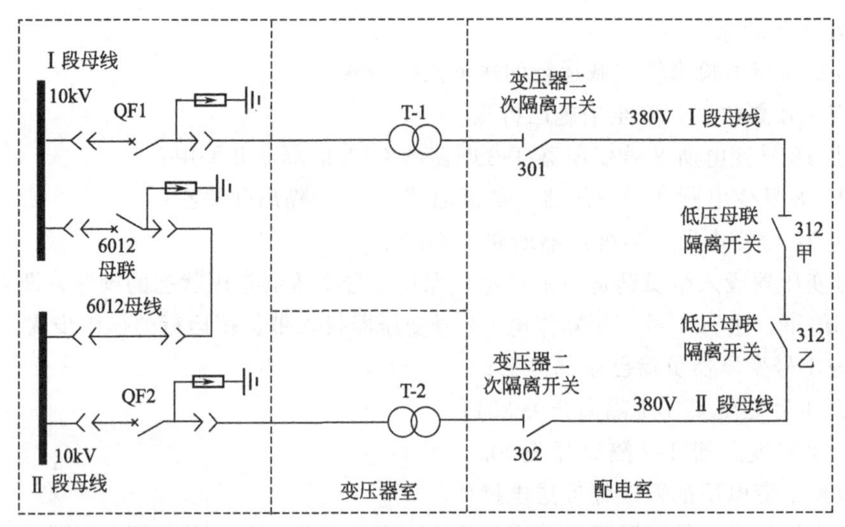


图 6-13 低压母联只能手动投入的变电所主接线（二）

下面介绍低压母联能自动投入变电所（见图 6-14）运行及操作。

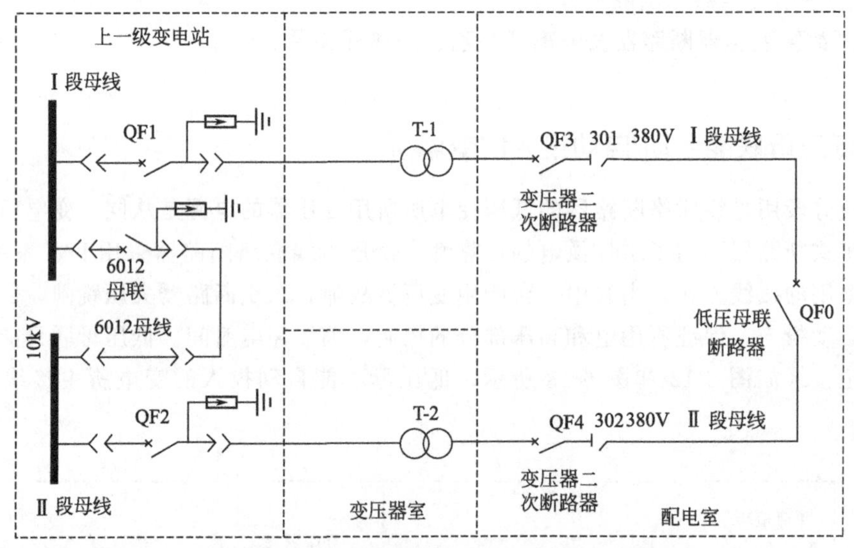


图 6-14 低压母联能自动投入的变电所主接线

(1) 所用变压器正常运行方式

10kV 母线分段运行，高压母线联络断路器 6012 自投备用，1、2 号所用变压器分别代Ⅰ、Ⅱ段低压母线运行，低压母线联络断路器 QF0 处于热备用自动投入状态。

(2) 所用变压器停送电的操作步骤

下面以 2 号所用变压器停送电为例说明所用变压器停送电的操作步骤。

① 2 号所用变压器由运行转检修的操作步骤

a. 检查负荷允许；

b. 拉开高压母线联络断路器 6012 自投开关；

c. 拉开高压母线联络断路器 6012；

d. 合上低压母线联络断路器 QF0；

e. 断开 2 号所用变压器二次断路器 QF4；

f. 拉开所用变压器二次隔离开关 302；

g. 拉开 2 号所用变压器一次断路器 QF2；

h. 将 2 号所用变压器一次断路器小车 QF2 拉到试验位置；

i. 拉开 2 号所用变压器断路器小车直流插头；

j. 合上高压母线联络断路器 6012 自投开关；

k. 布置安全措施。

② 2 号所用变压器由检修转运行的操作步骤。即 1 号所用变压器代Ⅰ、Ⅱ段低压母线运行，低压母线联络断路器 QF0 处于合闸运行状态。

a. 拆除安全措施；

b. 拉开高压母线联络断路器 6012 自投开关；

c. 合上高压母线联络断路器 6012；

d. 合上 2 号所用变压器一次断路器小车直流插头；

e. 将 2 号所用变压器一次断路器小车推入工作位置；

f. 合上 2 号所用变压器一次断路器 QF2；

g. 合上 2 号所用变压器二次隔离开关 302；

h. 合上 2 号所用变压器二次断路器 QF4；

i. 断开低压母线联络断路器 QF0；

j. 断开高压母线联络断路器 6012；

k. 合上高压母线联络断路器 6012 自投开关。

## 6.6.5 小型变电所母线分段控制电路

小型变电所是指变压器的容量 180kV·A 以下的变电所，变压器二次（380V）开关和母联开关均采用接触器控制。

### 6.6.5.1 变电所二次开关（接触器）与母联控制电路一

某变电所是由两台相同规格的变压器组成，变电所母线分段运行，母联开关能够自动投入。

检查变电所符合送电要求，合上 1 号变压器 T1 一次负荷开关 QL1，变压器一次得电，变压器有运行声音，1 号变压器处于空载运行。图 6-15 为某变电所低压系统图。

(1) 变电所进线母联电路

① 1 号变压器二次主电路送电操作与控制电路工作原理（图 6-15、图 6-16）

a. 1 号变压器在空载运行状态下的操作顺序

• 合上 1 号变压器二次隔离开关 QS1（301 甲）；

• 合上 1 号变压器二次隔离开关 QS2（301 乙）；

• 合上 1 号变压器 301 接触器 KM1 控制电路熔断器 FU1。

• 合上 1 号变压器二次开关（即按下 301 合闸按钮 SB2），1 号变压器二次 301 接触器 KM1 得电动作，主触点 KM1 三个同时闭合，向变电所Ⅰ段母线供电。

b. 1 号变压器 301 接触器 KM1 投入合闸。按下 301 合闸按钮 SB2，接触器 KM1 动作，母联 KM0 自动投入控制电路中的 1 号变压器 301 接触器 KM1 动断触点断开。

电源 L1 相→控制回路熔断器 FU1→1 号线→分闸按钮 SB1 动断触点→3 号线→合闸按

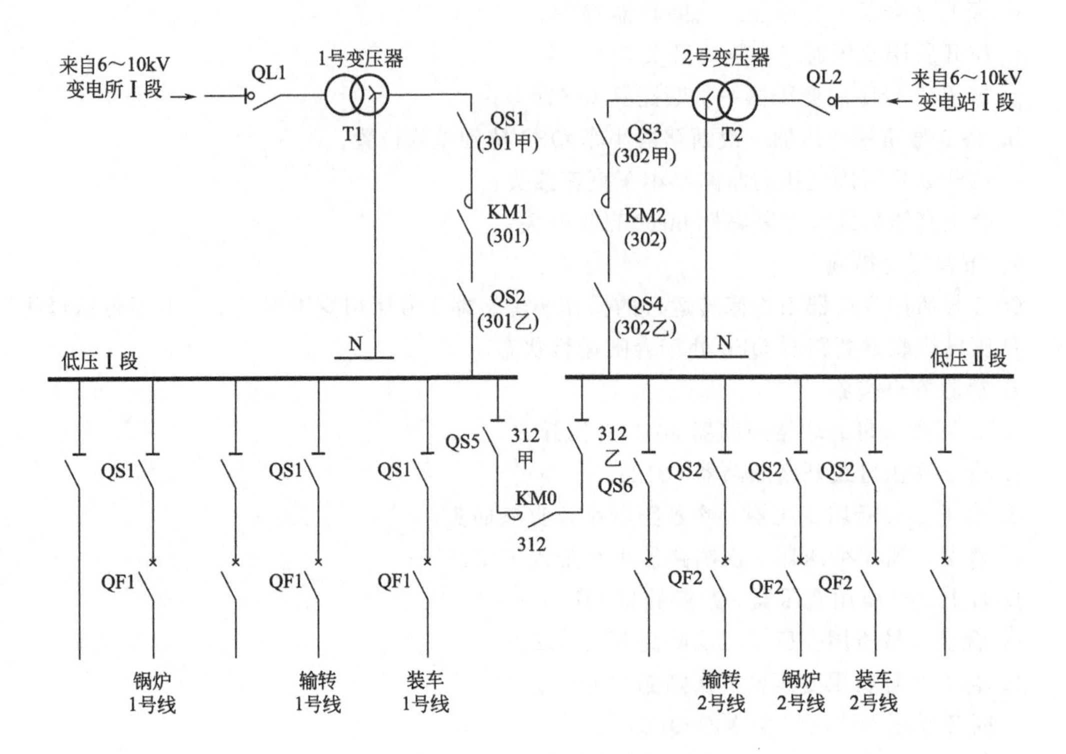


图 6-15　某变电所低压系统图

说明：一座变电所有很多的配电回路，图 6-15 只画出了与倒闸操作、改变变电所运行方式相关的开关设备及变电所母线馈出到下一级的配电所回路，其他如电动机、照明、电容器、风机等回路没有画出。

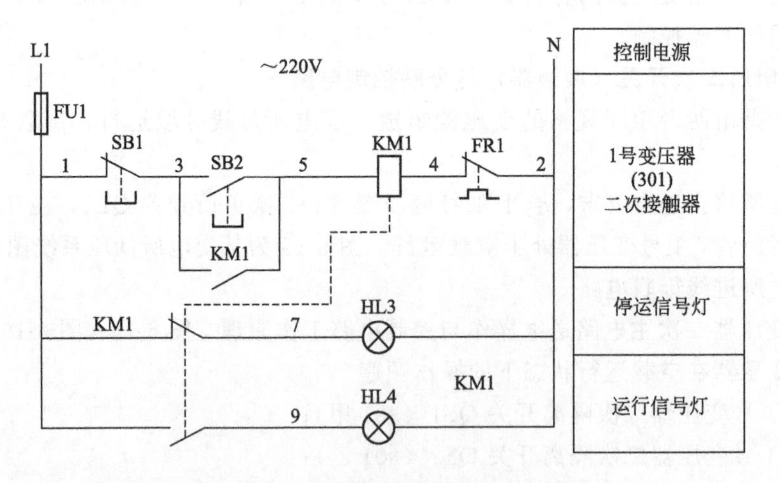


图 6-16　1 号变压器二次 301 控制电路

钮 SB2 动合触点（按下时闭合）→5 号线→接触器 KM1 线圈→4 号线→继电器 FR1 的动断触点→2 号线→电源 N 极。

接触器 KM1 线圈得到交流 220V 的工作电压动作，接触器 KM1 动合触点闭合（将合闸按钮 SB2 动合触点短接）自保，维持接触器 KM1 的工作状态。接触器 KM1 三个主触点同时闭合，向变电所Ⅰ段母线供电。

接触器 KM1 动断触点断开，信号灯 HL3 断电，灯灭。接触器 KM1 动合触点闭合→9 号线→信号灯 HL4 得电，灯亮。表示Ⅰ段低压母线投入运行。

② 2 号变压器二次主电路送电操作与控制电路工作原理（图 6-15、图 6-17） 检查变电所Ⅱ段母线符合送电要求，检查 2 号变压器一次开关送电，确认变压器有运行声音，即可进行 2 号变压器在空载运行状态下的操作。

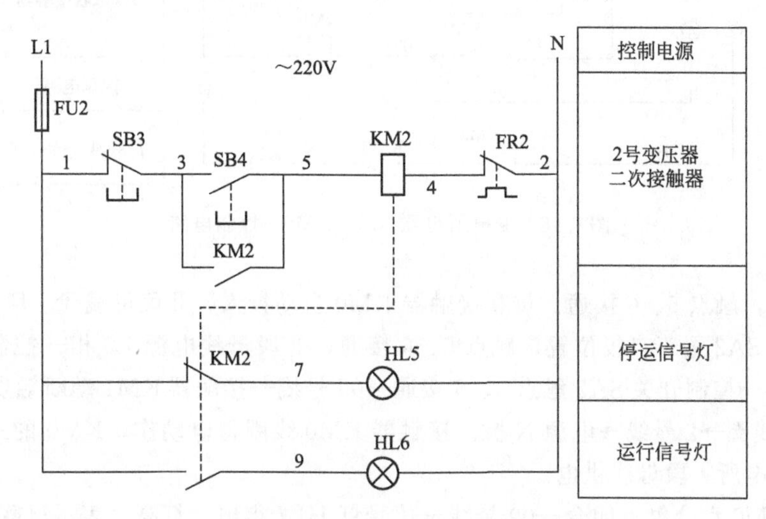


图 6-17 2 号变压器二次 302 控制电路

a. 2 号变压器在空载运行状态下的操作顺序

- 合上 2 号变压器二次隔离开关 QS3（302 甲）；
- 合上 2 号变压器二次隔离开关 QS4（302 乙）；
- 合上 2 号变压器 302 接触器 KM2 控制电路熔断器 FU2。

b. 2 号变压器二次开关 302（接触器 KM2）投入合闸。按下合闸按钮 SB4，接触器 KM2 动作，母联 KM0 自动投入控制电路中的 2 号变压器 302 接触器 KM2 动断触点断开。

按下合闸按钮 SB4，电源 L1 相→控制回路熔断器 FU2→1 号线→分闸按钮 SB3 动断触点→3 号线→合闸按钮 SB4 动合触点（按下时闭合）→5 号线→2 号变压器二次开关（302）接触器 KM2 线圈→4 号线→热继电器 FR2 的动断触点→2 号线→电源 N 极。

接触器 KM2 线圈得到交流 220V 的工作电压动作，接触器 KM2 动合触点闭合（将合闸按钮 SB4 动合触点短接）自保，维持接触器 KM2 的工作状态。接触器 KM2 三个主触点同时闭合，向变电所Ⅱ段母线供电。接触器 KM2 动断触点断开，信号灯 HL5 断电灯灭。接触器 KM2 动合触点闭合→9 号线→信号灯 HL6 得电灯亮。表示Ⅱ段低压母线投入运行。

（2）母线自动投入工作原理（图 6-18）

① 母联开关 312（接触器 KM0）自动投入的电路准备。变电所相位已核对，完全正确。母联开关 312 符合并列要求，变电所正常运行状态是母线分段，合上母联 312 隔离开关 QS5（312 甲）；合上母联 312 隔离开关 QS6（312 乙）；合上母联 312 接触器 KM0 控制电路熔断器 FU3、FU4。

② 1号变压器停电，母线接触器 KM0 自动投入。1 号变压器故障停电时，1 号变压器二次 301 接触器 KM1 断电释放，动断触点 KM1 立即复归接通状态，母线自投控制开关

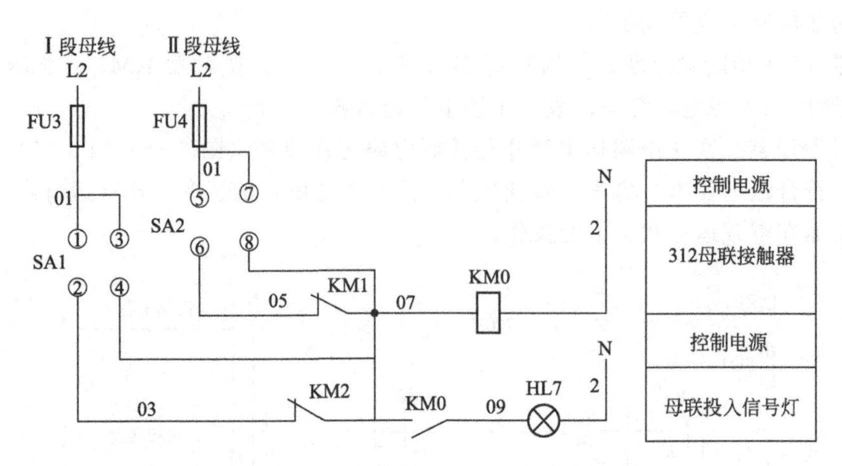


图 6-18 变电所母联 312（KM0）控制电路

SA2 自投位置，触点 5、6 接通。母联接触器 KM0 自动投入，Ⅱ段母线代Ⅰ段母线运行。

控制开关 SA2 置于自投位置，触点 5、6 接通，Ⅱ段母线电源 L2 相→控制回路熔断器 FU4→01 号线→控制开关 SA2 触点 5、6 接通→05 号线→接触器 KM1 动断触点→07 号线→接触器 KM0 线圈→2 号线→电源 N 极。接触器 KM0 线圈得电动作，KM0 的三个主触点同时闭合，向变电所Ⅰ段母线供电。

接触器 KM0 动合触点闭合→09 号线→信号灯 HL7 得电，灯亮。表示母联 312 投入。

③ 2 号变压器停电，母联接触器 KM0 自动投入。2 号变压器停电时，2 号变压器 302 接触器 KM2 断电释放，动断触点 KM2 立即复归接通状态，母联自投控制开关 SA1 自投位置，触点 1、2 接通。母联接触器 KM0 自动投入，Ⅰ段母线代Ⅱ段母线运行。

控制开关 SA1 在自动合闸位置时，触点 1、2 接通，Ⅰ段母线电源 L2 相→控制回路熔断器 FU3→01 号线→控制开关 SA1 触点 1、2 接通→03 号线→接触器 KM2 动断触点→07 号线→接触器 KM0 线圈→2 号线→电源 N 极。接触器 KM0 线圈得电动作，接触器 KM0 主触点三个同时闭合，向变电所Ⅱ段母线供电。

接触器 KM0 动合触点闭合→09 号线→信号灯 HL7→2 号线→电源 N 极。信号灯 HL7 得电灯亮。表示母联 312 投入。

(3) 变电所的倒闸操作

变电所正常运行方式是 1 号、2 号变压器各代本段母线运行，母联 312 回路中的控制开关 SA1、SA2 在合位，所属触点接通，低压母联 312 处于自动投入状态。当 1 号变压器需要停电退出运行时，要保证变电所Ⅰ段母线下的设备正常运行。就要进行倒闸操作改变其运行方式。通过切换控制开关 SA1 或控制开关 SA2 的位置实现操作目的。在 1 号变压器停电前，低压母联 312 的合闸，必须得到电力调度允许操作的命令。变电所 301、312、302 盘面示意图如图 6-19 所示。

① 低压母联 312 并列的操作 并列就是通过操作开关把变电所的两段母线连接一起，变电所的母联 KM0 的合分闸，是通过控制开关 SA1、SA2 实现的。两段母线运行中，操作其中一只母联控制开关 SA1 或 SA2 即可。

a. 使用控制开关 SA1 的操作。操作人员检查 312 甲、乙刀闸在合位，控制开关 SA2 置于“0”位。将控制开关 SA1 置于手动合闸位置，触点 1、2 断开，触点 3、4 接通。

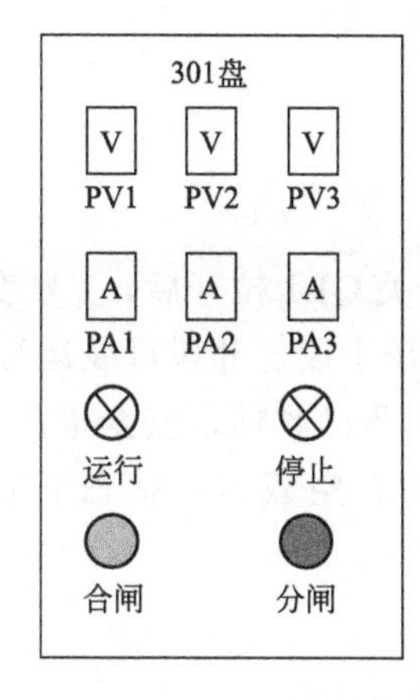

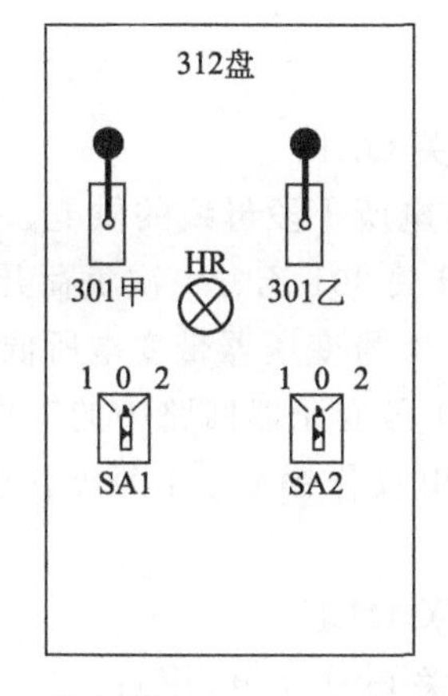

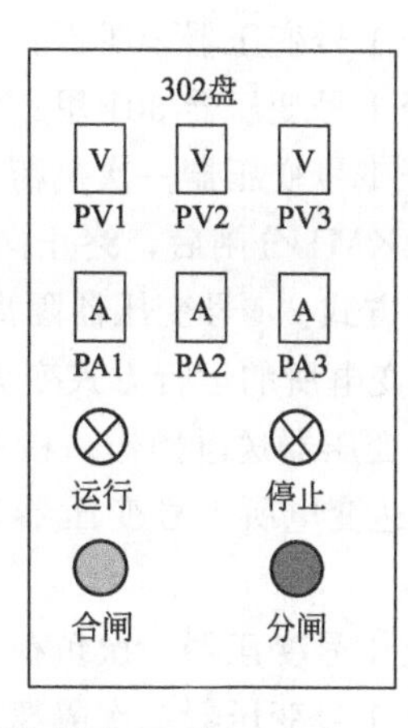


图 6-19 变电所 301、312、302 盘面示意图

电源 L2 相→控制回路熔断器 FU3→01 号线→控制开关 SA1 合位触点 3、4 接通→07 号线→接触器 KM0 线圈→2 号线→电源 N 极。接触器 KM0 线圈获电动作，接触器 KM0 三个主触点同时闭合，变电所Ⅰ段母线，Ⅱ段母线并列运行。

动合触点 KM0 闭合→09 号线→信号灯 HL7 灯亮，表示变电所Ⅰ、Ⅱ段母线并列运行状态。

b. 使用控制开关 SA2 的操作。操作人员检查隔离开关 312 甲、隔离开关 312 乙在合位，控制开关 SA1 置于“0”位。将控制开关 SA2 置于手动合闸位置，触点 5、6 断开，触点 7、8 接通。

电源 L2 相→控制回路熔断器 FU4→01 号线→控制开关 SA2 合位触点 7、8 接通→07 号线→接触器 KM0 线圈→2 号线→电源 N 极。接触器 KM0 线圈获电动作，接触器 KM0 三个主触点同时闭合，变电所Ⅰ段母线、Ⅱ段母线并列运行。

动合触点 KM0 闭合→09 号线→信号灯 HL7 灯亮，表示变电所Ⅰ、Ⅱ段母线并列运行状态。

② 1 号变压器停电操作。1 号变压器停电，母联并列的操作必须按下列操作顺序进行。

a. 低压母联 312 并列。变电所 1 号变压器停电，需要低压母联 312 并列，操作人员检查隔离开关 312 甲、312 乙在合位，控制开关 SA1 置于“0”位。将控制开关 SA2 置于手动合闸位置，触点 5、6 断开，触点 7、8 接通。

Ⅱ段母线电源 L2 相→控制回路熔断器 FU4→01 号线→控制开关 SA2 合位触点 7、8 接通→07 号线→接触器 KM0 线圈→2 号线→电源 N 极。接触器 KM0 线圈获电动作，接触器 KM0 三个主触点同时闭合，变电所Ⅰ段母线、Ⅱ段母线并列运行。

动合触点 KM0 闭合→09 号线→信号灯 HL7 灯亮，表示变电所Ⅰ、Ⅱ段母线并列运行状态。

注意：并列后要查看两段母线电流表的数值应该相同，如果不一样时，应该查明原因，然后再继续操作。

b. 1 号变压器停电操作

• 按下变电所二次 301 开关（接触器 KM1）分闸按钮 SB1，接触器 KM1 断电释放，KM1 的三个主触点同时断开；

• 拉开 1 号变压器 301 乙；

• 拉开 1 号变压器 301 甲；

• 拉开 1 号变压器一次负荷开关 QL1。

接触器 KM1 分闸后，终止向变电所Ⅰ段母线的供电。

c. 运行方式。1 号变压器隔离开关 301 乙、一次负荷开关 QL1 拉开后，1 号变压器退出运行。这时变电所的运行方式变为：2 号变压器带变电所低压Ⅰ段、Ⅱ段母线运行。

d. 1 号变压器送电操作。检查 1 号变压器回路中的工作票已收回，安全措施全部拆除，电力调度下达变电所 1 号变压器送电操作命令。1 号变压器在空载运行状态下的操作顺序如下：

• 合上 1 号变压器一次负荷开关 QL1；

• 合上 1 号变压器二次隔离开关 QS1（301 甲）；

• 合上 1 号变压器二次隔离开关 QS2（301 乙）；

• 合上 1 号变压器 301 接触器 KM1 控制电路熔断器 FU1；

• 合上 1 号变压器二次开关（即按下 301 合闸按钮 SB2），1 号变压器二次 301 接触器 KM1 得电动作，KM1 三个主触点同时闭合，向变电所Ⅰ段母线供电。

e. 解列。

将母联控制开关 SA2 置于“0”位，触点 7、8 断开，母联 312 接触器 KM0 线圈断电释放，接触器 KM0 的三个主触点同时断开，变电所Ⅰ段母线、Ⅱ段母线解列。

将母联控制开关 SA2 置于“自投”位，触点 7、8 断开，触点 5、6 接通，

将母联 312（KM0）母联控制开关 SA1 置于“自投”位，触点 3、4 断开，触点 1、2 接通。变电所恢复正常运行方式：1 号、2 号变压器各代本段母线运行，母联 312 回路中的控制开关 SA1、SA2 在合位，其触点接通，低压母联 312 处于自动投入状态。

③ 2 号变压器停电操作。2 号变压器停电，母联并列的操作，必须按下列操作顺序进行。

a. 低压母联 312 并列。变电所 2 号变压器停电，同样需要低压母联 312 并列，操作人员检查 312 甲、乙隔离开关在合位，控制开关 SA2 置于“0”位。将控制开关 SA1 置于手动合闸位置，触点 1、2 断开，触点 3、4 接通。

Ⅰ段母线电源 L2 相→控制回路熔断器 FU3→01 号线→控制开关 SA1 合位触点 3、4 接通→07 号线→接触器 KM0 线圈→2 号线→电源 N 极。

接触器 KM0 线圈获电动作，接触器 KM0 的三个主触点同时闭合，变电所Ⅰ段母线，Ⅱ段母线并列运行。

动合触点 KM0 闭合→09 号线→信号灯 HL7 灯亮，表示变电所Ⅰ、Ⅱ段母线并列运行状态。

注意：并列后要查看两段母线电流表的数值应该相同，如果不一样时，应该查明原因，然后再继续操作。

b. 2 号变压器停电操作。

• 按下变电所二次 302 开关（接触器 KM2）分闸按钮 SB1，接触器 KM2 断电释放，KM2 三个主触点同时断开。

• 拉开 2 号变压器 302 乙。

• 拉开 2 号变压器 302 甲。

• 拉开 2 号变压器一次负荷开关 QL2。

接触器 KM2 分闸后，终止向变电所Ⅱ段母线的供电。

c. 运行方式。2 号变压器 302 乙、一次开关 QL2 拉开后，2 号变压器退出运行。这时变电所的运行方式变为：1 号变压器带变电站低压Ⅰ段、Ⅱ段母线运行。

d. 2 号变压器送电操作。检查 2 号变压器回路中的工作票已收回，安全措施全部拆除，电力调度下达变电所 2 号变压器送电操作命令。2 号变压器在空载运行状态下的操作顺序如下：

• 合上 2 号变压器一次负荷开关 QL2；

• 合上 2 号变压器二次隔离开关 QS3（302 甲）；

• 合上 2 号变压器二次隔离开关 QS4（302 乙）；

• 合上 2 号变压器 302 接触器 KM2 控制电路熔断器 FU2；

• 合上 2 号变压器二次开关（即按下 302 合闸按钮 SB4），2 号变压器二次 302 接触器 KM2 得电动作，KM2 的三个主触点同时闭合，向变电所Ⅱ段母线供电。

e. 解列。将母联控制开关 SA1 置于“0”位，触点 3、4 断开，母联 312 接触器 KM0 线圈断电释放，接触器 KM0 的三个主触点同时断开，变电所Ⅰ段母线、Ⅱ段母线解列。

将母联控制开关 SA2 置于“自投”位，触点 7、8 断开，触点 5、6 接通；将母联 312（KM0）母联控制开关 SA1 置于“自投”位，触点 3、4 断开，触点 1、2 接通。为低压母联 312 自动投入作电路准备。变电所恢复正常运行方式，1 号、2 号变压器各代本段母线运行，母联 312 回路中的控制开关 SA1、SA2 在合位，其触点接通，低压母联 312 处于备用自动投入状态。

（4）加有控制开关和按钮操作的母联自投控制电路

加有控制开关和按钮操作母联自投控制电路如图 6-20 所示，该电路通过选择控制开关

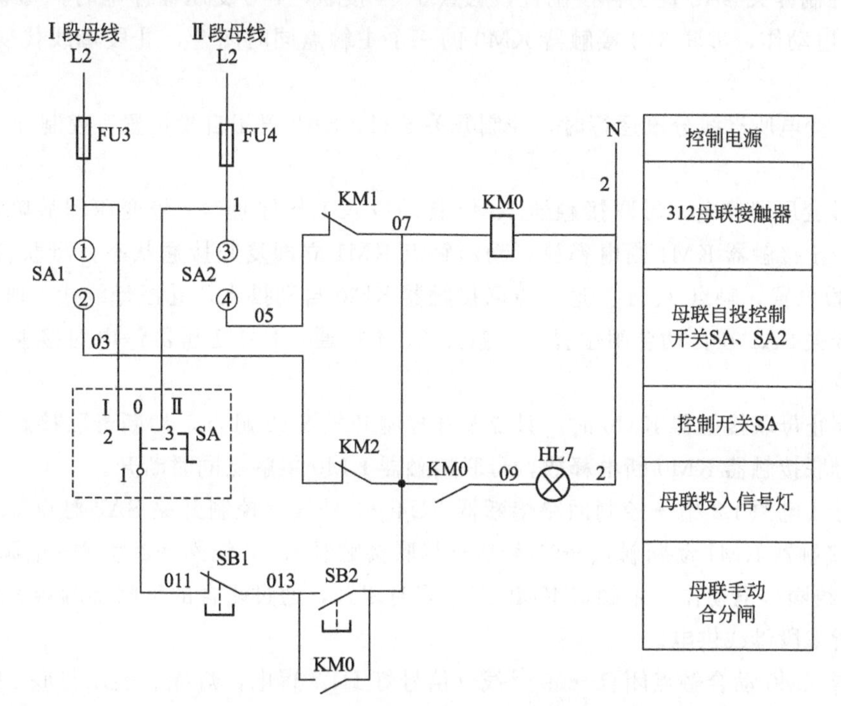


图 6-20　母联 KM0 自投控制电路

SA1 或 SA2 的触点处于接通状态，实现母联的自动投入。变电所倒闸操作过程，母联的手动合分闸是通过选择控制开关 SA 触点的不同位置，而且还要通过合、分闸按钮完成。变电所 301、312、302 盘面示意如图 6-21 所示。检查变电所母线分段运行，核对相位后，母联即符合送电要求。

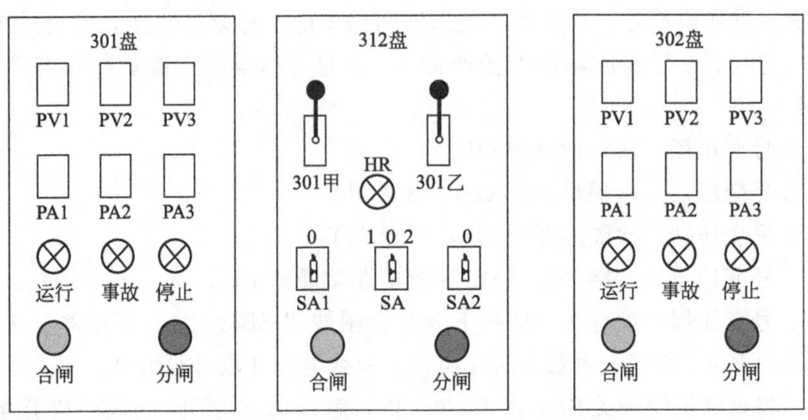


图 6-21 变电所 301、312、302 盘面示意图

① 母联 312 操作顺序。母联 312 主电路见图 6-15，控制电路见图 6-20。

a. 合上母联 312 隔离开关 QS5（312 甲）；

b. 合上母联 312 隔离开关 QS6（312 乙）；

c. 合上母联 312 接触器 KM0 控制电路熔断器 FU3、FU4；

d. 控制开关 SA1 置于自投位置，触点 1、2 接通，2 号变压器停电时，母联 312 接触器 KM0 得电动作，三个主触点同时闭合，Ⅰ段母线代变电所Ⅱ段母线供电；

e. 将控制开关 SA2 置于自投位置，触点 3、4 接通，1 号变压器停电时，母联 312 接触器 KM0 得电动作，母联 312 接触器 KM0 的三个主触点同时闭合，Ⅱ段母线代变电所Ⅰ段母线供电。

注意：变电所母线分段运行时，控制开关 SA1、SA2 置于自投位置，控制开关 SA 置于“0”位。

② 1 号变压器停电，母联接触器 KM0 自动投入工作原理。1 号变压器故障停电时，1 号变压器 301 接触器 KM1 断电释放，动断触点 KM1 立即复归接通状态，母联自投控制开关 SA2 自投位置，触点 3、4 接通。母联接触器 KM0 自动投入，Ⅱ段母线代Ⅰ段母线运行。

控制开关 SA2 在自动合闸位置时，触点 3、4 接通。1 号变压器停电时接触器 KM1 动断触点复位。

需要停止母联接触器 KM0 时，只要断开控制开关 SA2 触点，切断母联接触器 KM0 控制电路，母联接触器 KM0 断电释放，母联接触器 KM0 主触点同时断开。

Ⅱ段母线电源 L2 相→控制回路熔断器 FU4→1 号线→控制开关 SA2 触点 3、4 接通→05 号线→接触器 KM1 动断触点→07 号线→母联接触器 KM0 线圈→2 号线→电源 N 极。接触器 KM0 线圈得电动作，主触点 KM0 三个同时闭合，通过闭合的母联接触器 KM0 的主触点向变电所Ⅰ段母线供电。

接触器 KM0 动合触点闭合→09 号线→信号灯 HL7 得电，灯亮。表示母联 312（KM0）投入。

③ 2 号变压器停电，母联接触器 KM0 自动投入工作原理。2 号变压器停电时，2 号变压器 302 接触器 KM2 断电释放，动断触点 KM2 立即复归接通状态，母联自投控制开关 SA1 自投位置，触点 1、2 接通。母联接触器 KM0 自动投入，Ⅰ段母线代Ⅱ段母线运行。

需要停止母联接触器 KM0 时，只要断开控制开关 SA1 触点，切断母联接触器 KM0 控制电路，母联接触器 KM0 断电释放，母联接触器 KM0 主触点同时断开。

电源 L2 相→控制回路熔断器 FU3→1 号线→控制开关 SA1 触点 1、2 接通→03 号线→复位的接触器 KM1 动断触点→07 号线→接触器 KM0 线圈→2 号线→电源 N 极。接触器 KM0 线圈得电动作，母联 312 接触器 KM0 的三个主触点同时闭合，通过闭合的母联接触器 KM0 的主触点向变电所Ⅱ段母线供电。

接触器 KM0 动合触点闭合→09 号线→信号灯 HL7 得电，灯亮。表示母联 312 投入。

④ 母联手动操作。变电所倒闸操作时，当需要低压母联 312 并列，操作人员检查 312 甲、乙隔离开关在合位。进行手动操作合、分母联 312（KM0）前，应先断开母联自动投入控制开关 SA1、SA2。

a. 1 号变压器停电时，母联没有自动投入，此时Ⅱ段母线正常运行。

将控制开关 SA 切换到（Ⅱ）的位置，触点 1、3 接通。按下变电所母联 312 合闸按钮 SB2。

电源 L2 相→控制回路熔断器 FU4→1 号线→控制开关 SA 合位触点 1、3 接通→011 号线→分闸按钮 SB1 动断触点→013 号线→合闸按钮 SB2 动合触点（此时闭合中）→07 号线→接触器 KM0 线圈→2 号线→电源 N 极。

接触器 KM0 线圈获电动作，动合触点 KM0 闭合自保作用，维持接触器 KM0 工作状态，接触器 KM0 三个主触点同时闭合，Ⅱ段母线通过母联 KM0 主触点向变电所Ⅰ段母线供电。

动合触点 KM0 闭合→09 号线→信号灯 HL7 亮，表示变电所Ⅱ段母线并列运行状态。

需要停止母联 KM0 时，按下母联分闸按钮 SB1，其动断触点断开，母联接触器 KM0 断电释放，母联接触器 KM0 的三个主触点同时断开。

b. 2 号变压器停电时，母联没有自动投入，Ⅰ段母线正常运行。

将控制开关 SA 切换到Ⅰ的位置，触点 1、2 接通。按下变电所母联 312 合闸按钮 SB2。

电源 L2 相→控制回路熔断器 FU3→1 号线→控制开关 SA 合位触点 1、2 接通→011 号线→分闸按钮 SB1 动断触点→013 号线→合闸按钮 SB2 动合触点（此时闭合中）→07 号线→接触器 KM0 线圈→2 号线→电源 N 极。

接触器 KM0 线圈获电动作，动合触点 KM0 闭合自保作用，维持接触器 KM0 工作状态，接触器 KM0 的三个主触点同时闭合，Ⅰ段母线通过母联 KM0 主触点向变电所Ⅱ段母线供电。

动合触点 KM0 闭合→09 号线→信号灯 HL7 亮，表示变电所Ⅱ段母线并列运行状态。

需要停止母联 KM0 时，母联分闸按钮 SB1 动断触点断开，母联接触器 KM0 断电释放，KM3 的三个主触点同时断开。

#### 6.6.5.2 变电所二次开关（接触器）与母联控制电路二

某变电所低压系统图如图 6-22 所示，其二次开关（接触器）与母联控制电路如图 6-23 所示。变压器二次开关 301、302 的合闸与分闸是由转换开关 SA1、SA2 控制的，转换开关

SA3、SA4 作为母联（312）KM0 接触器的自投及手动合、分闸的指令。

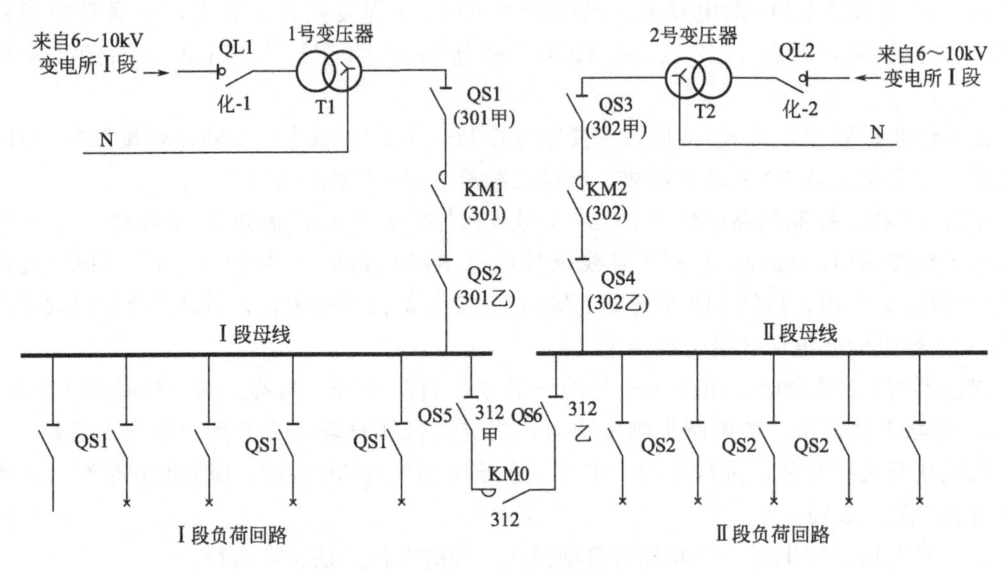


图 6-22　某变电所低压系统图

（1）送电操作

① 1 号变压器及Ⅰ段母线的送电操作

a. 合上 1 号变压器一次负荷开关 QL1；

b. 检查 1 号变压器一次负荷开关 QL1 在合位；

c. 检查 1 号变压器有正常运行的声音；

d. 合上 1 号变压器二次隔离开关 301 甲（QS1）；

e. 检查 1 号变压器二次隔离开关 301 甲（QS1）在合位；

f. 合上 1 号变压器二次隔离开关 301 乙（QS2）；

g. 检查 1 号变压器二次隔离开关 301 乙（QS2）在合位；

h. 合上 1 号变压器二次 301 开关（接触器 KM1）操作熔断器 FU1，信号灯 HL3 灯亮；

i. 合上变压器二次 301 开关（接触器 KM1）；

j. 检查变压器二次 301 开关（接触器 KM1）在合位，信号灯 HL4 灯亮。

② 1 号变压器二次 301 开关（接触器 KM1）工作原理。将图 6-23 中的控制开关 SA1 置于 1 号变压器二次开关（KM1）合闸位置，触点 1、2 接通，电源 L1 相→控制回路熔断器 FU1→1 号线→控制开关 SA1 触点 1、2 接通→3 号线→热继电器 FR1 的动断触点→5 号线→1 号变压器二次 301 开关（接触器）KM1 线圈→2 号线→电源 N 极。1 号变压器二次 301 开关（接触器）KM1 得电动作，主触点三个同时闭合与变电所Ⅰ段母线连接，Ⅰ段母线投入运行。接触器 KM1 动合触点→9 号线→信号灯 HL4 得电灯亮，表示Ⅰ段母线投入运行。

（2）1 号变压器及Ⅱ段母线的送电操作

① 2 号变压器在空载运行状态下Ⅱ段母线的送电操作顺序如下：

a. 合上 2 号变压器一次负荷开关 QL2；

b. 检查 2 号变压器一次负荷开关 QL2 在合位；

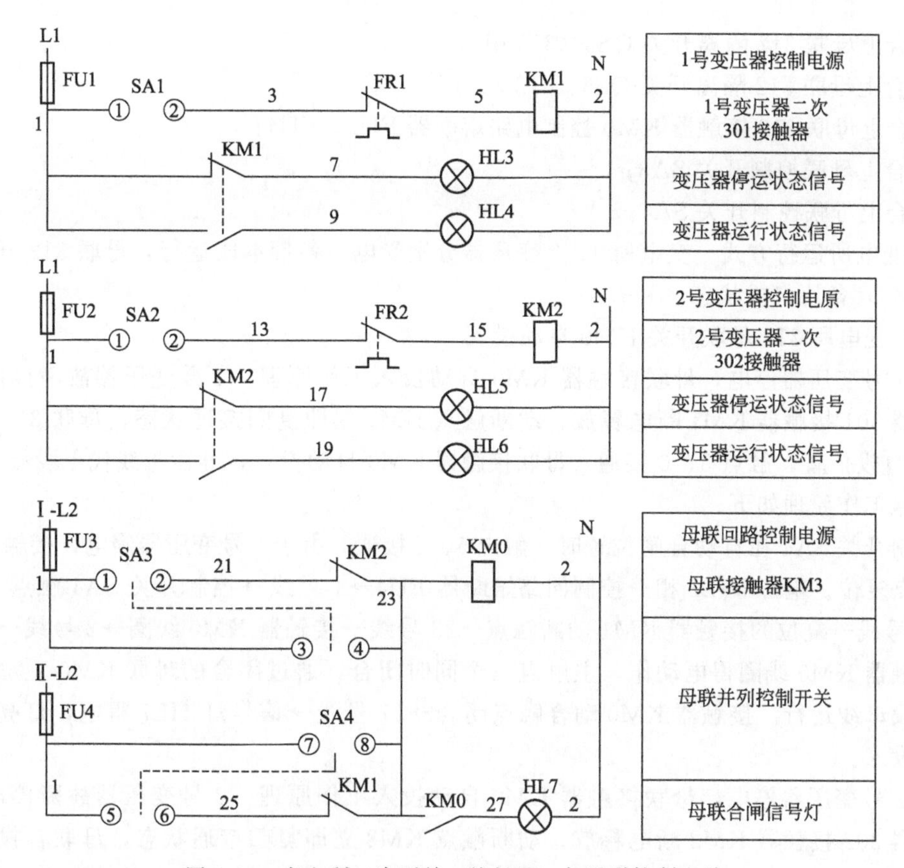

图 6-23 变电所二次开关（接触器）与母联控制电路

c. 检查 2 号变压器有正常运行的声音；

d. 合上 2 号变压器二次隔离开关 302 甲（QS3）；

e. 检查 2 号变压器二次隔离开关 302 甲（QS3）在合位；

f. 合上 2 号变压器二次隔离开关 302 乙（QS4）；

g. 检查 2 号变压器二次隔离开关 302 乙（QS4）在合位；

h. 合上 2 号变压器二次 302 开关（接触器 KM2）操作熔断器 FU2，信号灯 HL5 灯亮；

i. 合上变压器二次 302 开关（接触器 KM2）；

j. 检查变压器二次 302 开关（接触器 KM2）在合位，信号灯 HL6 灯亮。

② 1 号变压器二次 302 开关（接触器 KM2）工作原理。将控制开关 SA2 置于 2 号变压器二次开关（KM2）合闸位置，触点 1、2 接通，电源 L1 相→操作熔断器 FU2→1 号线→控制开关 SA2 触点 1、2 接通→13 号线→热继电器 FR2 的动断触点→15 号线→2 号变压器二次 302 开关（接触器）KM2 线圈→2 号线→电源 N 极。2 号变压器二次 302 开关（接触器）KM2 得电动作，三个主触点 KM2 同时闭合，接通变电所Ⅱ段母线，Ⅱ段母线投入运行。接触器 KM2 动合触点→19 号线→信号灯 HL6 得电灯亮，表示Ⅱ段母线投入运行。

(3) 变电所 312 母联送电

检查变电所母线分段运行，相位已核对，母联符合送电要求。

① 操作顺序

a. 合上母联 312 隔离开关 QS5（312 甲）；

b. 合上母联 312 隔离开关 QS6（312 乙）；

c. 合上母联 312 接触器 KM0 控制电路熔断器 FU3、FU4；

d. 合上母联控制开关 SA3；

e. 合上母联控制开关 SA4。

② 变电所运行方式　变电所 1、2 变压器分别受电，各带本段运行，母联 312 开关（接触器 KM0）备用自投状态。

(4) 变电所 312 母联开关 KM0 自动投入

① 1 号变压器停电，母联接触器 KM0 自动投入工作原理　1 号变压器故障停电时，1 号变压器 301 接触器 KM1 断电释放，动断触点 KM1 立即复归接通状态，母联 312 控制开关 SA4 自投位置，触点 5、6 接通。母联接触器 KM0 自动投入，Ⅱ段母线代Ⅰ段母线运行。控制电路工作原理如下。

控制开关 SA4 在自动合闸位置时，触点 5、6 接通．由于 1 号变压器停电，接触器 KM1 动断触点复位。电源Ⅱ-L2 相→控制回路熔断器 FU4→1 号线→控制开关 SA4 触点 5、6 接通→25 号线→复位的接触器 KM1 动断触点→23 号线→接触器 KM0 线圈→2 号线→电源 N 极。接触器 KM0 线圈得电动作，主触点三个同时闭合，通过闭合的母联 KM0 主触点带变电站Ⅰ段母线运行。接触器 KM0 动合触点闭合→27 号线→信号灯 HL7 得电，灯亮表示母联 312 投入。

② 2 号变压器停电，母联接触器 KM0 自动投入工作原理　2 号变压器故障停电时，2 号变压器 302 接触器 KM2 断电释放，动断触点 KM2 立即复归接通状态，母联自投控制开关 SA3 自投位置，触点 1、2 接通。母联接触器 KM0 自动投入，Ⅰ段母线代Ⅱ段母线运行。控制电路工作原理如下。

控制开关 SA3 在自动合闸位置时，触点 1、2 接通．由于 2 号变压器停电，接触器 KM2 动断触点复位。电源Ⅰ-L2 相→控制回路熔断器 FU3→21 号线→控制开关 SA3 触点 1、2 接通→21 号线→接触器 KM2 动断触点→23 号线→接触器 KM0 线圈并联的信号灯→2 号线→电源 N 极。接触器 KM0 线圈得电动作，KM0 的主触点三个同时闭合，通过闭合的母联 KM0 主触点带变电所Ⅱ段母线运行。

接触器 KM0 动合触点闭合→27 号线→信号灯 HL7 得电，灯亮表示母联 312 投入。

(5) 变电所正常运行方式下的倒闸操作

变电所正常运行方式是变压器各代本段母线运行，母联 312 回路中的控制开关 SA1、SA2 在合位，低压母联 312（KM0）处于备用自动投入状态。

变电所倒闸操作时，当需要低压母联 312 并列，操作人员检查 312 甲、乙隔离闸在合位。

① 停 2 号变压器

a. 合变电所母联 312 开关　断开母联控制开关 SA4，将控制开关 SA3 在手动位置。低压母联 312 合闸电路工作原理如下。

将母联控制开关 SA3 置于母联 312 合闸位置，触点 3、4 接通。电源Ⅰ-L2 相→控制回路熔断器 FU3→1 号线→控制开关 SA3 合位触点 3、4 接通→23 号线→接触器 KM0 线圈→2 号线→电源 N 极。接触器 KM0 线圈获电动作，接触器 KM0 三个主触点同时闭合，变电所Ⅰ段母线、Ⅱ段母线并列供电。动合触点 KM0 闭合→27 号线→信号灯 HL7 灯亮，表示变电所 312 母联并列运行状态。

b. 停 2 号变压器二次（302）开关 KM2 断开 2 号变压器二次控制开关 SA2，接触器 KM2 断电释放，KM2 的三个主触点同时断开，停止向变电所Ⅱ段母线供电。

c. 停 2 号变压器

- 拉开 2 号变压器二次隔离开关 QS4；
- 拉开 2 号变压器二次隔离开关 QS3；
- 拉开 2 号变压器一次负荷开关 QL2。

操作后变电所的运行方式变为：1 号变压器带变电站低压Ⅰ段、Ⅱ段母线运行。

② 停 1 号变压器

a. 合变电所母联 312 开关 断开母联控制开关 SA3，将控制开关 SA4 在手动位置。低压母联 312 合闸电路工作原理如下。

将母联控制开关 SA4 置于母联 312 合闸位置，触点 5、6 接通。电源Ⅱ-L2 相→控制回路熔断器 FU4→1 号线→控制开关 SA4 合位触点 5、6 接通→23 号线→接触器 KM0 线圈→2 号线→电源 N 极。接触器 KM0 线圈获电动作，接触器 KM0 三个主触点同时闭合，变电所Ⅰ段母线、Ⅱ段母线并列供电。动合触点 KM0 闭合→27 号线→信号灯 HL7 灯亮，表示变电所 312 母联并列运行状态；

b. 停 1 号变压器二次（301）开关 KM1 断开 1 号变压器二次控制开关 SA1，接触器 KM1 断电释放，KM1 的三个主触点同时断开，停止向变电所Ⅰ段母线供电。

c. 停 1 号变压器

- 拉开 1 号变压器二次隔离开关 QS2；
- 拉开 1 号变压器二次隔离开关 QS1；
- 拉开 1 号变压器一次负荷开关 QL1。

操作后变电所的运行方式变为：2 号变压器带变电所低压Ⅰ段、Ⅱ段母线运行。

# 第7章
# 典型电动机控制电路识读

前面学习了电气文字符号、图形符号、线形符号，本章介绍典型电动机控制电路，我们不仅要理解这些控制电路的工作原理看懂实物接线图，还要学会实际接线。为做到和实际的控制电路相结合，就要练习接线，根据需要找一些开关设备，如断路器、接触器、按钮开关、热继电器、信号灯、绝缘电线、端子排等。按本章中其中的一个电动机控制电路进行接线，接触器能够启停动作就可以了。这样做对识图是有益的。

## 7.1 一次保护、无信号灯、有电压表、按钮启停的380V控制电路

原理图见图7-1，实物接线图见图7-2。

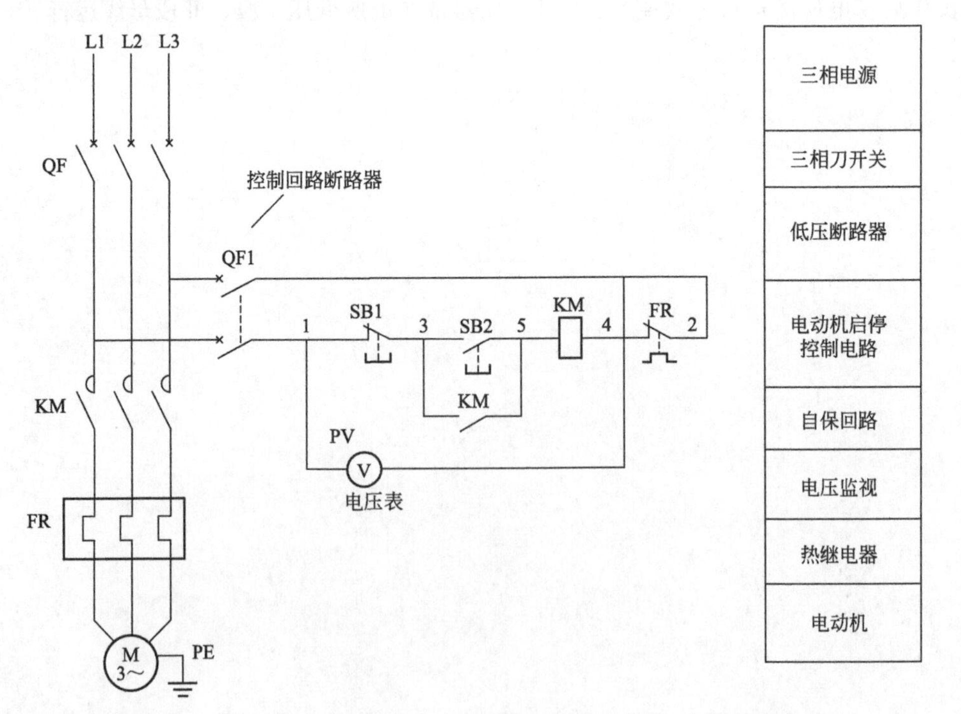


图7-1 一次保护、无信号灯、有电压表、按钮启停的380V控制电路

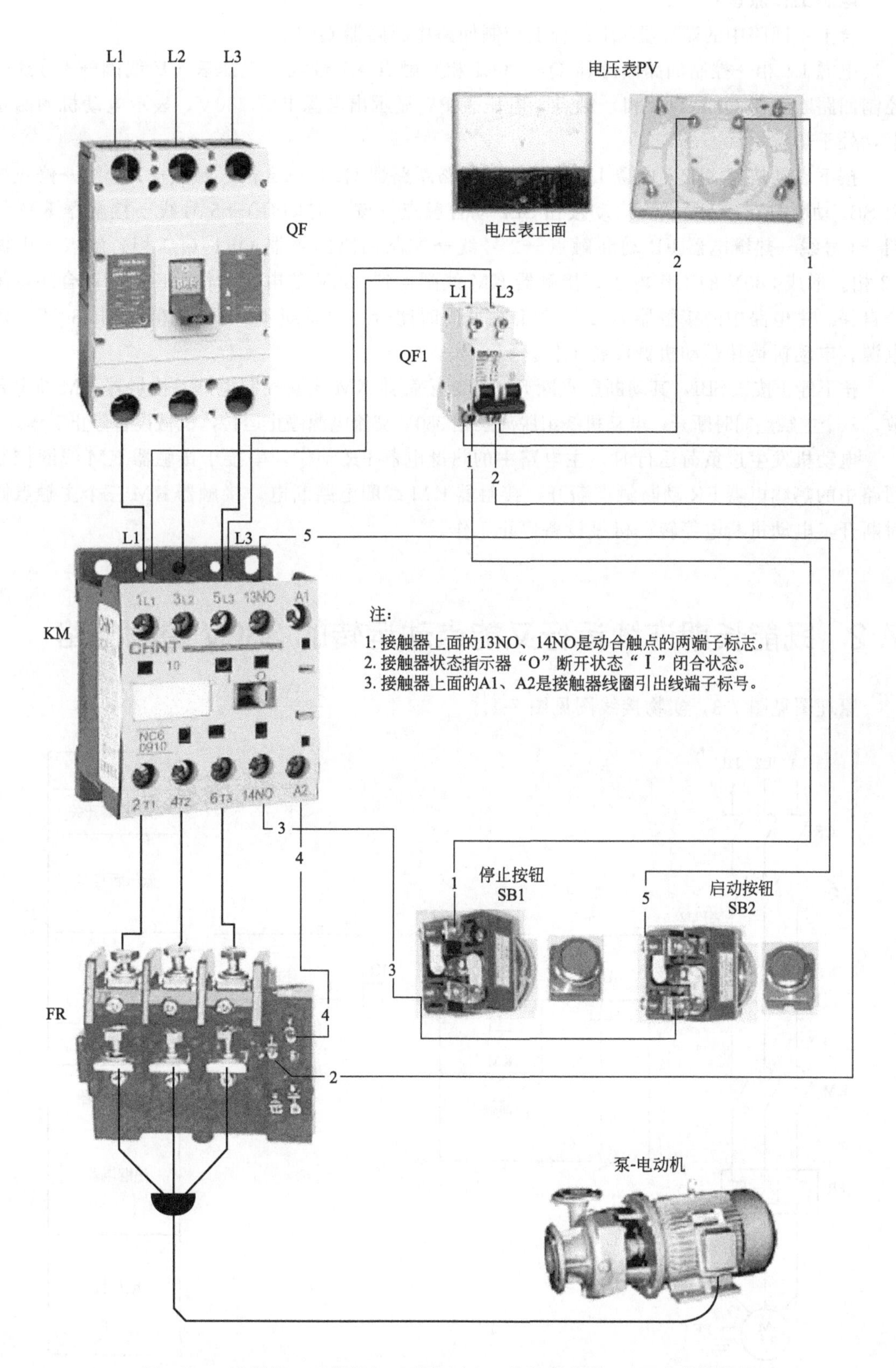


图 7-2　一次保护、无信号灯、有电压表、按钮启停的 380V 实物接线图

**电路工作原理：**

合上主回路中的断路器 QF；合上控制回路中断路器 QF1。

电源 L1 相→控制回路断路器 QF1（L1 相）触点→1 号线→电压表 PV 线圈→2 号线→控制回路断路器 QF1（L3 相）触点。电压表 PV 显示出电源电源 380V，表示电动机回路送电，处于热备用状态。

按下启动按钮 SB2，电源 L1 相→控制回路断路器 QF1（L1 相）触点→1 号线→停止按钮 SB1 动断触点→3 号线→启动按钮 SB2 动合触点（按下时闭合）→5 号线→接触器 KM 线圈→4 号线→热继电器 FR 动断触点→2 号线→控制回路断路器 QF1（L3 相）触点→电源 L3 相。形成 380V 的工作电压，接触器 KM 线圈得到 380V 的电压动作，KM 的动合触点闭合自保。主电路中的接触器 KM 三个主触点同时闭合，电动机 M 绕组获得三相 380V 交流电源，电动机运转驱动机械设备工作。

按下停止按钮 SB1，其动断触点断开，切断接触器 KM 线圈控制电路，接触器 KM 断电释放，三个主触点同时断开，电动机绕组脱离三相 380V 交流电源停止运转，机械设备停止工作。

电动机发生过负荷运行时，主电路中的热继电器 FR 动作，串接于接触器 KM 线圈控制回路中的热继电器 FR 动断触点断开，接触器 KM 线圈电路断电，接触器 KM 三个主触点同时断开，电动机断电停转，机械设备停止工作。

## 7.2 既能长期连续运行又能点动运转的 380V 控制电路

原理图见图 7-3，实物接线图见图 7-4。

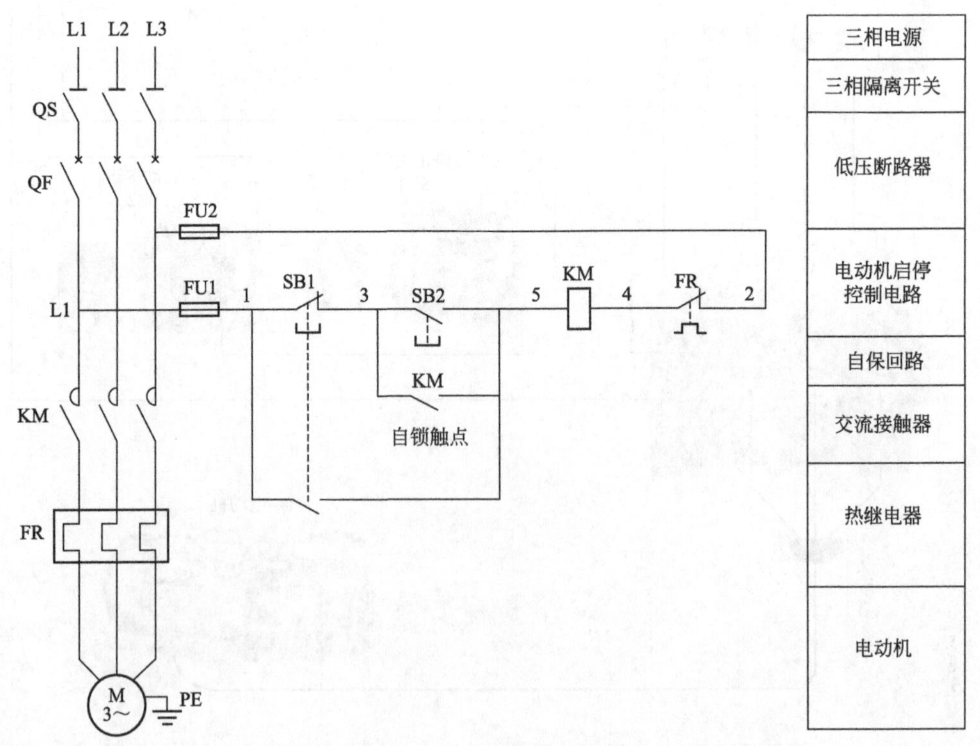


图 7-3 既能长期连续运行又能点动运转的 380V 控制电路

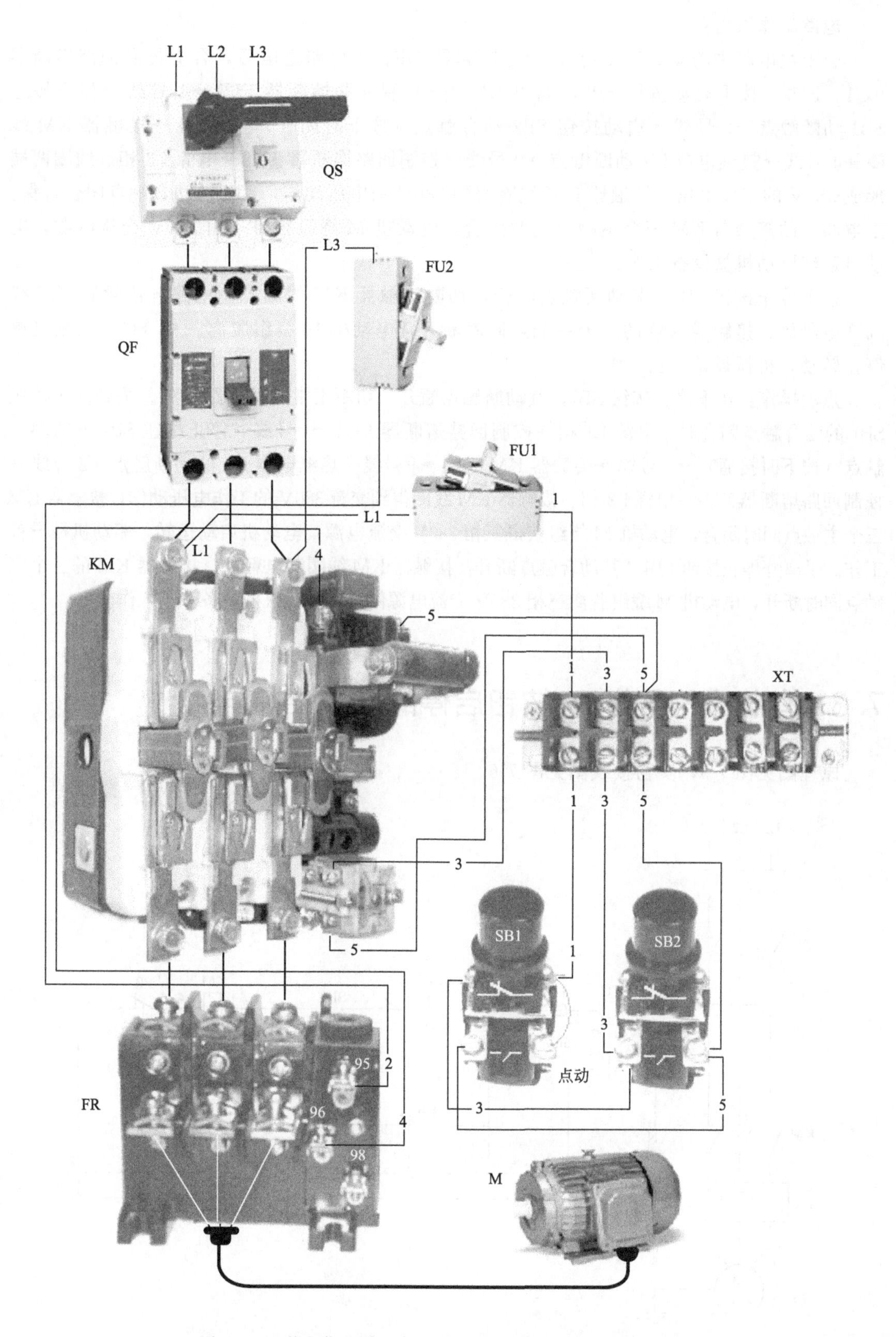


图 7-4　既能长期连续运行又能点动运转的 380V 实物接线图

**电路工作原理：**

合上主电路中的隔离开关 QS；合上断路器 QF；主电路送电后，合上控制回路熔断器 FU1、FU2。按下启动按钮 SB2，电源 L1 相→控制回路熔断器 FU1→1 号线→停止按钮 SB1 动断触点→3 号线→启动按钮 SB2 动合触点（按下时闭合）→5 号线→接触器 KM 线圈→4 号线→热继电器 FR 动断触点→2 号线→控制回路熔断器 FU2→电源 L3 相。线圈两端形成 380V 的工作电压，接触器 KM 线圈得到 380V 的电压动作，KM 的动合触点闭合自保。主电路中的接触器 KM 三个主触点同时闭合，电动机 M 绕组获得三相 380V 交流电源，电动机运转驱动机械设备工作。

按下停止按钮 SB1，其动断触点断开，切断接触器 KM 线圈控制电路，接触器 KM 线圈断电释放，接触器 KM 的三个主触点同时断开，电动机 M 绕组脱离三相 380V 交流电源停止转动，机械设备停止工作。

点动操作：按下停止按钮 SB1，其动断触点断开，切断正常启动回路电源。按到停止按钮 SB1 的动合触点闭合时，电源 L1 相→控制回路熔断器 FU1→1 号线→停止按钮 SB1 下的动合触点（按下时接通）→5 号线→接触器 KM 线圈→4 号线→热继电器 FR 的动断触点→2 号线→控制回路熔断器 FU2→电源 L3 相。接触器 KM 线圈得到交流 380V 的工作电压动作，接触器 KM 三个主触点同时闭合，电动机 M 绕组获得三相 380V 交流电源，电动机启动运转，驱动机械设备工作。手离开停止按钮 SB1，其动合触点断开，接触器 KM 线圈断电释放，接触器 KM 的三个主触点同时断开，电动机 M 绕组脱离三相 380V 交流电源停止转动，机械设备停止工作。

## 7.3 有状态信号灯、按钮启停的 36V 控制电路

原理图见图 7-5，实物接线图见图 7-6。

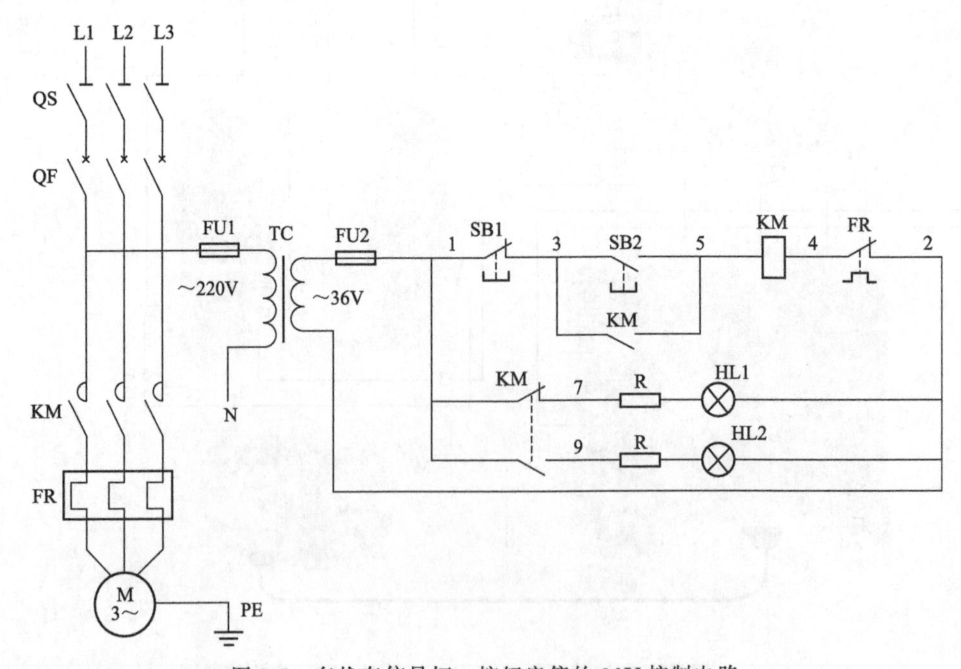


图 7-5　有状态信号灯、按钮启停的 36V 控制电路

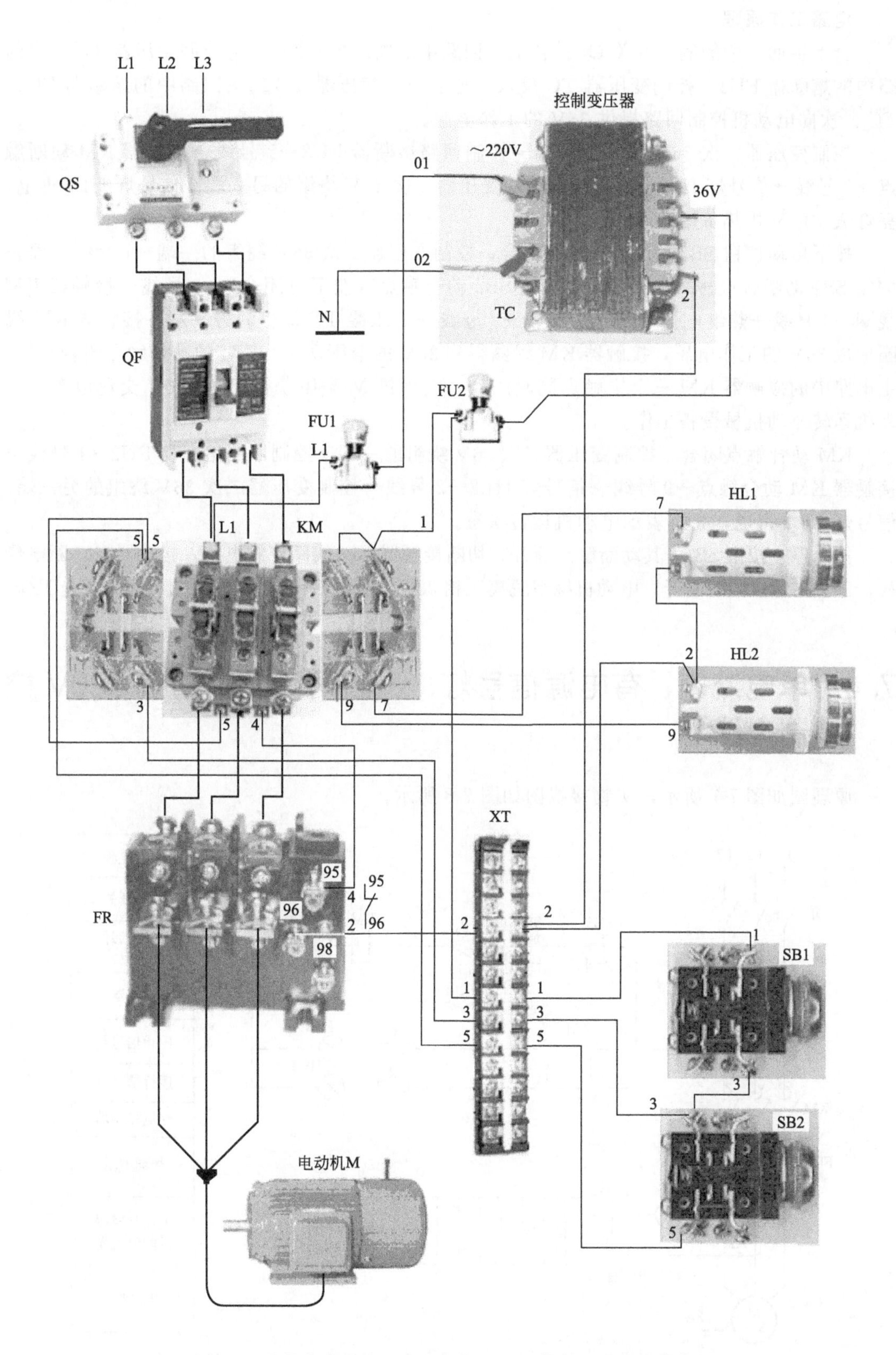


图 7-6　有状态信号灯、按钮启停的 36V 控制电路实物接线图

**电路工作原理：**

合上主回路中的隔离开关 QS；合上主回路中的断路器 QF；合上控制变压器 TC 一次回路中的熔断器 FU1，控制变压器 TC 投入。合上控制变压器 TC 二次回路中的熔断器 FU2、TC 二次向电动机控制回路提供 36V 的工作电源。

控制变压器二次 36V 绕组的一端→控制回路熔断器 FU2→1 号线→接触器 KM 动断触点→7 号线→信号灯 HL1→2 号线→控制变压器二次 36V 绕组的另一端。信号灯 HL1 得电，亮灯表示电动机热备用状态．

按下启动按钮 SB2，其动合触点闭合，控制变压器二次 36V 绕组的一端→1 号线→停止按钮 SB1 动断触点→3 号线→启动按钮 SB2 动合触点（按下时闭合）→5 号线→接触器 KM 线圈→4 号线→热继电器 FR 动断触点→2 号线→变压器 TC 绕组的另一端，接触器 KM 线圈形成 36V 的工作电压，接触器 KM 线圈得到 36V 的电压动作，KM 的动合触点闭合自保。主电路中的接触器 KM 三个主触点同时闭合，电动机 M 绕组获得三相 380V 交流电源，电动机运转驱动机械设备工作。

KM 动合触点闭合，控制变压器二次 36V 绕组的一端→控制回路熔断器 FU2→1 号线→接触器 KM 动合触点→9 号线→信号灯 HL2→2 号线→控制变压器二次 36V 绕组的另一端。信号灯 HL2 得电，亮灯表示电动机运转状态。

按下停止按钮 SB1，其动断触点断开，切断接触器 KM 线圈控制电路，接触器 KM 断电释放，三个主触点同时断开，电动机绕组脱离三相 380V 交流电源停止运转，机械设备停止工作。

## 7.4 单电流表、有电源信号灯、一启两停的电动机 380V 控制电路

原理图如图 7-7 所示，实物接线图如图 7-8 所示。

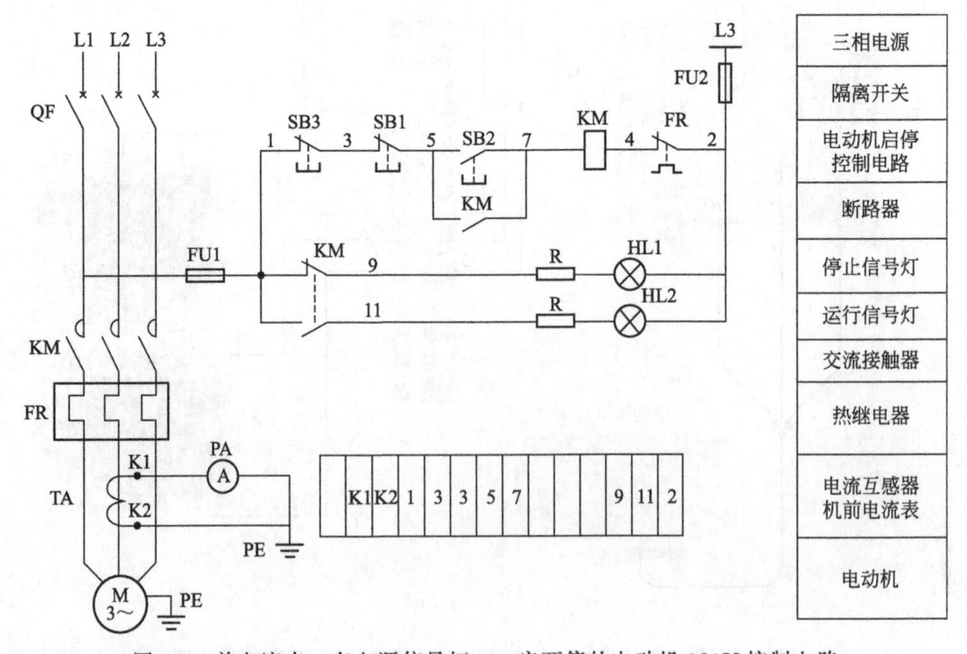


图 7-7 单电流表、有电源信号灯、一启两停的电动机 380V 控制电路

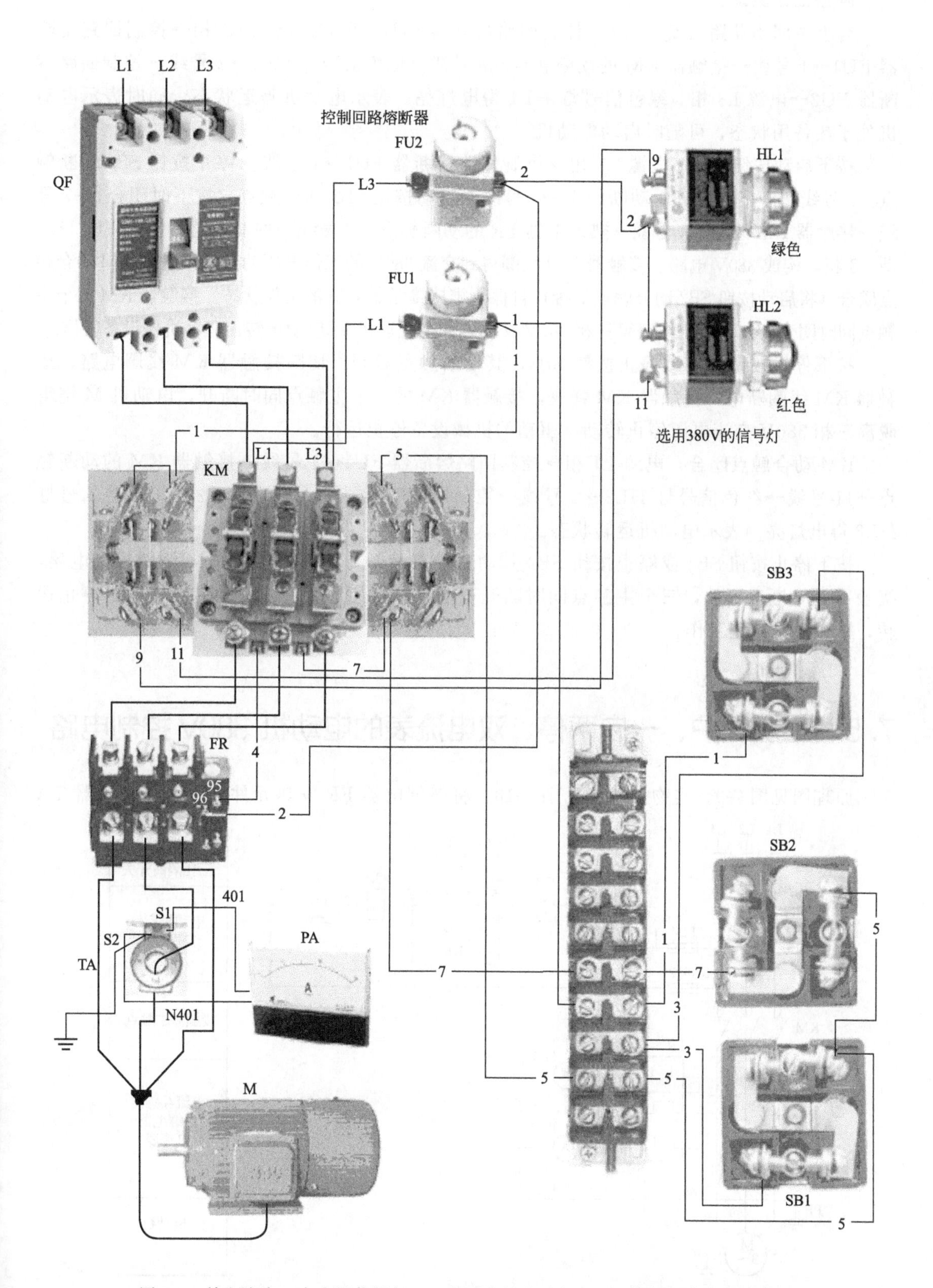


图 7-8　单电流表、有电源信号灯、一启两停的电动机 380V 控制电路实物接线图

**电路工作原理：**

合上主回路断路器 QF；合上控制回路熔断器 FU1、FU2。电源 L1 相→控制回路熔断器 FU1→1 号线→接触器 KM 的动断触点→9 号线→绿色信号灯 HL1→2 号线→控制回路熔断器 FU2→电源 L3 相。绿色信号灯 HL1 得电灯亮，表示电动机停运状态，同时表示电动机处于热备用状态，可随时启动电动机。

按下启动按钮 SB2，电源 L1 相→控制回路熔断器 FU1→1 号线→停止按钮 SB3 动断触点→3 号线→停止按钮 SB1 动断触点→5 号线→启动按钮 SB2 动合触点（按下时闭合）→7 号线→接触器 KM 线圈→4 号线→热继电器 FR 的动断触点→2 号线→控制回路熔断器 FU2→电源 L3 相，构成 380V 电路。接触器 KM 线圈得到交流 380V 的工作电压动作，接触器 KM 动合触点闭合（将启动按钮 SB2 动合触点短接）自保，维持接触器 KM 的工作状态。接触器 KM 三个主触点同时闭合，电动机绕组获得三相 380V 交流电源，电动机 M 启动运转，驱动机械设备工作。

按下停止按钮 SB1 或停止按钮 SB3，其动断触点断开，切断接触器 KM 线圈电路，接触器 KM 线圈断电，接触器 KM 释放，接触器 KM 的三个主触点同时断开，电动机 M 绕组脱离三相 380V 交流电源停止转动，驱动的机械设备停止运行。

KM 动合触点闭合，电源 L1 相→控制回路熔断器 FU1→1 号线→接触器 KM 的动断触点→11 号线→红色信号灯 HL2→2 号线→控制回路熔断器 FU2→电源 L3 相。红色信号灯 HL2 得电灯亮，表示电动机运转状态。

按下停止按钮 SB1 或停止按钮 SB2 其动断触点断开，切断接触器 KM 线圈控制电路，接触器 KM 断电释放，三个主触点同时断开，电动机绕组脱离三相 380V 交流电源停止运转，机械设备停止工作。

## 7.5 二次保护、一启两停、双电流表的电动机 380V 控制电路

原理图见图 7-9，实物接线图见图 7-10。将热继电器 FR 发热元件串入电流互感器 TA

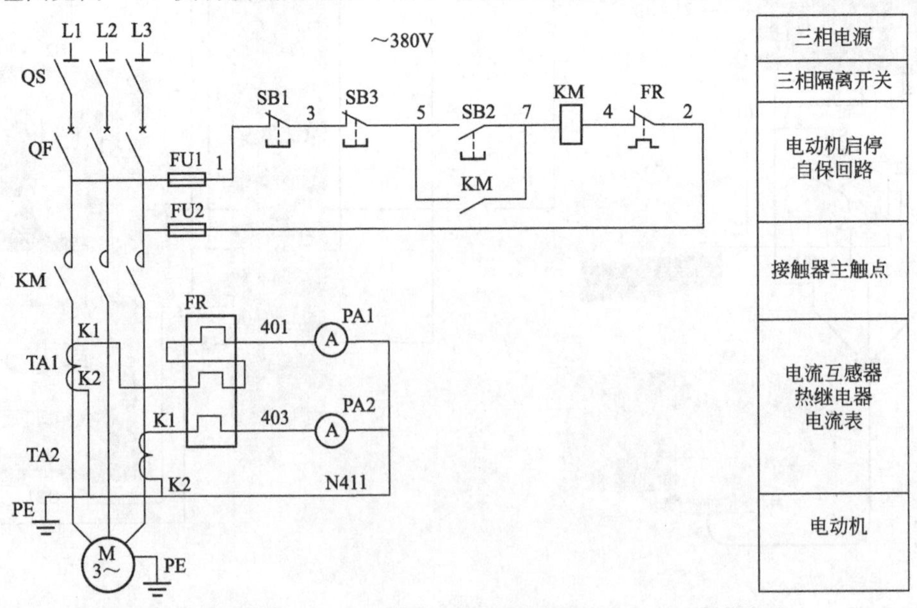

图 7-9 二次保护、一启两停、双电流表的电动机 380V 控制电路

二次回路中，这样的接线方式就是二次保护。

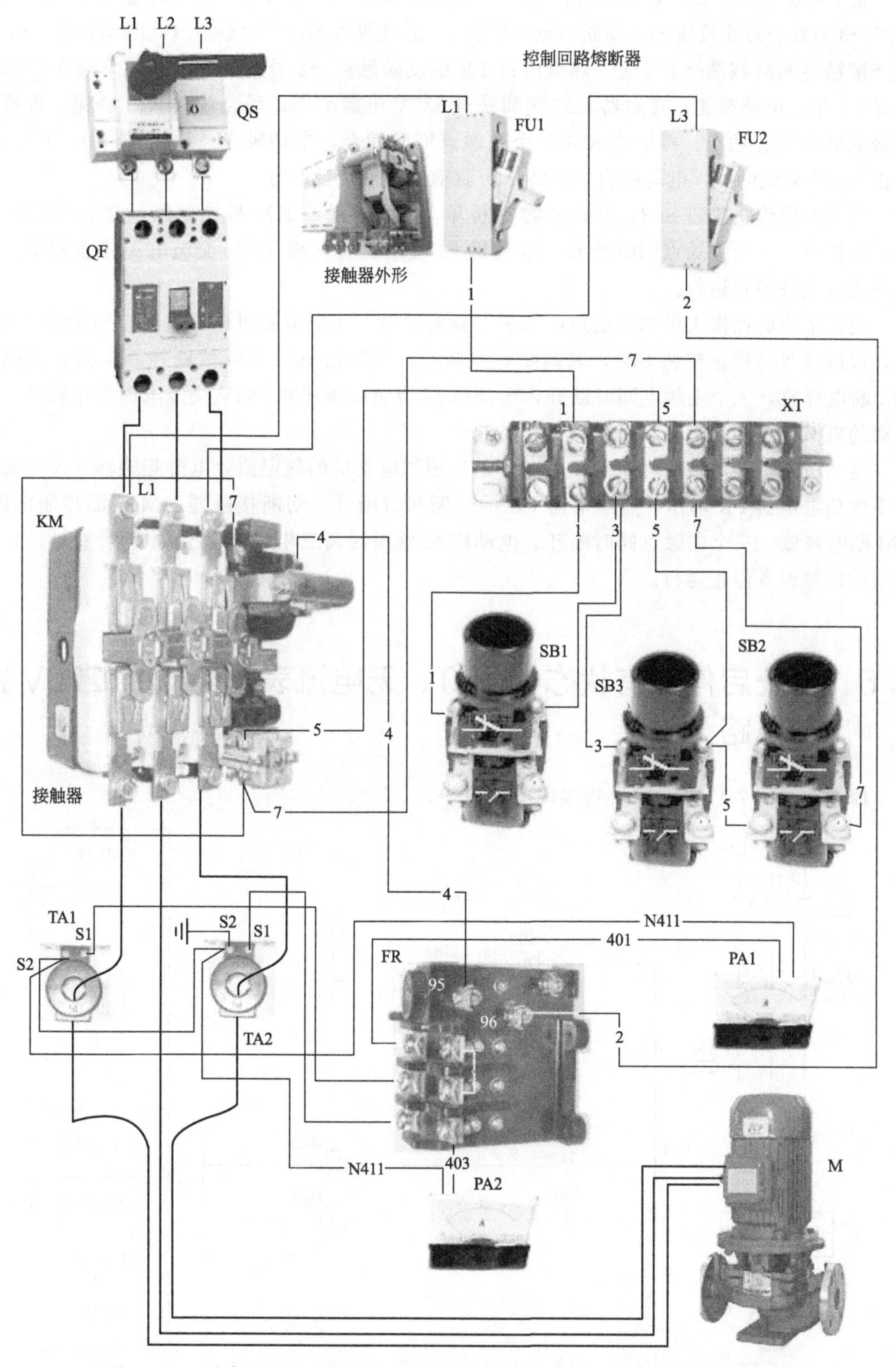


图 7-10 二次保护、一启两停、双电流表的电动机 380V 控制电路实物接线图

**电路工作原理：**

按下启动按钮 SB2，电源 L1 相→控制回路熔断器 FU1→1 号线→紧急停止按钮 SB1 动断触点→3 号线→停止按钮 SB3 动断触点→5 号线→启动按钮 SB2 动合触点（此时闭合中）→7 号线→接触器 KM 线圈→4 号线→热继电器 FR 的动断触点→2 号线→控制回路熔断器 FU2→电源 L3 相。电路接通，接触器 KM 线圈获得 380V 电源动作，动合触点 KM 自保，维持接触器 KM 的工作状态。接触器 KM 三个主触点同时闭合，电动机 M 绕组获得 L1、L2、L3 三相 380V 交流电源，电动机启动运转，所驱动的机械设备运行。

按下机前停止按钮 SB3，其动断触点断开，切断接触器 KM 控制电路，接触器 KM 线圈断电释放，三个主触点同时断开，电动机 M 绕组脱离三相 380V 交流电源停止转动，驱动的机械设备停止运行。

监控室内的操作人员如果通过电流表看到电动机工作电流超过电动机额定电流的 120％时，可以按紧急停止按钮 SB1，其动断触点断开，切断接触器 KM 线圈控制电路，接触器 KM 断电释放，三个主触点同时断开，电动机 M 绕组脱离三相 380V 交流电源停止转动，所拖动的机械设备停止运行，可以保护设备安全。

电动机过负荷停机：当电动机的工作电流超过电动机的额定值，电流互感器 TA 二次回路中的热继电器 FR 动作，热继电器 FR 的动断触点断开，切断接触器 KM 线圈控制电路，KM 断电释放，三个主触点同时断开，电动机 M 绕组脱离三相 380V 交流电源停止转动，所拖动的机械设备停止运行。

## 7.6 两处启停、有状态信号灯、无电流表的电动机 220V 控制电路

原理图见图 7-11 所示。实物接线图见图 7-12。

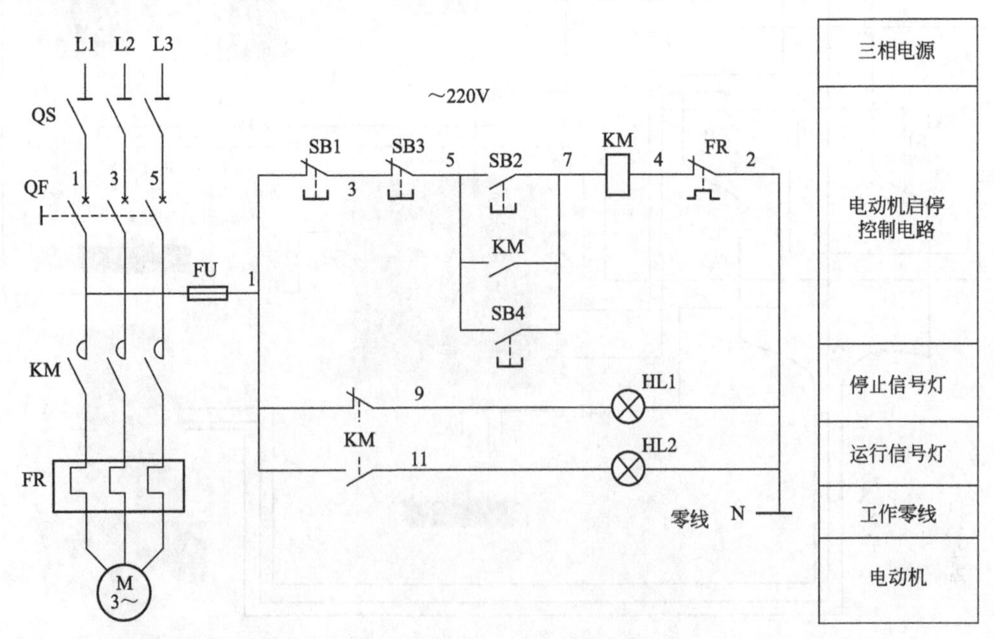


图 7-11 两处启停、有状态信号灯、无电流表的电动机 220V 控制电路

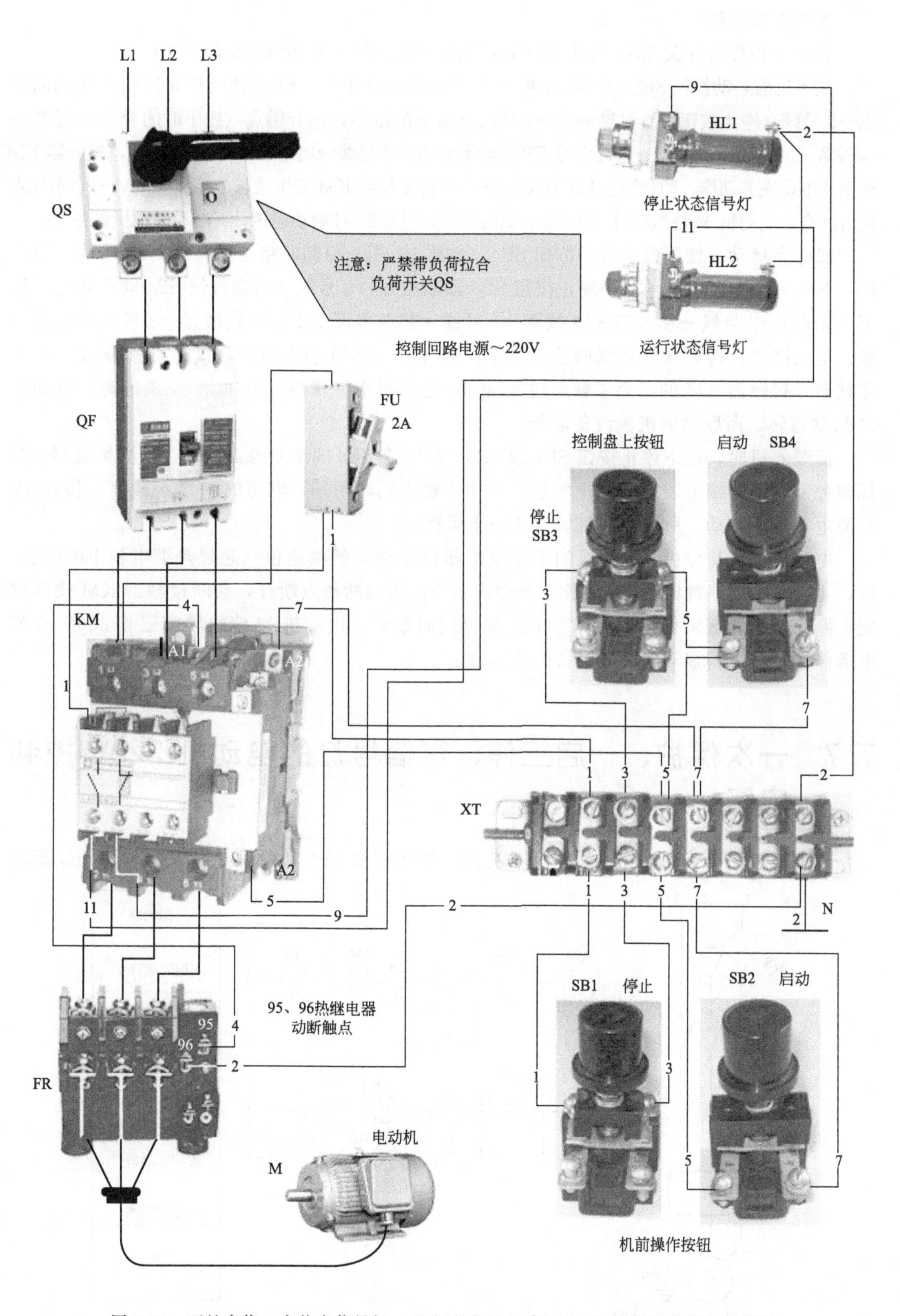


图 7-12 两处启停、有状态信号灯、无电流表的电动机 220V 控制电路实物接线图

**电路工作原理：**

合上三相负荷开关QS；合上主回路断路器QF；合上控制回路熔断器FU。

按下机前启动按钮SB2，电源L1相→控制回路熔断器FU→1号线→停止按钮SB1动断触点→3号线→停止按钮SB3动断触点→5号线→启动按钮SB2动合触点（按下时闭合）→7号线→接触器KM线圈→4号线→热继电器FR的动断触点→2号线→电源N极。电路接通，接触器KM线圈获电动铁芯动作，动合触点KM闭合自保，维持接触器KM工作状态，接触器KM三个主触点同时闭合，电动机M绕组获得三相380V交流电源，电动机M启动运转，所驱动的机械设备运行。

操作室启动：按下盘上启动按钮SB4。电源L2相→控制回路熔断器FU→1号线→停止按钮SB1动断触点→3号线→停止按钮SB3动断触点→5号线→启动按钮SB4动合触点（按下时闭合）→7号线→接触器KM线圈→4号线→热继电器FR的动断触点→2号线→电源N极。电路接通，接触器KM线圈获电动作，动合触点KM闭合自保，维持接触器KM的工作状态。接触器KM的三个主触点同时闭合，电动机绕组获得三相380V交流电源，电动机M启动运转，所驱动的机械设备运行。

需要停机时，按下停止按钮SB1或SB3，SB1或SB3的动断触点断开，切断接触器KM线圈控制电路，接触器KM断电释放，三个主触点同时断开，电动机M绕组脱离三相380V交流电源停止转动，所驱动的机械设备停止运行。

电动机过负荷停机：电动机的工作电流超过电动机的额定值（超过热继电器FR定值）时，主回路中的热继电器FR动作，热继电器FR的动断触点断开，切断接触器KM线圈控制电路，接触器KM断电释放，三个主触点同时断开，电动机M绕组脱离三相380V交流电源停止转动，所拖动的机械设备停止运行。

## 7.7 一次保护、一启三停、有信号灯的电动机220V控制电路

原理图见图7-13，实物接线图见图7-14。停止按钮SB1动断触点、停止按钮SB3动断

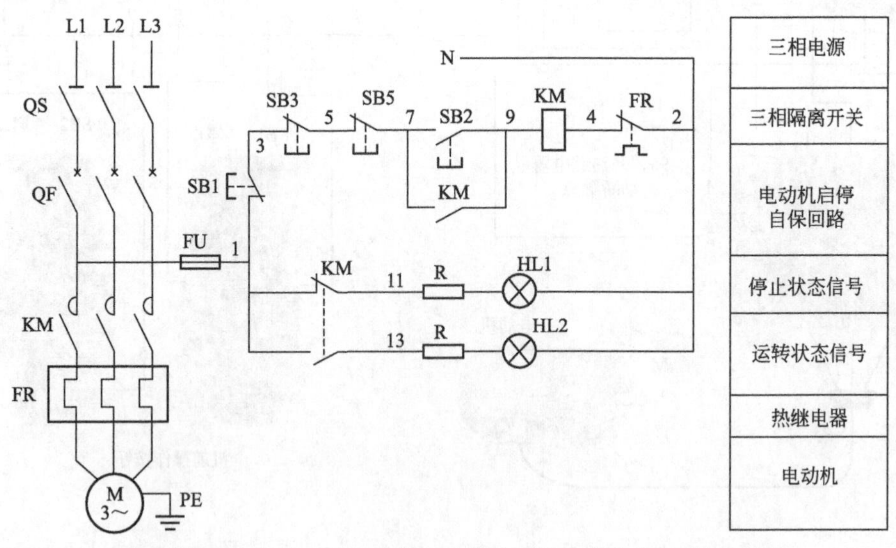


图7-13 一次保护、一启三停、有信号灯的电动机220V控制电路

触点与停止按钮 SB5 动断触点串联后，再与启动按钮 SB2 动合触点串联，构成一处启动、三处停止的电动机控制电路。热继电器 FR 发热元件串入主电路回路中，电动机过负荷运行，热继电器 FR 动作，其动断触点断开，切断接触器 KM 电路，电动机断电停止运行，起到对电动机的保护作用。

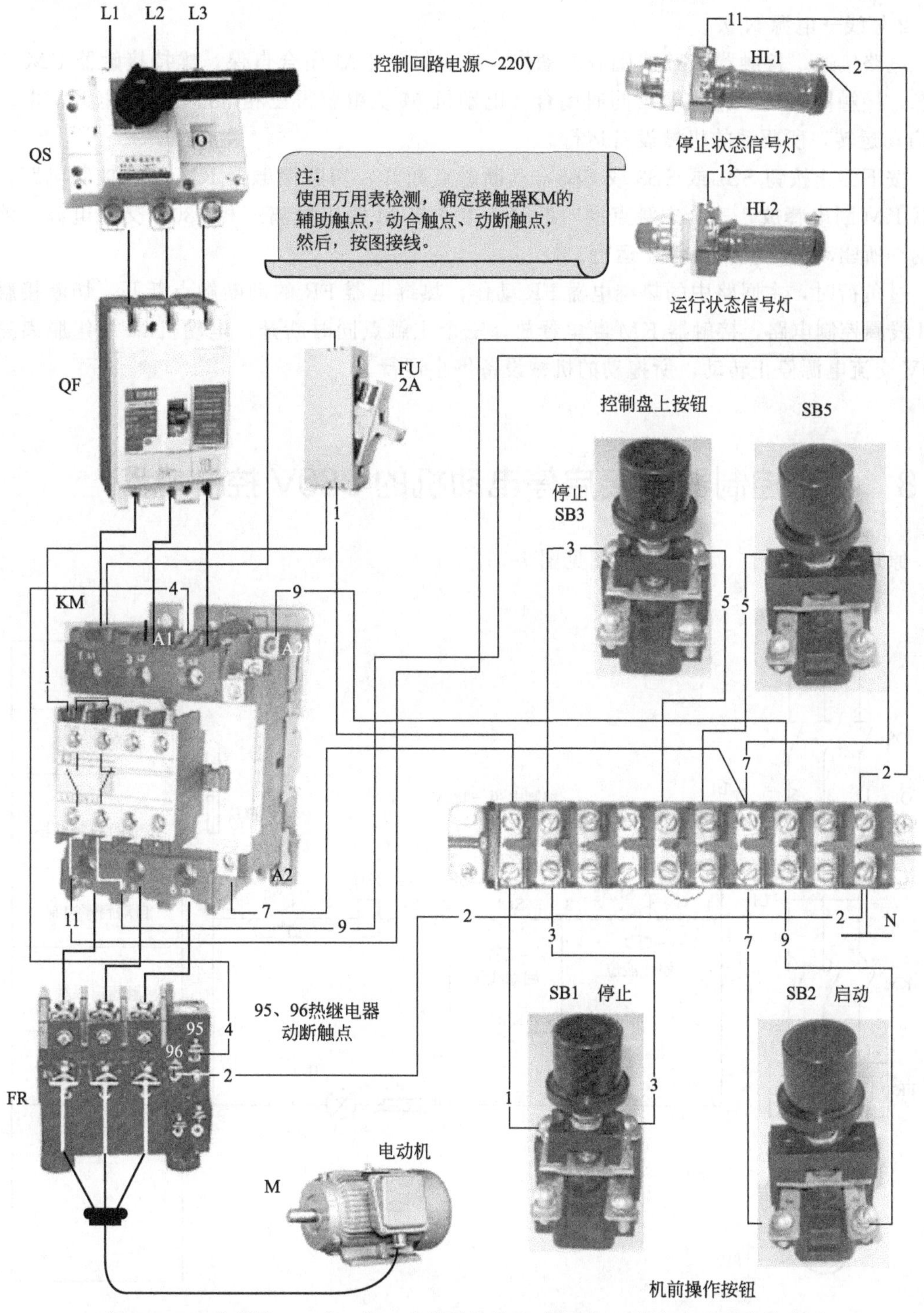


图 7-14　一次保护、一启三停、有信号灯的电动机 220V 控制电路实物接线图

**电路工作原理：**

合上三相刀开关 QS；合上主回路断路器 QF；合上控制回路熔断器 FU。

按下机前启动按钮 SB2，电源 L1 相→控制回路熔断器 FU→1 号线→停止按钮 SB1 动断触点→3 号线→停止按钮 SB3 动断触点→5 号线→停止按钮 SB5 动断触点→7 号线→启动按钮 SB2 动合触点（按下时闭合）→9 号线→接触器 KM 线圈→4 号线→热继电器 FR 的动断触点→2 号线→电源 N 极。

电路接通，接触器 KM 线圈获电动作，动合触点 KM 闭合自保，维持接触器 KM 工作状态，接触器 KM 三个主触点同时闭合，电动机 M 绕组获得三相 380V 交流电源，电动机 M 启动运转，所驱动的机械设备运行。

按下停止按钮 SB1 或 SB3 或 SB5，动断触点断开，切断接触器 KM 线圈控制电路，接触器 KM 断电释放，三个主触点同时断开，电动机 M 绕组脱离三相 380V 交流电源，停止转动，所驱动的机械设备停止运行。

过负荷时，主回路中的热继电器 FR 动作，热继电器 FR 的动断触点断开，切断接触器 KM 线圈控制电路，接触器 KM 断电释放，三个主触点同时断开，电动机 M 绕组脱离三相 380V 交流电源停止转动，所拖动的机械设备停止运行。

## 7.8 水位控制器直接启停电动机的 380V 控制电路

原理图见图 7-15，实物接线图见图 7-16。

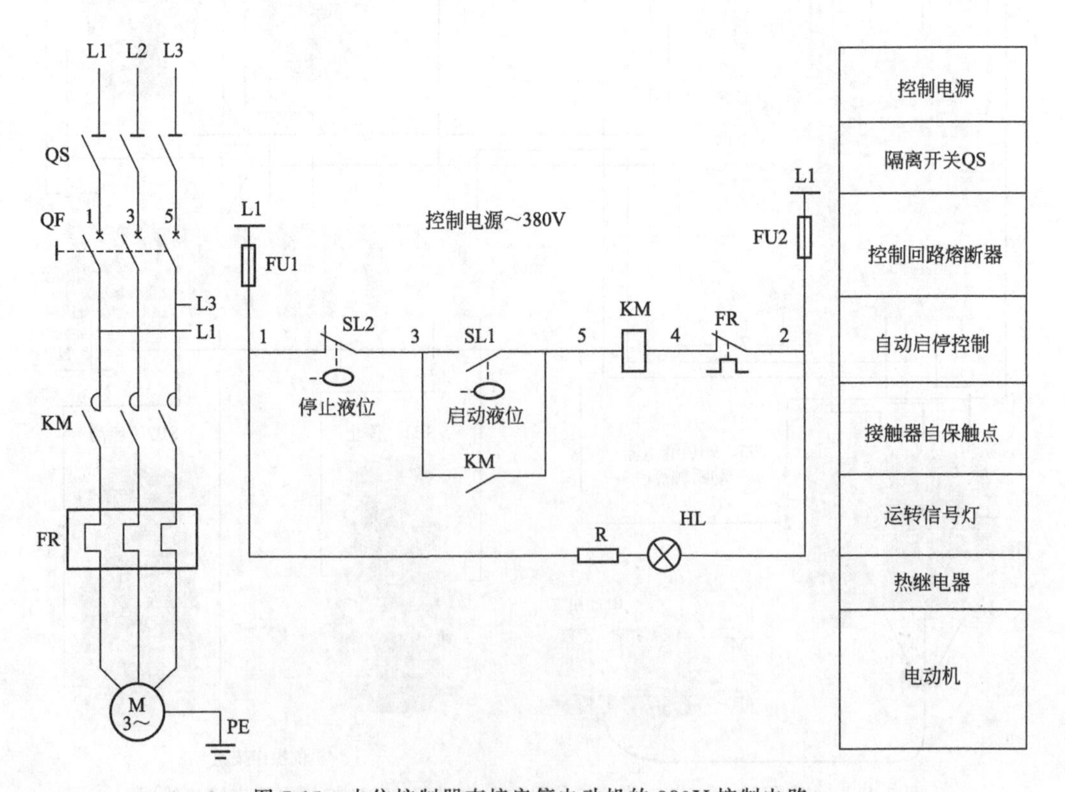


图 7-15 水位控制器直接启停电动机的 380V 控制电路

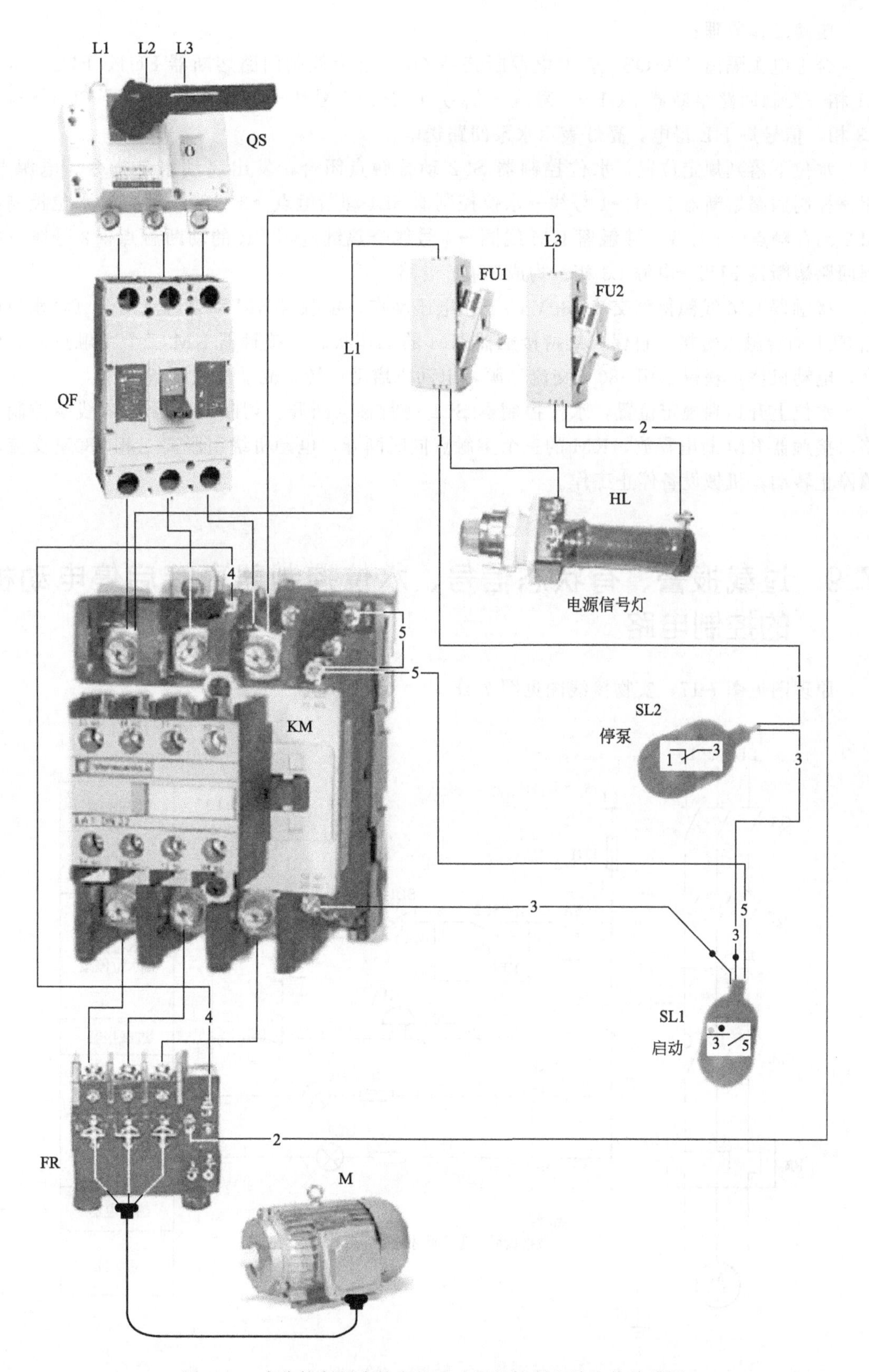


图 7-16 水位控制器直接启停电动机的控制电路实物接线图

**电路工作原理：**

合上电源隔离开关 QS。合上电源断路器 QF。合上控制回路熔断器 FU1、FU2。电源 L1 相→控制回路熔断器 FU1→1 号线→信号灯 HL→2 号线→控制回路熔断器 FU2→电源 L3 相。信号灯 HL 得电，亮灯表示水泵回路送电。

水位下落到规定位置，水位控制器 SL2 动合触点闭合，发出启动水泵指令。电源 L1 相→控制回路熔断器 FU1→1 号线→水位控制器 SL1 动断触点→3 号线→闭合的水位控制器 SL2 动合触点→5 号线→接触器 KM 线圈→4 号线→热继电器 FR 的动断触点→2 号线→控制回路熔断器 FU2→电源 L3 相。构成 380V 电路。

接触器 KM 线圈得到交流 380V 的工作电压动作，接触器 KM 动合触点闭合（将水位触点 SL1 动合触点短接）自保，维持接触器 KM 的工作状态。接触器 KM 三个主触点同时闭合，电动机绕组获得三相 380V 交流电源，电动机启动运转，驱动机械设备工作。

水位上升达到规定位置，水位控制器 SL1 动断触点断开。切断接触器 KM 线圈控制电路，接触器 KM 断电释放，KM 的三个主触点同时断开，电动机绕组脱离三相 380V 交流电源停止转动，机械设备停止工作。

## 7.9 过载报警、有状态信号、水位控制器直接启停电动机的控制电路

原理图见图 7-17，实物接线图见图 7-18。

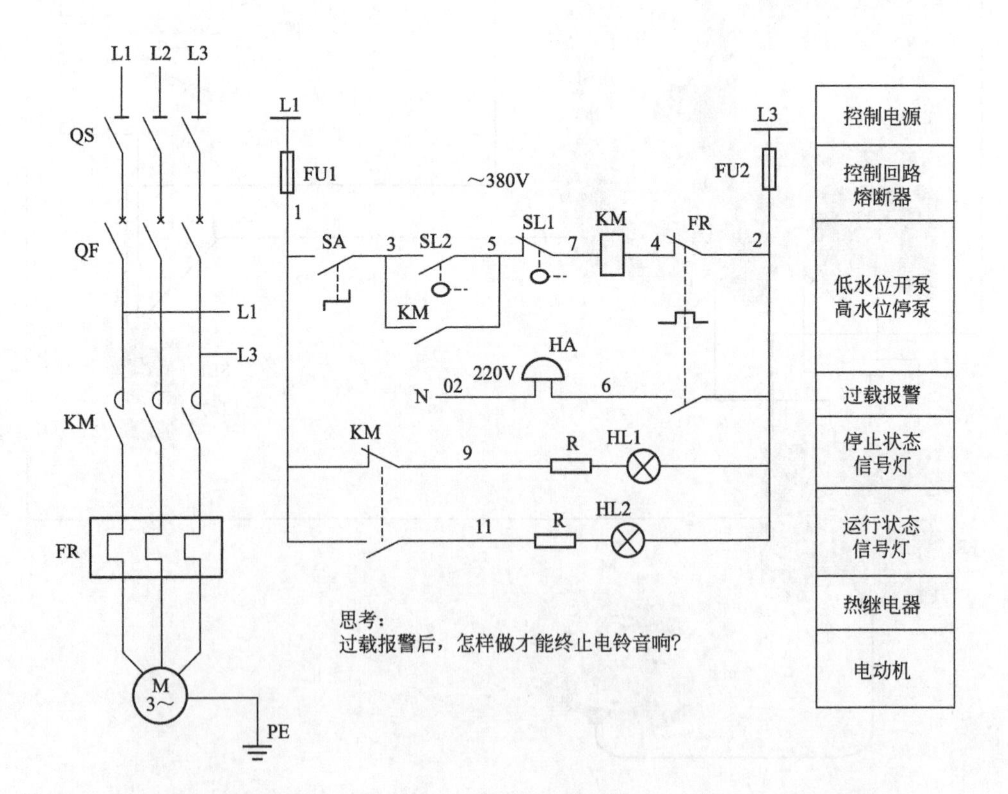


图 7-17 过载报警、有状态信号、水位控制器直接启停电动机的控制电路

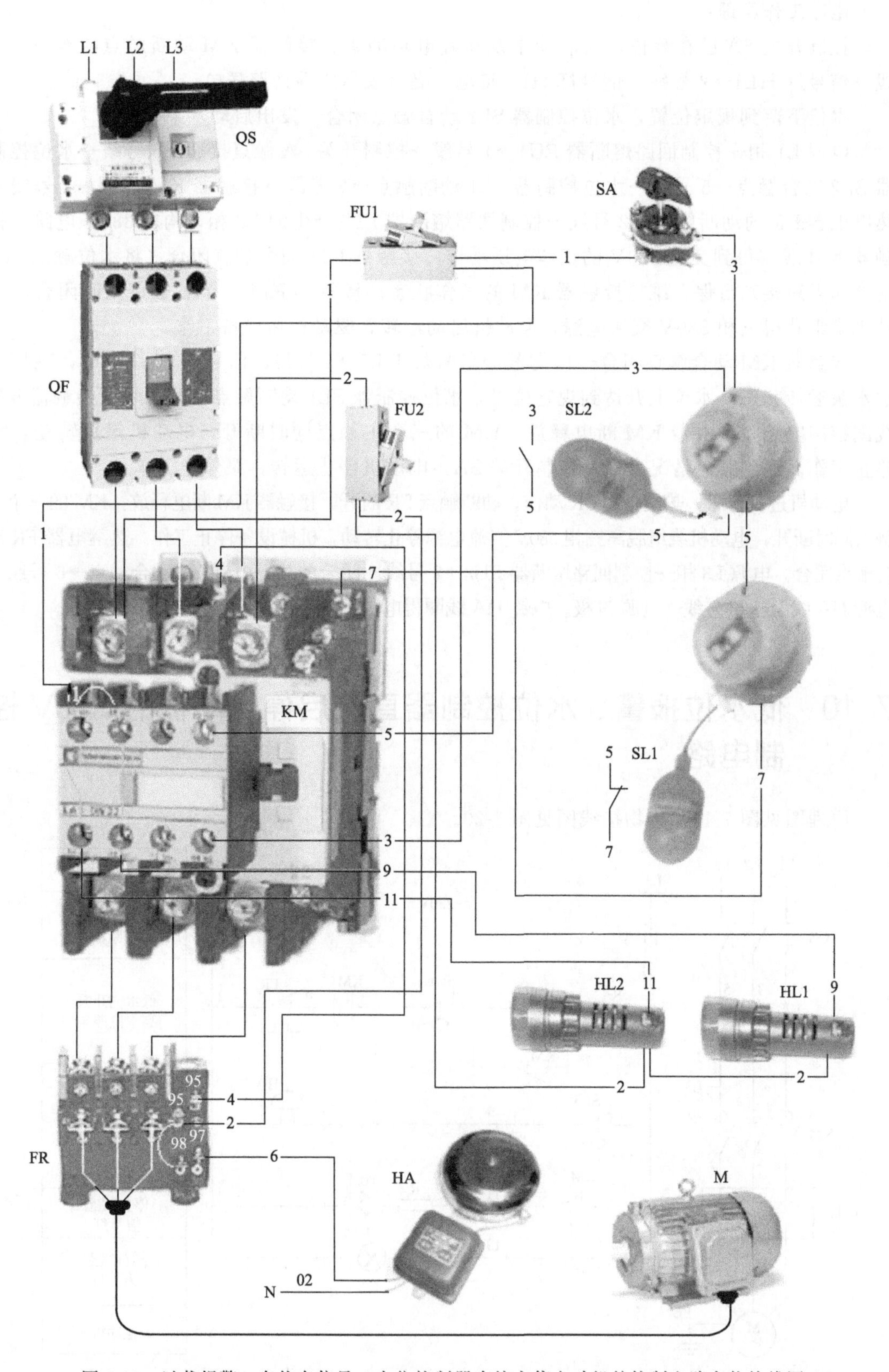


图 7-18 过载报警、有状态信号、水位控制器直接启停电动机的控制电路实物接线图

**电路工作原理：**

控制开关 SA 已在合位，为启动水泵作好电路准备。接触器 KM 动断触点闭合→9 号线→信号灯 HL1→2 号线，信号灯 HL1 得电，亮灯表示水泵回路送电。

水位下落到规定位置，水位控制器 SL2 动合触点闭合，发出启动水泵指令。

电源 L1 相→控制回路熔断器 FU1→1 号线→控制开关 SA 触点接通→3 号线→水位控制器 SL2 动合触点→5 号线→水位控制器 SL1 动断触点→7 号线→接触器 KM 线圈→4 号线→热继电器 FR 的动断触点→2 号线→控制回路熔断器 FU2→电源 L3 相，构成 380V 电路。接触器 KM 线圈得到交流 380V 的工作电压动作，接触器 KM 动合触点闭合（将水位触点 SL2 动合触点短接）自保，维持接触器 KM 的工作状态。接触器 KM 三个主触点同时闭合，电动机绕组获得三相 380V 交流电源，电动机启动运转，驱动机械设备工作。

接触器 KM 动合触点闭合→11 号线→信号灯 HL2→2 号线，信号灯 HL2 得电，亮灯表示水泵运转状态。水位上升达到规定位置，水位控制器 SL1 动断触点断开。切断接触器 KM 线圈控制电路，接触器 KM 断电释放，KM 的三个主触点同时断开，电动机停止转动，泵停止工作。遇到紧急情况，断开控制开关 SA，电动机停止运转，泵停止工作。

电动机过负荷时，热继电器 FR 动作，动断触点 FR 断开，接触器 KM 断电释放，KM 的三个主触点同时断开，电动机绕组脱离三相 380V 交流电源停止转动，机械设备停止工作。热继电器 FR 动合触点闭合，电源 L3 相→控制回路熔断器 FU2→2 号线→闭合的热继电器 FR 动合触点→6 号线→电铃 HA 线圈→02 号线→电源 N 极。电铃 HA 线圈得电，铃响表示水泵是过负荷停机。

## 7.10 低水位报警、水位控制器直接启停电动机的 220V 控制电路

原理图见图 7-19，实物接线图见图 7-20。

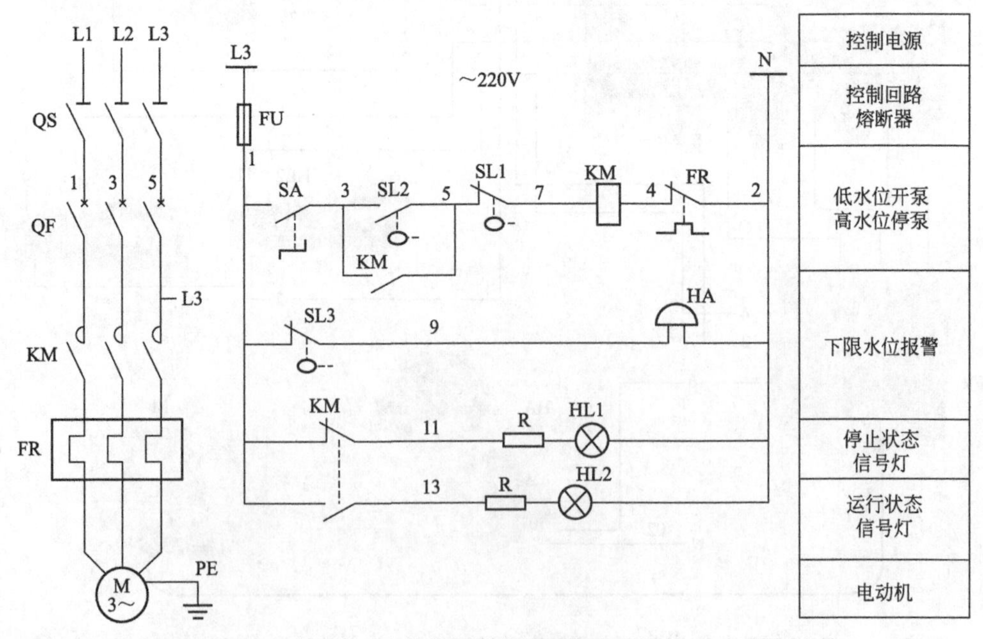


图 7-19 低水位报警、水位控制器直接启停电动机的 220V 控制电路

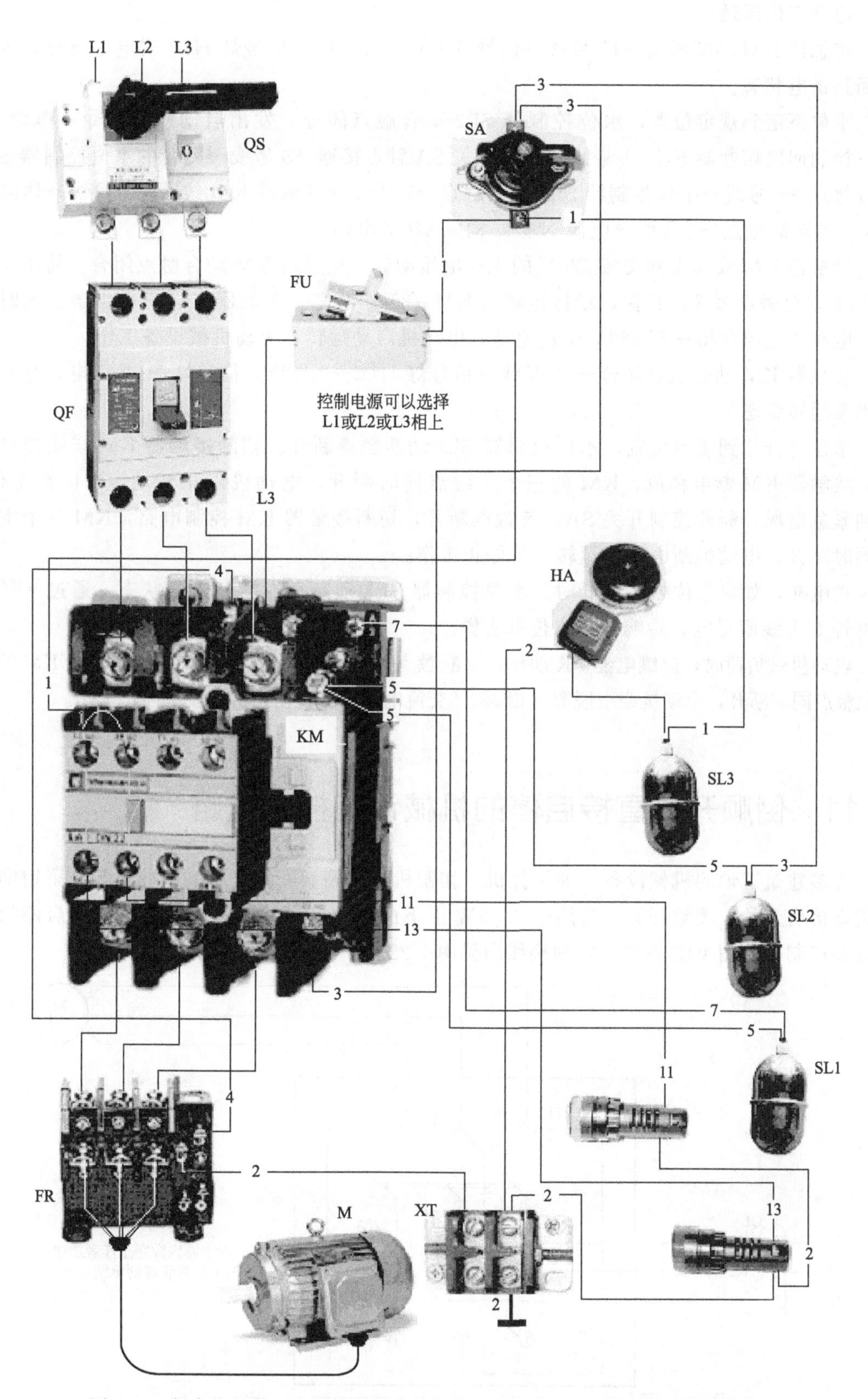


图 7-20　低水位报警、水位控制器直接启停电动机的 220V 控制电路实物接线图

**电路工作原理：**

接触器 KM 动断触点→11 号线→信号灯 HL1→2 号线，信号灯 HL1 得电，亮灯表示水泵回路送电状态。

水位下落到规定位置，水位控制器 SL2 动合触点闭合，发出启动水泵指令。电源 L3 相→控制回路熔断器 FU→1 号线→控制开关 SA 触点接通→3 号线→闭合的水位控制器 SL2 动合触点→5 号线→水位控制器 SL1 动断触点→7 号线→接触器 KM 线圈→4 号线→热继电器 FR 的动断触点→2 号线→电源 N 极，构成 220V 电路。

接触器 KM 线圈得到交流 220V 的工作电压动作，接触器 KM 动合触点闭合（将水位触点 SL2 动合触点短接）自保，维持接触器 KM 的工作状态。接触器 KM 三个主触点同时闭合，电动机绕组获得三相 380V 交流电源，电动机启动运转，驱动机械设备工作。

接触器 KM 动合触点闭合→13 号线→信号灯 HL2→2 号线，信号灯 HL2 得电，亮灯表示水泵运转状态。

水位上升达到规定位置，水位控制器 SL1 动断触点断开。切断接触器 KM 线圈控制电路，接触器 KM 断电释放，KM 的三个主触点同时断开，电动机停止转动，泵停止工作。遇到紧急情况，断开控制开关 SA，其触点断开，切断接触器 KM 控制电路，KM 三个主触点同时断开，电动机断电停止运转，泵停止工作。

送电初，如果水位处在最低时，水位控制器 SL3 动断触点复归接通状态，通过 9 号线使电铃 HA 线圈得电，铃响发出水位低告警。

电动机过负荷时，热继电器 FR 动作，动断触点 FR 断开，接触器 KM 断电释放，KM 的三个主触点同时断开，电动机绕组脱离三相 380V 交流电源停止转动，机械设备停止工作。

## 7.11 倒顺开关直接启停的机械设备控制电路

许多建筑工地的机械设备，如搅拌机、切割机、钢筋切断机、钢筋弯曲机等是采用倒顺开关直接启停的，倒顺开关一般用于 2.8kW 以下的电动机。常用的倒顺开关直接启停的机械设备控制电路图见图 7-21，实物接线图见图 7-22。

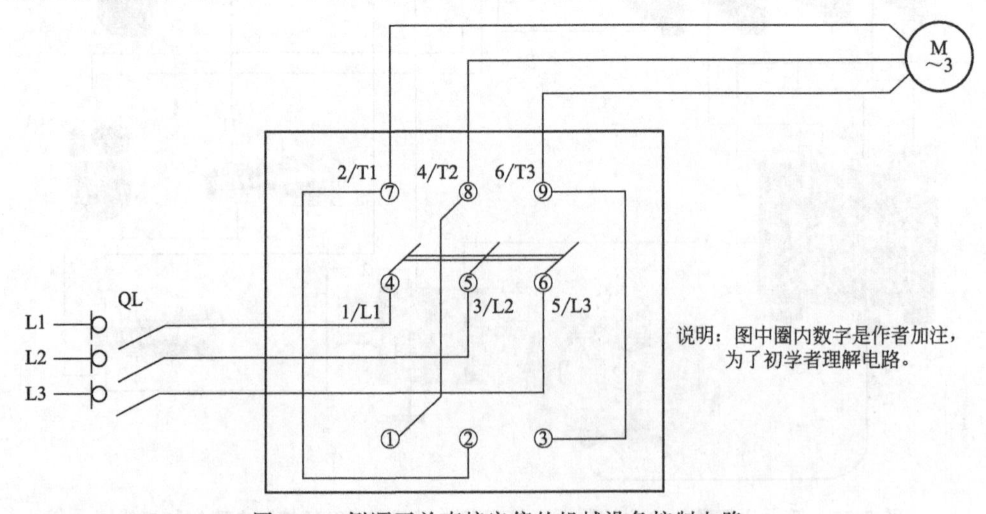


图 7-21 倒顺开关直接启停的机械设备控制电路

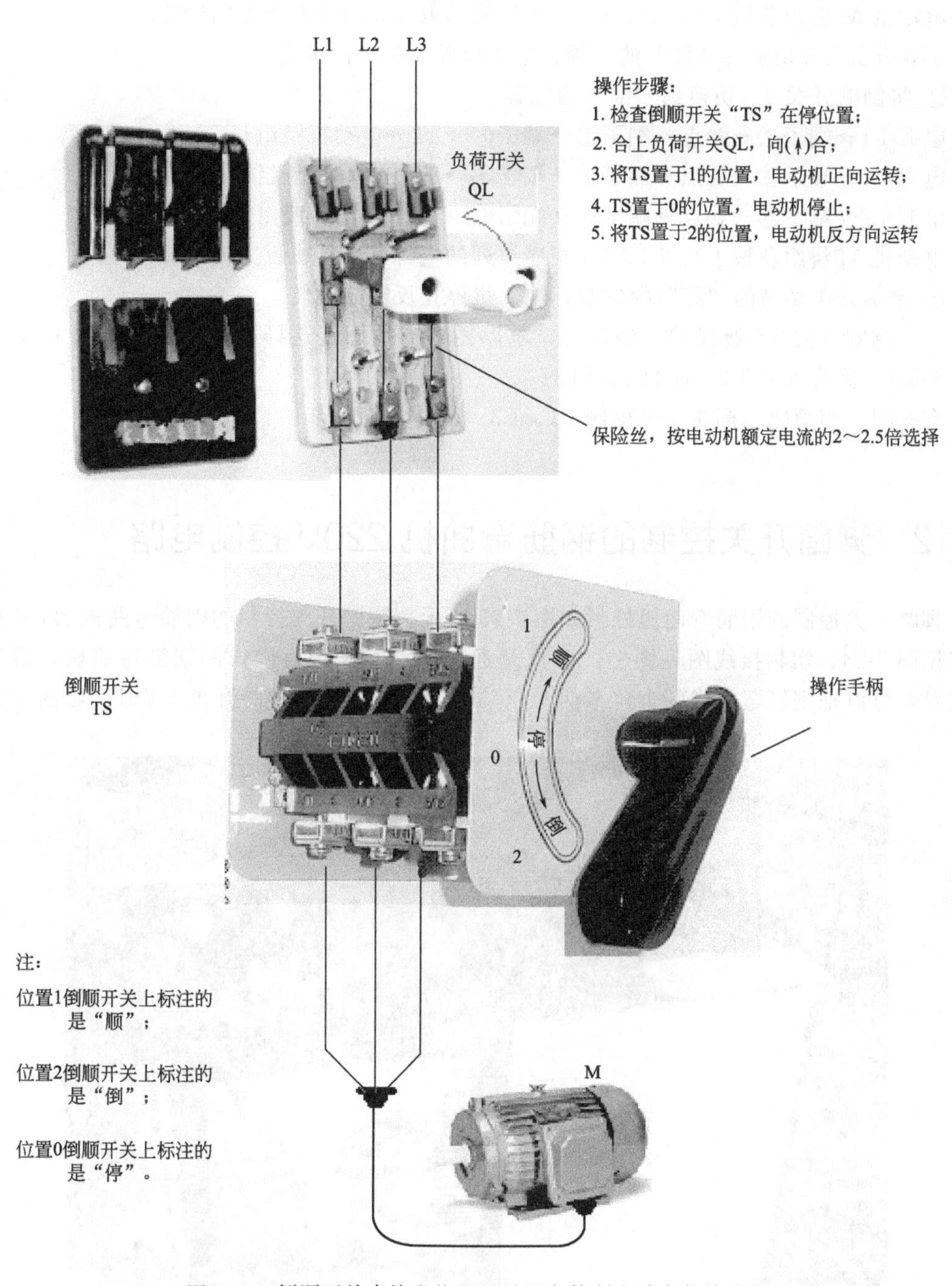


图 7-22　倒顺开关直接启停的机械设备控制电路实物接线图

**电路工作原理：**

合上负荷开关 QL，倒顺开关的电源侧获电。

① 将倒顺开关 TS 切换到“顺”的位置

电源 L1→端子④→触点→端子⑦→T1→电动机绕组；

电源 L2→端子⑤→触点→端子⑧→T2→电动机绕组；

电源 L3→端子⑥→触点→端子⑨→T3→电动机绕组。

电动机 M 绕组获按 L1、L2、L3 相序排列的电源，电动机正方向运转。

倒顺开关 TS 切换的“停”的位置，电动机停止正方向运转。

② 将倒顺开关 TS 切换到“倒”的位置

电源 L1→端子④→触点→端子①→端子⑧→T2→电动机绕组；

电源 L2→端子⑤→触点→端子②→端子⑦→T1→电动机绕组；

电源 L3→端子⑥→触点→端子③→端子⑨→T3→电动机绕组。

电动机 M 绕组获按 L2、L1、L3 相序排列的电源，电动机反方向运转。

③ 倒顺开关切换的“停”的位置，电动机停止反方向运转。

注：倒顺开关 TS 接线端子的标号，电路图中有些图是这样标注的，电源侧 1/L1、3/L2、5/L3，负荷侧 2/T1、4/T2、6/T3；

有些图采用简化的标注，电源侧 L1、L2、L3，负荷侧 T1、T2、T3。

## 7.12 脚踏开关控制的钢筋弯曲机 220V 控制电路

脚踏开关控制的钢筋弯曲机外形如图 7-23 所示。脚踏开关控制的钢筋弯曲机 220V 控制电路见图 7-24，实物接线图见图 7-25。这是通过脚踏开关进行操作的钢筋弯曲机，通过调节位置，可以把钢筋弯曲成两个角。即 90°、135°。脚踏 90°的脚踏开关 FTS1，弯曲机把钢

图 7-23 脚踏开关控制的钢筋弯曲机外形

筋弯曲到 90°；脚踏 135°的脚踏开关 FTS2，弯曲机把钢筋弯曲到 135°。依靠行程开关的动合触点，启动电动机的反方向运转，弯曲机复位。

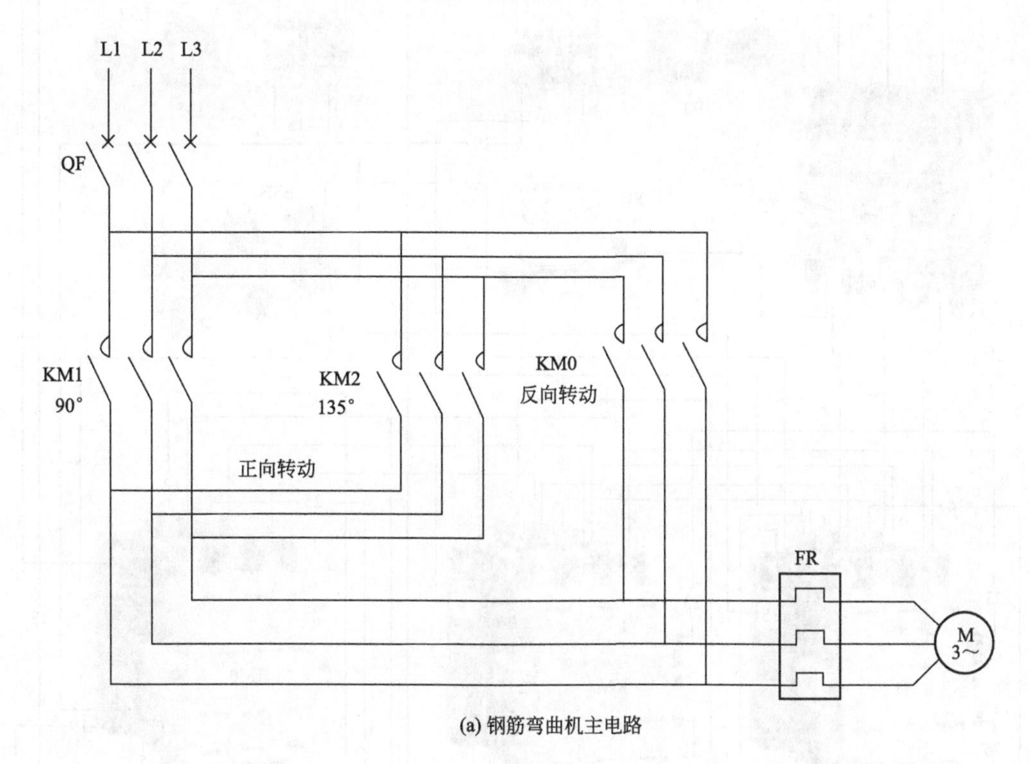


(a) 钢筋弯曲机主电路

L3
FU
~220V
N
ESB
1
3
KM0
FTS1
7
LS1
9
KM2
11
KM1
4
FR
2
KM1
5
FST2
13
LS2
15
KM1
17
KM2
KM2
LS1
LS2
19
LS0
21
KM2
23
KM1
25
弯曲机复位
KM0
KM0

(b) 钢筋弯曲机控制电路

图 7-24　脚踏开关控制的钢筋弯曲机 220V 控制电路

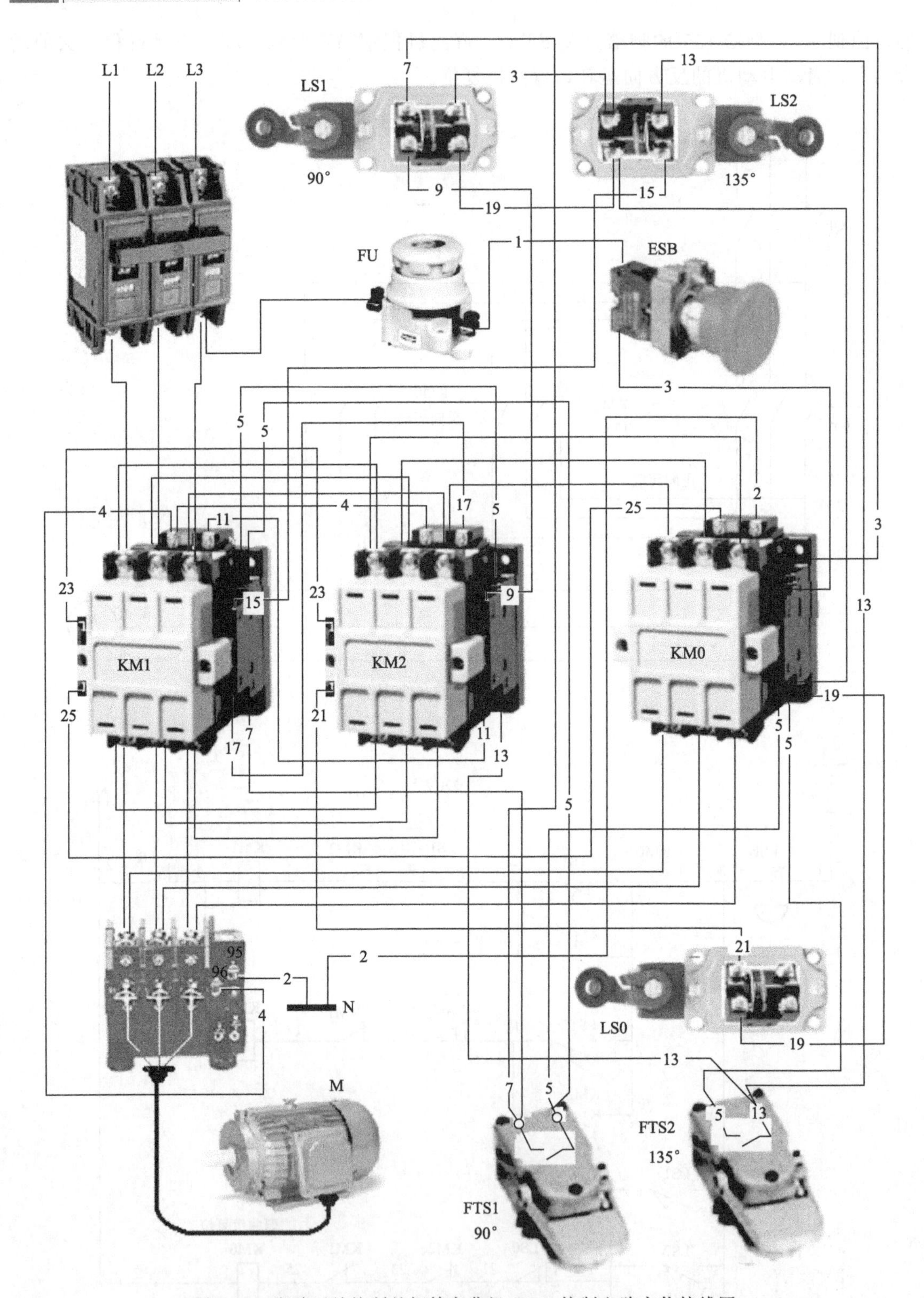


图 7-25　脚踏开关控制的钢筋弯曲机 220V 控制电路实物接线图

**电路工作原理：**

检查电动机及弯曲机具备启动条件，方可进行电动机的主电路与控制回路送电。

送电操作顺序如下：合上主回路隔离开关 QS；合上主回路空气断路器 QF；合上控制回路熔断器 FU。

**钢筋弯曲 90°电路工作原理：**

脚踩脚踏开关 FTS1 动合触点闭合，电源 L1 相→控制回路熔断器 FU→1 号线→紧急停止按钮 ESB 动断触点→3 号线→接触器 KM0 动断触点→5 号线→闭合的脚踏开关 FTS1 动合触点→7 号线→90°行程开关 LS1 动断触点→9 号线→接触器 KM2 动断触点→11 号线→接触器 KM1 线圈→4 号线→热继电器 FR 动断触点→2 号线→电源 N 极。接触器 KM1 线圈得电动作，KM1 动合触点闭合自保。接触器 KM1 三个主触点同时闭合，提供电源，电动机启动运转。弯曲机带着钢筋向 90°方向旋转，旋转到 90°，行程开关 LS1 动作，动断触点 LS1 断开，接触器 KM1 线圈断电释放，接触器 KM1 的三个主触点断开，电动机脱离电源，钢筋弯曲动作停止。

行程开关 LS1 动作时，动合触点 LS1 闭合。电源 L1 相→控制回路熔断器 FU→1 号线→紧急停止按钮 ESB 动断触点→3 号线→行程开关 LS1 动合触点→19 号线→行程开关 LS0 动断触点→21 号线→接触器 KM2 动断触点→23 号线→接触器 KM1 动断触点→25 号线→弯曲机复位接触器 KM0 线圈→2 号线→电源 N 极。接触器 KM0 线圈得电动作，KM0 动合触点闭合自保。接触器 KM0 三个主触点同时闭合，提供电源，电动机获得按 L3、L2、L1 排列的三相电源，反方向运转，驱动弯曲机复位。

当弯曲机返回原始位置，行程开关 LS0 动作，动断触点 LS0 断开，接触器 KM0 线圈断电释放，接触器 KM0 的三个主触点断开，电动机脱离电源停止转动，钢筋弯曲机回归原始位置。弯曲机完成一次把钢筋弯曲 90°的工作。

**钢筋弯曲 135°电路工作原理：**

放入钢筋后，脚踩脚踏开关 FTS2 动合触点闭合，电源 L1 相→控制回路熔断器 FU→1 号线→紧急停止按钮 ESB 动断触点→3 号线→接触器 KM0 动断触点→5 号线→闭合的脚踏开关 FTS2 动合触点→13 号线→135°行程开关 LS2 动断触点→15 号线→接触器 KM1 动断触点→17 号线→接触器 KM2 线圈→4 号线→热继电器 FR 动断触点→2 号线→电源 N 极。接触器 KM2 线圈得电动作，KM2 动合触点闭合自保。接触器 KM2 三个主触点同时闭合，提供电源，电动机启动运转。弯曲机带着钢筋向 135°方向旋转，旋转到 135°，行程开关 LS2 动作，动断触点 LS2 断开，接触器 KM2 线圈断电释放，接触器 KM2 的三个主触点断开，电动机脱离电源，钢筋弯曲动作停止。

行程开关 LS2 动作时，动合触点 LS2 闭合。电源 L1 相→控制回路熔断器 FU→1 号线→紧急停止按钮 ESB 动断触点→3 号线→行程开关 LS2 动合触点→19 号线→行程开关 LS0 动断触点→21 号线→接触器 KM2 动断触点→23 号线→接触器 KM1 动断触点→25 号线→弯曲机复位接触器 KM0 线圈→2 号线→电源 N 极。接触器 KM0 线圈得电动作，KM0 动合触点闭合自保。接触器 KM0 三个主触点同时闭合，提供电源，电动机获得按 L3、L2、L1 排列的三相电源，反方向运转，驱动弯曲机复位。

当弯曲机返回原始位置，行程开关 LS0 动作，动断触点 LS0 断开，接触器 KM0 线圈断电释放，接触器 KM0 的三个主触点断开，电动机脱离电源停止转动，钢筋弯曲机回归原始位置。弯曲机完成一次把钢筋弯曲 135°的工作。

**紧急停机：**

遇到紧急情况，应该立即按下紧急停止按钮 ESB（这种紧急停止按钮，按下时自锁），其动断触点断开，切断控制电路。运行的接触器就会断电释放，弯曲机停止弯曲工作。

**过负荷停机：**

电动机发生过负荷运行时，主电路中的热继电器 FR 动作，串接于接触器线圈控制回路中的热继电器 FR 动断触点断开，切断运行的接触器线圈电路，接触器断电释放，接触器的三个主触点同时断开，电动机断电停转，弯曲机停止工作。

**思考：**

本图是根据施工现场的实际画出的电路图，接触器 KM0 线圈一端 2 号线直接连接到电源中性线上，反方向运转没有过负荷保护。如果把弯曲机的接触器 KM0 线圈的 2 号线连接到 4 号线位置，当电动机反方向运转出现过负荷时，热继电器 FR 动作，接触器 KM0 断电释放，电动机停机，能够起到对电动机的保护。

## 参考文献


［1］ 段树成，黄北刚，姚宏兴．工厂电气控制电路实例详解（第二版）．北京：化学工业出版社，2012.
［2］ 黄北刚．电工识图快捷通．上海：上海科学技术出版社，2007.
［3］ 黄北刚．低压电动机控制电路原理与配接线．北京：中国电力出版社，2009.
［4］ 黄北刚．实用机械设备电动机控制电路．北京：中国电力出版社，2009.

# 作者的心语

我初中没毕业，1963 年参加工作，于 1967 年开始跟师傅学习电工技术与技能。当时，我对电工知识一窍不通，是师傅的言传身教、淳淳教导引我走上电工之路。加之我本人虚心好学，才终于实现了对电学从无知到有知、从有知到有为的过程。这一成长过程浸润着我的汗水，更凝聚着师傅的心血。在此，我衷心地向师傅致以崇高的敬礼，真诚地说一声：谢谢！

38 年的电工生涯，我先后从事了变电所的运行倒闸操作、事故处理，生产单位机械设备电气部分的维修、维护及电路故障的处理，电气设备的检修、安装、接线、调试等工作。之后，我也带出了几位徒弟。现如今，他们中有助理工程师、工人技师、值班长等，有的成为了电气专家。

2005 年退休后，我开始总结工作经验、体会，撰写书稿，先后在化学工业出版社、中国电力出版社出版的几本书都受到了读者的好评。

这本《怎样看懂电气图》一书，是为刚踏入电工岗位的青年朋友而写的，在阅读过程中，读者会发现书中的许多控制电路很相似：一只信号灯连接在控制电源两端，送电后灯亮，可表明这个回路已经送电；增加两只信号灯后，可以显示出电动机是停止状态还是运转状态。虽然只是增加了两只信号灯，但控制电路的功能就发生了变化。电路中的开关、继电器触点、接触器辅助触点、按钮触点排列顺序位置改变，其回路的线号也随之改变，其接线顺序会发生变化。通过这些相似的电路，读者可以认识到电路控制的灵活性，提高对控制电路的理解能力。

今年我已 71 岁，虽然患有高血压、脑血栓、眼底出血等多种疾病，有时看稿子出现双影，可我坚持撰写书稿，把我的点滴经验、体会传授给致力于电工工作的青年朋友，以尽我的绵薄之力，尽古稀之人的一点爱心。这也算是我对社会、对师傅的回报。

青年朋友们，书中难免出现一些不妥之处。在阅读过程中，如果您能够发现书中的不妥，说明您的识图的能力提高了。我诚恳地希望你们认真阅读此书，并能从中获益，这是我的最大心愿。

谨此

黄北刚